辉煌岁月

老专家的科研创新

与『三农』情怀

第一卷 ／ 董建军 主编

U0348178

中国农业科学技术出版社

历史沿革

百年老屋（济南桑园）

莒县旧址

益都旧址

济南经七纬二旧址

50年代的山东省农业科学研究所

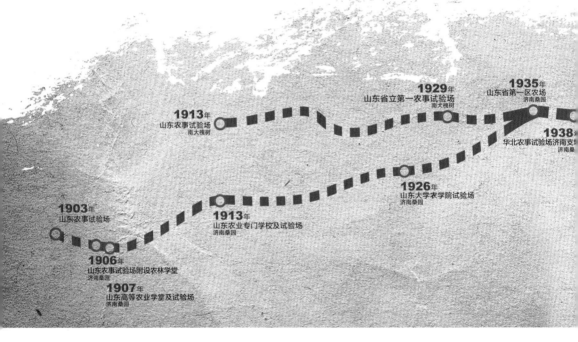

1903年
山东农事试验场

1906年
山东农事试验场附设农林学堂
济南桑园

1907年
山东高等农业学堂及试验场
济南桑园

1913年
山东农业专门学校及试验场
济南桑园

1913年
山东农事试验场
南大槐树

1926年
山东大学农学院试验场
济南桑园

1929年
山东省立第一农事试验场
南大槐树

1935年
山东省第一区农场
济南桑园

1938年
华北农事试验场济南支场
济南桑

科学家精神

胸怀祖国、服务人民的爱国精神　　勇攀高峰、敢为人先的创新精神

追求真理、严谨治学的求实精神　　淡泊名利、潜心研究的奉献精神

集智攻关、团结协作的协同精神　　甘为人梯、奖掖后学的育人精神

世纪60—80年代的山东省农业科学院

90年代的山东省农业科学院

新时代的山东省农业科学院

1946年
东省农业实验所
莒南县

1949年
山东省农业实验所
济南桑园

1959年
山东省农业科学院
济南桑园

2023年

1950年
山东省农业科学研究所
济南桑园

1945年
山东省农业改进所
济南桑园

中华人民共和国成立以来，广大科技工作者在祖国大地上树立起一座座科技创新的丰碑，也铸就了独特的精神气质。2019年6月，中共中央办公厅、国务院办公厅印发了《关于进一步弘扬科学家精神加强作风和学风建设的意见》，要求大力弘扬科学家精神。

2013年11月27日，习近平总书记在山东省农业科学院视察时，提出"给农业插上科技的翅膀"

2021年6月28日，山东省农业科学院党委书记李长胜提出弘扬"创新、实干、自强、奉献"的新时代农科精神，发起向六位全国农业科研战线先进典型学习、向山东省农业科学院五位先进模范代表学习的号召

图书在版编目（CIP）数据

辉煌岁月：老专家的科研创新与"三农"情怀. 第一卷 /
董建军主编. --北京：中国农业科学技术出版社，2023. 1
ISBN 978-7-5116-6314-6

Ⅰ. ①辉… Ⅱ. ①董… Ⅲ. ①农业科学－科学研究工
作－概况－山东 Ⅳ. ①F327.52

中国国家版本馆CIP数据核字（2023）第 106983 号

责任编辑 白姗姗
责任校对 李向荣
责任印制 姜义伟 王思文

出 版 者 中国农业科学技术出版社
　　　　　北京市中关村南大街 12 号　　邮编：100081
电　　话 （010）82106638（编辑室）　　（010）82109702（发行部）
　　　　　（010）82109709（读者服务部）
网　　址 https: // castp.caas.cn
经 销 者 各地新华书店
印 刷 者 北京地大彩印有限公司
开　　本 170 mm×240 mm　1/16
印　　张 23
字　　数 260 千字
版　　次 2023 年 1 月第 1 版　　2023 年 1 月第 1 次印刷
定　　价 120.00 元

《辉煌岁月——老专家的科研创新与"三农"情怀（第一卷）》

编委会

主　　编：董建军

副 主 编：侯长明　李梦竹

编　　委：李维生　刘　涛　高春新　赵文祥　陈庆禹

　　　　　　高照龙　李丽媛

供稿人员（按姓氏笔画顺序）：

马锦军　王生雨　王立铭　王泮清　王祥峰

毛兴文　冯建国　司纪升　刘　薇　刘竹三

刘利明　刘继元　许金芳　孙小镭　孙廷林

孙晓军　李汝忠　李维生　杨竞云　何启伟

张　利　张亚平　张秀美　张秀清　张焕家

武　英　周广芳　周垂钦　孟　伟　赵　稳

殷毓芬　唐　研　唐月新　唐齐鸣　樊庆琦

序　言

　　"一切向前走，都不能忘记走过的路；走得再远、走到再光辉的未来，也不能忘记走过的过去。"在2021年党史学习教育中，山东省农业科学院通过对75年辉煌历史的深入挖掘和认真研究，提炼出"创新、实干、自强、奉献"的新时代农科精神，同时在全院发起向杂交水稻之父袁隆平，太行山上新愚公李保国，全国脱贫攻坚楷模李玉、赵亚夫、朱有勇、李登海六位全国农业科研战线先进典型学习，向山东省农业科学院陆懋曾、庞居勤、赵振东、徐作珽、盛亦兵五位先进模范代表学习的号召，以此归纳为"一六五"精神，这是在伟大建党精神下农业科学院的精神谱系，是我们宝贵的精神财富。

　　山东省农业科学院五种精神中，有"为国解忧、艰苦创业、矢志不移、勇攀高峰"的"泰山1号"精神，有"热情、朴实、坚韧、执着"的"鲁棉一号"精神，有"坚守执着、勇于创新、敬业奉献、提携后学"的赵振东精神，有"活到老学到老、钻研到老、奉献到老"的"不老松"精神，有"百折不挠、乐观向上、生命不息、奋斗不止"的"劲草"精神。这五种精神，既是对老一辈科学家及身边榜样崇高思想、优秀品德的高度概括，也是山东省农业科学院科研人员矢志创新、勇攀高峰精神风貌的集中体现。

为大力弘扬"一六五"精神，激发全院科研工作者的创新创造活力，2022年我们在全院开展了"我与强院共奋进——老专家谈学术成长史"系列活动。老专家们或拿起纸笔，写下自己的科研历程，言语之中，充满着对党、对国家、对农业、对农业科学院深深的热爱；或走上台前，将自己的个人学术成长史以及科研背后的故事与年轻人分享，故事中有成功的经验，有失败的彷徨，更多的是初心不改的执着与坚守。这些弥足珍贵的精神财富，也必将激励我们在五个强院建设道路上勇攀高峰、乘风破浪！

站在新的历史起点上，推动高水平农业科技自立自强，加快农业强省建设，打造乡村振兴科技引领型齐鲁样板，需要大力弘扬科学家精神和"一六五"精神。编纂出版《辉煌岁月——老专家的科研创新与"三农"情怀》，就是要通过对老专家科研创新背后故事的挖掘，述录前人的开拓，启迪来者的奋斗。我们要坚定理想信念，凝聚精神力量，为实现"打造一流农科院、走在全国最前列"贡献我们这一代人的智慧和力量，创造属于我们这一代人的业绩和荣光。

2022年12月

目 录

　　陆懋曾，（1928年12月—2022年7月），男，汉族，江苏镇江人。中共党员，大学学历，高级农艺师。1950年毕业于金陵大学（金陵大学1952年并入南京大学）。历任山东省农业科学院副总农技师、副院长兼作物研究所所长，山东省科学技术协会副主席，山东农学会副理事长，山东作物学会理事长，中共山东省委副书记，山东省政协主席。中共第十二届中央候补委员，第十三届中央委员。陆懋曾致力于小麦育种和栽培研究30多年，他主持育成了泰山1号、济南2号等22个小麦良种，对山东省以及黄淮麦区的小麦生产做出重大贡献。1979年获全国劳动模范称号。

　　"为国解忧、艰苦创业、矢志不移、勇攀高峰"的"泰山1号"精神，以其选育的小麦品种"泰山1号"命名。

小麦育种学家

——记小麦育种学家陆懋曾

陆懋曾同志金陵大学农学院毕业后，自1950年春至1983年春，在山东省农业科学院工作了33年，对小麦科研事业和小麦生产做出了重大贡献，为山东省农业科学院赢得了荣誉，也成为山东省农业科学院的骄傲！

熟悉1949年以后黄河流域农业生产的人，还记得20世纪60年代闻名黄淮麦区的济南号小麦吗？更不会忘记70年代风卷北方麦区的泰山号小麦吧？这些小麦品种与一个人的名字永远联系在一起，他就是陆懋曾。

陆懋曾是中华人民共和国成立以后崭露头角的小麦育种专家、高级农艺师。陆懋曾致力于小麦育种和栽培研究30多年，曾任山东省农业科学院作物研究所所长、山东省农业科学院副院长。他主持育成了22个小麦良种，为山东省以及黄淮麦区的小麦生产做出了重大贡献。1979年被授予全国劳动模范称号，1982年出席中国共产党的第十二次全国代表大会并被选为十二届中央候补委员。1983年3月任中共山东省委副书记，分管宣传、科技、文教工作。

一

1928年12月23日，陆懋曾出生在江苏省泰县（今泰州市姜堰区）。祖父陆小波，早年在钱庄学徒，后进入工商界，1949年前当过江苏省商会会长，1949年后曾任江苏省工商联主任委员、省民主建国会副主任委员、省政协副主席。父亲陆佐元，学徒出身，1931年前任江苏银行新浦分行行长，1938年后任南通分行行长，1949年后任南京市下关烟酒糖茶中心店主任，直至退休。

陆懋曾兄弟姊妹六人，他排行第三，6岁开始上私塾，读了两年《论语》《孟子》。8岁时入泰县大浦小学读三年级，10岁转到乡贤祠小学读五年级。乡贤祠小学是地方士绅办的私立小学，所聘教师多为大专毕业生，因而在泰县声誉颇高。小学毕业时，适逢乡贤祠中学创办，他又成为这所学校的第一届学生。

少年时期，祖父、父亲都在外地工作，陆懋曾跟祖母、母亲住在泰县，生活也在小康之上。"七·七"事变以后，日军疯狂侵略，飞机狂轰滥炸，他曾随母亲到乡下逃难，第一次接触了农民的贫困、悲惨生活。在乡下，他目睹了"锄禾日当午，汗滴禾下土"的艰辛，看到了"四海无闲田，农夫犹饿死"的现实，这才理解了老师讲过的"民以食为天"的道理。他天真幼稚的心中，除了同情、怜悯之外，产生了长大之后能为农民做些什么这样朦胧的愿望。

华东地区被日寇占领后，祖父和父亲不愿俯首事敌，弃职寓居上海。陆懋曾读到初中一年级时，乡贤祠中学因拒绝实行奴化教育而停办，部分教师另行组织了一个培梓学社，继续授课，他就在培梓学社一直读到初三。这两件事都使他受到深刻的爱国主义和民族主义教育。

上初三时，陆懋曾大病一场，致使学业中断。病愈之后，一边休养，一边补课。待身体恢复，他便于1943年冬到上海准备读高中，但已错过了一般高中的考期，只有当时在重庆路法租界的南通学院附设高级农业职业学校尚可入学。少年在乡下逃难时见到的农村情景还历历在目，随着年龄增长，"科学救国"的观念悄悄扎根他的思想，曾经产生过的"为农民做点什么"的朦胧愿望变得愈发清晰。好，那就学农吧！于是，他进了这所学校，从此与农业结下了不解之缘。

1945年6月，陆懋曾从南通学院高级农业职业学校毕业。那时候，国内一些名牌大学在抗日战争中迁往内地，他本想到内地投考大学，由于战争尚未结束，路途不通，行至杭州又不得不返回上海，遂考入南通学院农科畜牧兽医系。抗日战争胜利之后，内迁的大学陆续迁回，他于1947年初转学考入金陵大学农学院农艺系继续学习。金陵大学农学院是当时国内历史最久、教学条件最好的农业高等学府，有一批我国现代农业的开拓者在那里任教。能在这样的学校学习，他兴奋不已。当时他最钦佩的教师之一是著名的作物育种学家王绶教授。王教授培育的金大332大豆和王氏大麦都蜚声国内外，这不仅是金陵大学的骄傲，还为中国人争了光。他暗自下了决心，也要在作物育种上搞一番事业，甚至幻想将来经营一个试验农场，以实现自己的抱负。

然而，金色的梦被严酷的现实打破了。那时的中国刚刚结束抗日战争，又遇上了遍及半个中国的灾荒，蒋介石却不顾人民死活，挑起内战，实行高压政策、特务统治，抓丁拉夫、横征暴敛，把广大国民党统治区人民推到饥饿和死亡线上，搞得百业萧条，生灵涂炭，物价飞涨，民怨沸腾。于是，在国民党统治区出现了空前高涨的爱国民主运动。作为一个有正义感的热血青年，陆懋曾对国民党反动派的腐朽、黑暗十分不满。但是国家的前途、青年的出路何在呢？他也并不明确。在进步同学的影响下，1947年春，他参加了党的外围组织"向日葵团契"。同年5月17日，他参加了南京青年学生举行的"反饥饿、反内战、反迫害"游行，在国民党行政院和教育部门前抗议示威。3天后，更多的学生高喊着"要和平、要民主、要自由""朱门酒肉臭，路有冻死骨"等口号涌上街头，遭到反动军警的武装镇压，这就是震惊中外的"五·二〇"事件。这一天，陆懋曾参加了学生救护队。1949年春，他参加了进步学生组织的护校活动，迎来了南京的解放。

南京解放初期，他切身感受到了解放军纪律的秋毫无犯和共产党政治的清明廉洁，内心十分敬佩。学校开设了政治理论课，他学习了毛泽东同志的《新民主主义论》等著作，对共产党有了进一步的认识。新旧社会的鲜明对比、深入浅出的革命道理，使他把国家富强、民族振兴的希望完全寄托在共产党身上。1950年1月，他在毕业前夕加入了中国新民主主义青年团。

临近毕业的时候，山东省实业厅到金陵大学农学院招聘工作人员，欢迎毕业生到山东工作。他就毅然报了名。那时在许多江南人的心目中，山东还是个苦地方。听说他要去山东，家里人大多不同意，同学中也有不赞成的，纷纷劝告他等一等，换个好一些的地方。可是中华人民共和国刚刚成立、百废待兴，建设事业在召唤着有志青年。他，不能再等了。1950年3月初的一天，他告别了家人，提着简单的行装，和金陵大学农学院的同学朱斗北、潘大陆、宋邦钧一起从下关码头渡过长江，在浦口登上了北去的列车。第二天傍晚，他们就到达了黄河之滨的泉城济南。

来到山东之后，他被分配到山东省农业实验所（即山东省农业科学院的前身），先在高粱大豆组当技术员。1952年调到小麦组当副组长，从事小麦育种栽培研究。1953年光荣加入中国共产党，不久成为小麦组组长，开始主持小麦育种工作。后来小麦研究组扩大成研究室，他成为小麦研究室主任。20世纪60年代初，作物所的机构调整为育种、栽培、生理、气象等研究室，他任育种研究室主任。1979年后，先后升任作物研究所所长、省农业科学院副院长，职务多了，肩上的担子更重了，但他依然坚持在小麦育种栽培研究的岗位。

二

山东栽培小麦已有数千年的历史，然而直到1949年，全省平均亩产只有41千克。那时，世世代代在田野里辛劳的农民，还把能吃上一顿麦子面的白馒头当作难得的享受。36年后的1985年，全省平均亩产已达252千克，小麦成为广大农民的主要口粮和商品粮。党和政府的各级领导、农业战线的广大干部群众和科技工作者为此付出了无数心血和劳动！这其中就有陆懋曾和他的研究室做出的积极贡献。

20世纪50年代，为了迅速发展粮食生产，小麦研究室通过引进、鉴定，推广了碧蚂1号、碧蚂4号、石家庄407、早洋麦、钱交麦等优良小麦品种，同时开始了自己的杂交育种工作。60年代他们先后育成并推广了济南2号、济南4号、济南6号、济南8号、济南9号、济南10号、济南12号等一批抗锈、高产、优质和具有不同特点的品种。70年代，又选育出泰山1号、泰山4号、泰山5号和济南13号等高产、抗倒的优良品种，并迅速在生产中推广。特别是泰山1号，很快推广到七八个省市，在黄淮麦区的同行中有"泰山压顶"之说。他们选育的这些优良品种，促使山东小麦生产进行了多次品种大更换，有效地控制了小麦锈病的为害，较好地解决了既高产又抗倒伏的问题，促进了小麦的稳产高产。其中突出的品种及特点如下。

济南2号：适应性广，高抗条锈病，穗多穗大，增产稳定。1959年育成。它既是平原水肥地也是旱薄地和涝洼地上的优良品种，可以适应50～100千克到250～300千克的生产水平，平均增产一至二成。1966年全省种植2 000多万亩（1亩≈667米^2），在黄淮冬麦区最大种植面积近3 000万亩。

济南9号：高产、抗锈、粒大、质佳，耐干热风。1965年育成，1972年全省种植面积达1 000万亩以上。

泰山1号：适应性广，用肥经济，抗条锈病，穗大整齐，综合性状好。1971年育成，很快推广到山东全省、河北省中南部、河南省中北部、山西省南部和江苏省、安徽省淮河以北地区。1979年种植面积达5 600多万亩，是我国北方冬麦区继碧蚂1号以后种植面积最大的品种。据1985年统计，泰山1号累计种植2.1亿亩，增产小麦92亿千克，新增纯收入33.5亿元。

济南13号：分蘖力强，抗寒性好，大穗大粒，抗病稳产。1977年育成，平均增产一至二成，山东省1983年至今种植面积稳定在1 000万亩左右，徐淮地区1984年以来种植面积稳定在500万亩以上。至1987年累计推广1.1亿亩，增产小麦53.7亿千克，新增纯收入24亿元。

　　与此同时，为了充分利用育种材料，提高育种效果，陆懋曾和山东省农业科学院作物所小麦研究室的同志坚持专业研究与群选群育相结合，先后向全省各地提供了400多个杂交组合、4 000多份杂交材料。各地经过鉴定、试种，从中选育出16个较好的品种，如济宁3号、马庄4号、鲁兖1号、淄选2号、桓群4号、鲁沾1号、德选1号等，也在生产上发挥了一定作用。

　　经过艰苦的探索，陆懋曾对他们长期的育种实践进行了反复总结，逐步形成了明确的基本指导思想和具有特色的育种方法。他把小麦育种的基本指导思想归纳为"阶梯式育种"，即任何一个优良品种都有地域性、时间性的局限，不存在完美无缺、固定不变的良种，因此必须从现有基础和水平出发，不好高骛远，不空想求全，要实事求是地在原有推广品种的基础上逐步提高。或者形象地说，要"爬楼梯"，而不要求"一步登天"。从这一基本指导思想出发，他们始终围绕当时当地小麦生产与经济条件、栽培管理的主要矛盾确定主攻方向，解决了生产当中一个又一个关键技术问题，不断向更高的目标攀登。20世纪50年代，条锈病是小麦生产的主要威胁，他们培育的济南2号等高产抗锈品种，取代了丧失抗锈性能的碧蚂1号、碧蚂4号，有效地控制了条锈病的为害和流行；60年代以后针对济南2号、济南5号红皮面色差的问题，选育出抗锈、白皮、适应不同生产需要的济南6号、济南8号、济南9号、济南10号、济南12号等良种；当肥水条件有了很大改善，倒伏成为小麦进一步高产的主要限制因素时，又把耐肥水、抗倒伏作为育种的主攻目标，从而选育推广了秆硬抗倒、高产稳定的泰山1号、泰山4号、泰山5号和济南13号等。

　　在育种方法上，他们有4个突出特点。

一是"围攻法"。一般用综合性较好的推广种作为中心亲本，针对它的某个主要缺点，如不抗锈，选用若干个抗锈亲本分别与之杂交，打"围攻战"，予以改进和提高。由于目标明确，选择集中，易于在较短时间内取得较好的改造效果。用这种方法，以丧失抗锈性的碧蚂4号为中心亲本，进行杂交改良，选育出济南2号、济南4号、济南8号；以株型紧凑、秆矮抗倒但不抗锈病的辉县红为中心亲本，用了数十个抗锈材料与之杂交，选育出济南11号和泰山4号。

二是采用与阶梯式育种相应的杂交方式，一般以品种与品种或品种与稳定的优良高代品系杂交为主。这样杂交时只要做五六个穗子，就能保证子二代有足够大的分离群体可供选择，性状稳定时间也较短较快。济南2号、济南9号和泰山4号都是品种间单交育成的，泰山1号、泰山5号和济南13号都是品种与稳定的杂交后代杂交育成的。

三是早代测产、点（条）播对照。对杂交后代，经目测优良的，从第三、四代即进行测产，以提高选择的可靠性。在田间种植方式上，点播便于单株选择，而条播更接近生产实际。所以除按系谱法常规试验要求点播外，将剩余的种子条播，二者互相对照，为正确选优汰劣提供依据，同时又可扩大繁殖种子，为多点试验准备条件。这样做，既提高了选择效果，又缩短了育种周期。

四是多点试验、异地鉴定，以空间代时间，以多点代多年。在选育济南2号的过程中，两年进行了300多处试验示范；选育泰山1号、泰山4号的过程中，3年进行了200多处试验示范。由于点多面广，充分利用了不同地域自然环境和生态条件的差异，取得了多年试验才能获得的数据，能够较快地了解其适应性和生产力，从而加速了鉴定、示范和推广的步伐。

1982年5月，陆懋曾在北方麦区育种协作会上，曾就上述育种经验作了系统介绍。"阶梯式育种"的指导思想，受到国内作物育种界的重视，他采用的一套育种方法，引起了国内同行的极大兴趣。这些经验，他写成题为《冬小麦育种工作回顾》一文，后来发表在《山东农业科学》1983年第4期上。

在小麦栽培方面，他也进行过深入的研究。20世纪50年代曾对小麦种子处理、播期、密植、施肥、灌溉和冻害发生规律及预防措施作了大量调查和一系列试验，提出了如密植的合理指标；旱地、水浇地化肥的合理施用方式和时间；冬灌及春灌的适期和增产作用；早春冻害的预防及补救措施；不同生产水平的合理群体结构指标等问题。其后在60—70年代为充分发挥良种的增产潜力，对良种良法配套进行了许多研究工作，提出了济南2号、泰山1号、泰山4号、济南13号等良种的相应栽培管理措施。此外，还对小麦品种的分蘖特性进行了研究分类，把年前分蘖多、年后很少分蘖的叫一次高峰型；把年前、年后两次大小悬殊、年后急骤分化、形成空心株型的叫极蘖空心型（如掖选1号）。他提出极蘖空心型年前有利于发展根系、增强抗冻能力，年后有利于通风透光、壮秆抗倒，是山东高产小麦品种理想的分蘖类型，一次高峰型次之，为制定小麦育种目标提供了依据。

多年来，陆懋曾主编了《小麦良种及良种繁育》（农业出版社，1980）、《小麦》（山东科技出版社，1978）等著作，是《中国小麦品种志》（农业出版社，1986）的主编之一，参加了《小麦育种学》（科学出版社，1976）的编写，撰写了几十篇论文和资料，还针对山东省小麦生产中的问题提出不少建议和意见。这些著述，对普及农业科学知识，促进小麦生产发展，丰富小麦育种和栽培理论，均起到了积极作用。

作为一个农业科技工作者，能在实践上、理论上同时取得这样的成就，相当不容易。每次谈起这些时，陆懋曾认为，"我所走过的道路，是我们这一代知识分子共同走过的道路，我是他们中间的普通一员。至于工作中做出一点成绩，主要是赶上了这个伟大的时代，同时这里面也包含着许多人的劳动，我不过是做了自己应该做的一份工作。"

三

是的，陆懋曾与他那一代知识分子虽然走的是同一条道路，但是回顾一下，可以看到在曲折的成功之路上留下了他艰苦攀登的足迹！

陆懋曾开始研究小麦时，为了摸清全省小麦生产情况，进行了大量的调查研究。在黄河两岸，他考察过小麦品种分布和特性；在泰山南北，他调查过小麦病虫发生规律；在微山湖畔，他整理过小麦抗寒防冻的管理措施；在泰莱平原和蓬黄掖，他研究总结过小麦高产经验。那时交通不便，县城之间不通汽车，下乡全靠两条腿。1955年，他和另外一个同志在鲁南调查小麦冻害和病虫害，初春下了一场大雪，公路不通车。他们早晨6点从平邑县出发，背着行李，踏着积雪，翻过尼山，晚上8点才到达滕县，一算，足足走了70千米！在村组队的麦田里，他仔细了解当地小麦生产的历史和现状，认真观察不同品种的生育特点；在农民的炕头，他啃着高粱煎饼、喝着地瓜粥，倾听农民对小麦育种的意见和要求。这使他逐步熟悉了山东小麦生产的现状，发现了许多问题，为准确选择育种和栽培的研究方向，奠定了坚实的基础。他一直认为，深入实际调查研究是农业科技人员必不可少的基本功。

陆懋曾初到山东时，吃饭是一大难题。开始，窝头难下咽，煎饼咬不动，经过一段时间才慢慢适应。后来又患了胃病，一年总犯几次，特别在季节交替、气温剧变的时候，常常看到他用拳头顶着肚子或者揣着热水袋工作。说来奇怪，自60年代初开始，他竟患了小麦花粉过敏症。每当小麦扬花的时节，他只要一靠近麦田就鼻涕直流，眼睛发痒，像患了重感冒一样难受。可是，小麦扬花正是杂交授粉的关键时期，这时不让他下地可是比花粉过敏更难受。人们经常看到他一米八五的大个子，戴着风镜、口罩，俯身在麦垄中授粉，其神情之专注，下手之精准，令人无不称赞。

"文革"开始以后，陆懋曾一夜之间变成了"黑线人物"，被剃了阴阳头，挂着牌子接受批判。不让他进办公室，他就到挂藏室、种子库去整理种子。不久被赶到养猪场，煮食、喂猪、起圈。后来又被赶到惠民农村接受"再教育"，成天从事挖沟、平地等田间劳动。这时他对个人的遭遇不以为意，仍在设法帮助农民群众引进良种、改进栽培技术。不过，最使他牵肠挂肚的还是那些凝聚着他和同事们多年心血和希望的育种材料。1969年他由农村回来，除参加小麦试验和田间劳动外，还被派往宁阳、桓台等县辖农村蹲点，工作总算恢复了。然而，沉重的打击又接踵而至。1971年初春，小麦刚刚返青，上边传下一道命令：解散山东省农业科学院的研究机构，人员下放！陆懋曾和小麦研究室的6个同志被下放到泰安地区农业科学研究所。在人心惶惶、各奔前程的混乱局面下，他坚持要保存好过去征集的地方品种和长期积累的育种材料，他又跟同志们说："这些材料是人民的宝贵财富，是大家多年的心血，我们有责任保护好，绝不能做千古罪人！"那时麦子已经种在济南的试验田里，他就和几个同志留下，亲自浇水、施肥、调查、选拔、收获、脱粒、考种，把几千份育种材料全部带到泰安。其中就有当年收获的696387，这是54405与欧柔杂交的第六代品系，到泰安后定名为泰山1号。在泰安地区农业科学研究所，他们十几个人挤在一间屋子里办公，做试验时，所里土地不够就租用村里的土地。在这样困难的条件下，经过艰苦努力，又连续育出泰山4号和泰山5号。他还经常给农民讲授小麦栽培技术，受到当地干部群众的热烈欢迎。3年之后，山东省农业科学院恢复建制，陆懋曾和同事把几千份材料又完好无损地带回济南。离开泰安前，他们把所有的育种材料一律分出一半留在泰安地区农业科学研究所，供其开展育种使用。

　　陆懋曾31周岁时才和山东农学院畜牧系毕业的谈彩璋结婚。他们在1959年国庆节举行了极为简单的婚礼，不过刚定名的济南2号既可算作献给新中国成立十年大庆的一份厚礼，又是他们结婚最有意义的纪念。婚后的家务活自然大都落到妻子身上，若是妻子有事需要出差，他把孩子送到幼儿园，自己吃饭全靠食堂和常备不断的饼干。一次，他又去驻点，妻子在家患了急性痢疾，怕影响他工作就没有通知他。两天后，他有事回济南，看到躺在床上的妻子，也没顾上多问，就赶去汇报工作。回来后拎起背包又要走时，妻子虽然早已习惯他的来去匆匆，但再也忍不住了，委屈的泪水打湿了衣襟。他像才发现屋子里还有一个人似的，赶紧又是解释，又是安慰。妻子理解他，故作坚强地擦干眼泪，还是放他回去。1971年下放的时候，他带着两个上小学的女儿、一个刚出生的儿子和体弱的妻子来到泰安，家庭生活、孩子上学都有困难，而他却一天到晚忙着订计划、做试验、搞调查、写总结。因为差不多与儿子一同出世的泰山1号更需要他的细心照料！

这种对农业科研事业的献身精神和执着追求是他在成功之路上战胜困难、顽强攀登的动力。

陆懋曾刚到山东不久，就到惠民县组织农民搞小麦选种。1950年正值北方麦区锈病大发生，人们从麦田里走一趟，裤腿上就沾满了黄褐色的粉末。听说省里来了技术员，许多农民围上来，希望他能拿出个办法。他虽然恨透了这可恶的锈病，却无能为力。记得书上讲可用抗病品种解决，但适宜山东种植的抗病品种在哪里呢？22岁的陆懋曾面对一双双期待的目光，心情沉重，脸上火辣辣的，深刻感受到一个农业科技工作者的重大责任，他下定决心一定要选育出能抗锈病的小麦品种。惠民之行很快结束了，可是那一双双期待的目光却已深深地留在记忆中。几十年来，他总是感到有这样的目光在逼视着自己，催促着自己。经过一番努力，1956年他和小麦室的同志培育出了一个叫6A3-10的新品系。他们高高兴兴地拿到各地试种，却不受群众欢迎。因为它虽然抗锈，但秆弱易倒，产量不高，生产上还是不能应用。以后回想起来，他认为：这次失败对于克服自己思想方法的片面性，对于全面综合地确定育种目标和选择标准起了重要作用，从这个意义上说，这是成功的失败。

　　不轻信、不固执，择善而从，是陆懋曾的特点。20世纪50年代，山东农业科学研究所的所长是李明，副所长是沈寿铨。李明是个老干部，认真钻研业务，特别强调深入生产实际调查研究。沈寿铨是国内知名的农学教授，30年代曾通过系选育出有名的燕京811谷子和燕大1817、燕大1885小麦，作风严谨细致。陆懋曾受到他们的深刻影响。他工作扎实，求知欲强，对于分配的各项任务都一丝不苟地完成。通过多种实际工作的锻炼，他的研究水平迅速提升。50年代前期，国内学术界开展了学习米丘林遗传学的热潮，孟德尔、摩尔根遗传学被说成是"唯心的、反动的"，杂交育种也受到批判。1954年，他被派去参加在华东农业科学研究所（今江苏省农业科学院粮食作物研究所）举办的米丘林遗传讲习班。他对这种用政治帽子压服不同学术观点的做法想不通，认为遗传基因、遗传规律是客观存在的，坚持把刚刚起步的杂交育种搞下去；同时也吸收苏联育种工作的一些有益经验，如重视对地方品种的研究和利用等，在育种程序上也借鉴了苏联的某些做法。1955年，一位同志到石家庄参观回来说，人家进行了锈菌接种试验，建议本所也开展起锈菌接种方面的研究。但所领导认为本所条件较差，搞不好会出纰漏，因而不同意。当时担任小麦组长的陆懋曾经过慎重考虑，认为"接锈"是进行抗锈性鉴定、选育抗锈品种的有效方法，目前条件虽差，但是可以采取一些防范措施，不至于出问题。于是，"接锈"悄悄地搞起来了，几年之后，他们培育的抗锈良种济南2号就悄然问世。"大跃进"的年代，寿张县台前村（当时属山东省）放了一颗亩产小麦3 000多斤（1斤=500克）的"卫星"，省里组织验收，陆懋曾作为小麦专家也应邀参加。他默默地数了地里留下的麦茬，计算出亩穗数，对产量提出了异议。虽然他明知这样做在政治上要承担风险，但也不愿违背事实、言不由衷。当他回到济南后，果然受到批评，但他依然初心不改，坚持实事求是。

长期以来，只要不出差，他都坚持参加试验中的播种、选择、收获等关键工作；调查、授粉、考种等也不例外；试验方案、总结等，都是自己动手写。他当了院（所）领导后，重要的文字材料都先提出要点并亲自修改审定；小麦生长的关键时期还是往试验田跑，把观察、分析记在自己的小本上，回去和有关的同志对照讨论，如有重大分歧，还要再次到地里验证。每一个品种都经过多年多点鉴定，并摸清了生物学特性和生长发育规律后，再决定是否推广、在哪里推广。对那些产量虽高，但抗病性差或有其他明显缺点的，绝不推广。有的同志不理解，他说："我们要把气候变化和病害流行的因素考虑进去，要对人民负责，不能只看眼前，不顾长远。"即使大量推广的种子，他也要求把存在的缺点如实给群众讲清楚，不可隐瞒。所以群众反映，山东省农业科学院的种子安全系数大，信得过！

这种实事求是、择善而从、严谨认真、精益求精的科学态度，是他开启成功之门的钥匙。

陆懋曾性格内向，不善交际，虽然表达能力不错，却从不说长道短。同志之间开诚布公，有一说一，有二说二。即使有的同志对他发牢骚，甚至发脾气，他也从不放在心上，事过之后，一如往常。平时所里分东西，大家都有的他才要，好就好，歹就歹，毫不计较。"五一"节正是小麦授粉紧张的时候，食堂只开两顿饭，他就把住在市内的同志叫到家里吃上一顿南方风味的午餐。冬天到了，他和大家一起去搬蜂窝煤，分送到同志们家中，不知道的，谁能想到他是副院长呢？1974年，他和另外一个同志到淄博市周村乡驻点，他谢绝了地方特殊照顾，和农民一起研究增产措施，一起进行田间管理。群众都亲切地管他叫"老陆"。这一年，周村乡11 000多亩小麦平均每亩增产65.5千克，获得了历史上的大丰收。当地领导准备设宴为他们庆功送行，他得知后为了不给当地增加负担，带着驻点的同志悄然离去，却在桌上留下一份小麦丰产经验总结。

陆懋曾条理清晰，分析、概括和表达能力强。一些比较复杂的问题，他三言两语就总结概括，而且切中要害。有的材料纷繁芜杂，经他一改就变得层次分明、重点突出。所以他发表的意见常有一种令人折服的力量。多年来，他撰写了许多论文，大都是以集体的名义发表的，至于经他修改的文章就无法统计了。对请他修改的文章，他不仅指出存在的缺点，提出修改意见，还拿出或推荐一些资料供作者参考。他业务全面，在田间试验、实验室工作方面也是一把好手，借用育种上的一句话，就是"综合性状好"。他的工作多、任务重、贡献大，却从无高人一等的想法，而是以身作则、平等协商，所以尽管对工作要求严格，同志们却非常尊重他。

与陆懋曾一起工作的，既有年龄比他大、资格比他老的，也有跟他年纪差不多的，还有比较年轻的，都相处很融洽。他知人善任，能够按照每个人的特点安排适当的工作。有个同志不善言谈，具有实干精神，就让他负责杂种圃；另一个同志爱人患慢性病，出差不便，就让他分管种质资源；还有一个同志表达能力较好，就让他多参加一些专业会议……这样，大家都能展其所长，心情舒畅地工作，在不同的岗位上都能做出不错的成绩，全室形成了一个团结协作有战斗力的集体。

这种宽厚待人、严于律己的作风和知人善任的领导艺术，是他撷取成功之果的阶梯。

陆懋曾走上省委领导岗位以后，他的担子更重了。但他还是关注着农业科研事业，经常了解农业科研工作的进展，指导农业科研的规划。小麦成熟的季节，他常常抽空到试验田去欣赏金色的麦浪。小麦收获的时候，他还要同与他一起奋斗多年的同志们共享开镰收割的喜悦。

（作者：唐齐鸣、贾化文）

此文成稿于1986年初，原载于中国农业科学院金善宝主编的《中国现代农学家传》第二卷，湖南科技出版社1989年出版。本次收录稍有改动，并订正了个别文字错误

庞居勤，1932年10月生，男，汉族，山东武城人，中共党员，研究员，棉花育种专家，国家发明一等奖主持人，国家有突出贡献的专家，享受政府特殊津贴专家。在40多年的棉花育种工作中，庞居勤同志先后主持过耐盐品种选育、高产优质抗病新品种选育、棉花雄性不育系选育、棉花杂种优势利用研究等多项国家攻关项目和省部级重点课题。其中，主持培育的"鲁棉一号"到1986年在全国累计推广1.2亿亩，创直接经济效益57亿余元，彻底结束了美国岱字棉品种在我国黄河流域棉区长达20多年的主导地位，结束了我国棉花进口的历史，在我国棉花育种史上具有里程碑意义。

"热情、朴实、坚韧、执着"的"鲁棉一号"精神以其选育的棉花品种"鲁棉一号"命名。

躬耕四十载　只为一粒种

——记棉花育种专家庞居勤

有一个人，他的智慧激发出来，改变了成千上万人的生活。

有一粒种子，它的能量爆发出来，改写了一个时代的历史。

这个人和这粒神奇的种子，在20世纪70—80年代活跃在人杰地灵的齐鲁大地上。

这个人叫庞居勤，他让无数中国人的"丰衣"梦想变成了现实。这粒种子叫"鲁棉一号"，它终结了中国棉花长期依赖进口的历史。

✒ 两项大奖铸就辉煌人生

2009年9月16日，中华人民共和国成立60周年前夕，农业部隆重表彰了100年"新中国成立60周年'三农'模范人物"，山东棉花研究中心主任庞居勤研究员榜上有名。与庞居勤一起获此殊荣的，还有他母校山东农学院教授于振文院士和同为山东农业大学校友的中国科学院遗传与发育生物学研究所研究员李振声院士。同门师兄弟3人同受表彰，格外引人注目。

农业部在表彰决定中指出，"受表彰的100名同志是我国农业农村人才队伍的优秀代表。在60年农业农村改革发展的历程中，他们在平凡的岗位上创造出了不平凡的业绩，表现出崇高的精神境界和优秀的思想品质。全国农业系统的广大干部职工和农村干部要向'三农'模范人物学习，学习他们牢记宗旨、艰苦奋斗的优秀品质，心系'三农'、献身农业的高尚情操，尊重科学、开拓创新的精神风貌。"

这一高度评价，庞居勤当之无愧。

作为享誉全国的棉花育种大家，庞居勤获得过许多奖励，但他认为，这是他第二次荣获国家级大奖。

他第一次荣获国家级大奖是在40多年前的1981年。这一年，被誉为"世界杂交水稻之父"的袁隆平院士获得了迄今为止唯一一项国家技术发明奖特等奖，而庞居勤则摘取了当年唯一一项国家技术发明奖一等奖。

这是"文革"结束后我国第二次颁发这一重大科技奖项。1981年5月9日，时任国务院副总理的方毅在人民大会堂为庞居勤颁奖。

这是山东省首次问鼎国家技术发明奖一等奖。1981年6月18日，山东省在省城济南隆重召开庆祝大会，时任山东省委书记赵林代表省委、省政府向庞居勤表示热烈祝贺。

这也是山东农业大学的教师和校友迄今为止获得的3项国家技术发明奖一等奖中的第一项。学校党委向庞居勤发去了热情洋溢的贺信。

获大奖后，各种荣誉纷至沓来。省专业技术拔尖人才、省劳动模范、国家突出贡献专家、享受政府特殊津贴专家、国家发明委员会特邀评审员、农业部科技委员会委员、全国品种审定委员会委员……一个又一个耀眼的光环，照亮了庞居勤辉煌的人生。

两项大奖和层层光环，都是因为庞居勤耗费了整整15年的心血，培育出了那粒解决了无数中国人穿衣问题，提高了全国人民生活质量，从而使他名扬天下的棉花良种——鲁棉一号。

一颗雄心开启创新之门

1961年7月，庞居勤从山东农业大学的前身山东农学院农学系农学专业毕业，留校任教。

那是一个物质供应贫乏、百姓缺衣少穿的年代。

年龄稍长一点的人都还记得，当时家家都有一种被老百姓视作宝贝的凭证"布票"，这种凭证限额供应，每人每年只能分到几市尺，面额甚至精确到了"市寸"。到商店去买布料，光有钱是不够的，还必须支付一定额度的布票。普通百姓家，一件衣服老大穿完老二穿，老二穿完老三穿。"新三年，旧三年，缝缝补补又三年"，这是当时老百姓生活的真实写照。

在庞居勤的老家山东德州，曾经发生过这样一幕惨剧：一位即将出嫁的姑娘，到城里置办嫁妆时，不小心弄丢了娘家和婆家节省了两年好不容易积攒起来的2丈多布票，这位对即将开始幸福生活充满憧憬的姑娘愣了一下，突然当场撕破自己的衣服，疯了。

从农村走出来的庞居勤，对我国棉花生产的落后、棉农的辛苦和老百姓缺衣少穿的痛苦，有着刻骨铭心的体会。在大学期间就对棉花育种和栽培产生了浓厚兴趣的庞居勤，一次又一次地责问自己，作为一个农学专业的大学毕业生，难道不能为改变这一现状尽点力吗？

不久，庞居勤从母校山东农学院调入了山东省农业科学院棉花研究所品种室，开始了他的棉花育种生涯。

这一干就是40多年。

1965年，庞居勤被任命为棉花品种室副主任，受命负责优质高产棉花新品种的选育。

当时，我国还没有自己的棉花优良品种。长期称霸黄河流域棉区的，是从美国进口的"岱字棉"品种。在植棉大省山东，由于美国的"岱字棉"不适合当地的土壤、气候等生态条件，产量一直很低且不稳定。

庞居勤立下了雄心壮志：拼上这条命也要培育出适合我国生态条件的优质高产棉花品种！

育种，即使在今天，也是一个周期长、风险高、充满艰辛的过程。而当时，试验手段落后，种质资源贫乏，科研条件简陋，生物工程、生物技术等现代科学手段更是闻所未闻。要培育出一个优质高产的棉花新品种，谈何容易啊！

困难没有吓倒庞居勤。分离、比较、选择、鉴定，庞居勤带领课题组，从鲁棉所"1195"品系为父本、中棉所2号为母本的杂交后代种子材料中，反复筛选新品种，开始了漫长、枯燥、艰辛的育种试验。

育种研究是一项连续性、实践性很强的工作。在那些年月里，庞居勤把试验田当成了"家"。他把自己连同棉种一起"种"进了试验田里，在棉花生长的各个关键环节，他总是在田间对试验材料进行反复、细致的观察与比较。忙碌一天，有时累得胳膊都抬不起来。试验播种、田间调查、材料选择、资料分析，日复一日、年复一年地在试验田里摸爬滚打，将他变成了一个彻底的棉农。

一晃好几个年头过去了。尽管庞居勤和课题组的成员投入了无限的精力，洒下了无数的汗水，耗费了无尽的心血，育种工作却始终不能取得突破性进展。他们经过多年的分离选择所培育出的种子材料，到了第九代仍然性状不稳定，而且株型高大松散。那粒让无数人翘首以盼的棉花良种，就像养在深闺里的千金小姐，任凭千呼万唤，就是不肯稍稍展露一下芳容。

育种是一项需要无限投入的工作，它是一个未知数，有时有解有时无解。也许不需要失败，成功便一蹴而就；也许需要一千次失败，第一千零一次才能成功；也许永远只有投入，最终也叩不开成功的大门。然而，一粒良种一旦培育成功，就会有几十倍、几百倍的生产力爆发出来，创造出惊人的经济和社会效益。有时候，一粒种子甚至可以改写一个时代的历史。

但是，并不是每个人都能够确切地理解育种工作的重要性和艰巨性。

庞居勤和课题组陷入了困境。研究所内外开始出现风言风语，有人批评庞居勤的育种工作"脱离生产实际"。

是迎难而上，还是知难而退？

在那些黑暗的日子里，庞居勤徘徊在试验田里，心潮起伏。他想起了周恩来总理的嘱托。

从1961年到1965年，国家先后5次召开全国棉花生产工作会议，日理万机的周恩来总理每年都亲自主持会议。周总理在会上说："毛主席指示我们，农业生产要学会两条腿走路，坚持'粮棉并举'方针。主席把任务交给了我，我依靠大家！棉花产量上不去，全国人民缺衣少穿，我这个总理不好当啊。"

周总理提出，要想尽千方百计，努力实现亩产百斤皮棉的丰产目标！

总理对全国棉花工作者的亲切关怀、殷切希望和高度信任，使庞居勤深受鼓舞，同时也时刻感受到肩上沉甸甸的责任和压力。

庞居勤在心里默默回想着总理的嘱托，一股豪情从心底油然升起，他暗暗下定了决心，开弓没有回头箭，再难也要走下去！

"安得广厦千万间，大庇天下寒士俱欢颜。"吟诵着"诗圣"杜甫《茅屋为秋风所破歌》中的名句，始终萦绕在庞居勤心头的却是"安得棉花千万担，遍衣天下苍生俱欢颜！"

在试验田里，庞居勤一棵一棵地抚摸、侍弄着自己精心培育的棉花苗，一次又一次陷入了沉思。

转机出现在1971年。

一天深夜，庞居勤和课题组成员李正太在宿舍研读作物育种文献，一篇有关辐射可以改变作物遗传性能的科技论文引起了庞居勤的注意。

辐射？

辐射！

庞居勤的心里倏然划过了一道闪电，一个大胆的念头迅速冒出：射线能不能穿透棉种试验材料，"打掉"父本和母本中的不良遗传基因，从而诱发突变，优化种子材料的遗传性能，产生优良变异个体呢？

豁然开朗！

他们立刻挑选一批精心培育的杂交第九代棉花种子材料，送到本院原子能农业应用研究所，用钴60进行了辐射处理。

结果让人很失望，辐射后的种子材料当年种出来长得乱七八糟。庞居勤没有灰心，他们把生长正常的棉株混收留种，第二年居然种出了一批长得好的单株。

奇迹出现在第三年，他们把上年长得好的单株一个种一行，到地里一看，就有那么一行明显"与众不同"，第99行！课题组亲切地称为"99系"。

"一看就不一样，植株茂盛，姿态挺拔，株形紧凑，棉桃硕大，吐絮集中。"回忆起"99系"，庞居勤老人眼中立刻放射出神采，"就像一个小伙子经过多年苦苦寻求，终于在茫茫人海中找到了自己心仪的姑娘，我一眼就看中了她！"庞居勤开心地笑了。

又经过课题组两年的精心培育，1975年，一个集生长稳健、结铃性强、疯杈较少、管理省工、霜前花多、高产早熟、适应性广、抗逆性强等诸多优点于一体的棉花新品种，在中国人手中诞生了！

庞居勤把这一新品种定名为"鲁棉一号"。他豪情满怀地说，我们的棉花育种事业才刚刚起步，将来还会有"鲁棉二号""鲁棉三号"……

一粒种子改变一个时代

1976年，"鲁棉一号"在山东棉区进行了试种，获得了空前的大丰收。亩产皮棉最高达到了创纪录的135.75千克，平均皮棉产量比美国的"岱字棉"增产39.48%！

随后几年，"鲁棉一号"在山东和全国主要棉区迅速推广，累计种植面积达1.2亿亩，创造直接经济效益57亿元！"鲁棉一号"的育成和大面积推广，彻底终结了美国"岱字棉"在我国黄河流域棉区长达20多年的主导地位。

"鲁棉一号"大面积推广的时候，正赶上农村联产承包，政策好、品种优、人勤奋，三个因素叠加，使棉区群众迅速走上了发家致富之路。棉花采摘季节，运钞车源源不断地开进棉区，当场兑付棉农的售棉款。亲手"哗哗"地数着大把大把新崭崭的票子，棉农们心里乐开了花。不少单身汉因为种了几亩棉花，盖上了新房成了家，娶上了媳妇生了娃。

在山东，"想发家、种棉花"的口号在当时的农村广为流传。全省第一批"万元户"中，很多都与种棉花有关。中国第一个见诸报端的"万元户"是山东临清的赵汝兰，1980年，他家种植了30亩"鲁棉一号"，纯收入达1万多元。

1981年4月24日，人民日报在一版显著位置突出报道了"鲁棉一号"促使山东及全国主要棉区棉花生产连年大增产的新闻，并配发了题为《杂交水稻和"鲁棉一号"的成功说明了什么？》的长篇社论。庞居勤主持培育的"鲁棉一号"和袁隆平培育的杂交水稻，成为当时轰动全国的重大科技成果。"鲁棉一号"荣获了当年的国家技术发明奖一等奖。

1982年，我国终于结束了进口棉花的历史，由棉花进口国一跃成为棉花出口国，并进而于1984年棉花总产量超过美、苏、印等棉花生产大国，跃居为世界第一大产棉国！

由于全国棉花产量连年大幅增加，1984年，国务院下发《关于加强棉花产购销综合平衡的通知》，要求"适当控制植棉面积""积极扩大棉布、棉花销售"。从发放"布票"限制购买，到国家号召"大量消费棉布"，这是多么巨大的变化啊！

　　曾经家家户户不可或缺的"布票"，从普通老百姓的日常生活中悄然消失，成为收藏爱好者手中的"新宠"。成千上万精心筹备嫁妆准备做新娘的待嫁姑娘，再也不会有人为了区区几尺布票而失去幸福了。

　　在城市，在乡村，爱美的大姑娘、小媳妇们，沐浴着改革开放的春风，一个个装扮得花枝招展。她们的笑脸像身上五颜六色的服装一样绚烂。

　　"鲁棉一号"是我国棉花种植史上的一个重要里程碑。从产业濒临崩溃到产量的世界第一，从被动依赖国外进口到拥有自主知识产权，实现这一历史性转变，庞居勤功不可没。

　　原农业部部长何康说，在生产实践中大面积采用"鲁棉一号"良种，亩产100斤皮棉，已不再是高不可攀的指标。"鲁棉一号"的育成，使人们极大地解放了思想，树立起高产的信心，对我国棉花生产的发展，其意义和作用是难以估量的。

　　中国棉花育种和棉花生产取得的重大突破让国外同行感到震惊。短短几年间，这个棉花消费长期依赖进口的东方大国竟然一跃而成为棉花出口国和世界最大产棉国！一时间，美国、墨西哥等国家的棉花官员和专家，纷纷前来山东省棉花研究所，考察交流，一探究竟。

　　1986年，联合国开发计划署作出决定，为山东省棉花研究所提供71.05万美元的经济援助，资助其建设先进的棉花研究中心。联合国粮食及农业组织也为"中国山东棉花研究中心"聘请了高级顾问黑勒斯博士前来指导工作。

三句格言彰显大家本色

"我是一个平凡的人"，这是庞居勤经常说的一句话。

走在大街上，很少有人会把眼前这位身穿普通灰色衣裤、脚踏黑色布鞋的质朴和蔼老人，同闻名全国的棉花育种大家联系在一起。几十年如一日在棉花育种试验田里摸爬滚打、风吹日晒，庞老肤色黑红，脸上皱纹纵横交错，手的骨节粗大突兀，看起来更像一个平凡的老农。

庞居勤视作座右铭的三句格言，使他尽显大家本色。

一是"以攀登高峰为乐。"

庞居勤说，"人类社会的进步，归根到底是靠科技。每个人的吃穿住行，都离不开科技的进步。"他认为，作为一名农业科技工作者，只有攀上了科研高峰，亲眼看到自己的科研成果为推动农业生产、改善人民生活发挥了重要作用，才能体会到人生的最大乐趣。"这需要坚定的信念、坚强的毅力和艰辛的努力。"老人对此深有体会。

庞居勤说，他们这一代科技工作者，很多人在大学时代就立下了科技报国的志向。他至今还记得1961年他从当时的山东农学院毕业时的情景，"在学校为我们举行的毕业典礼上，陈瑞泰院长说，我国的农业生产力水平还比较落后，农业科技创新的道路很宽广也很漫长。他勉励同学们到农村这个广阔天地去建功立业，用自己学到的科学知识为农业生产服务，为火热的社会主义建设事业添砖加瓦。"

庞居勤说，大学四年，对他触动最深的一件事，是余松烈院士带领同学们登泰山。"那是1960年夏天，当时的余先生还是一个三十几岁的年轻人。余老师告诉我们，最美的风景在山顶，但只有从山脚下起步，脚踏实地，一步一个台阶，才能最终攀登到顶峰。要欣赏到绝佳的美景，就必须洒下辛勤的汗水，付出艰苦的努力。余老师的一席话影响了我一生。"

庞居勤说，母校山东农学院强化实践教学，教学、科研与生产实践并重，围绕社会需求培养人才的教学模式，使他受益终身。

"魏鸿德老师、施培老师的棉花栽培课，尹承佾老师的棉花育种课，讲得真好啊！"回忆起母校的培养和老师的教导，老人至今心存感激。

正是有了科技报国的志向和不畏艰难的精神，庞居勤从来没有停下过攀登的脚步。在40余年的棉花育种生涯中，除主持育成"鲁棉一号"外，还先后主持了耐盐棉花品种选育、高产优质抗病棉花新品种选育、棉花雄性不育系选育、棉花杂种优势利用研究等多项国家攻关项目和省部级重点课题，主持了"1526"棉花新品种的中后期选育，主持育成"鲁棉3号""343"棉花新品种和新杂交棉花品种H28、H123等。他主持编写的《鲁棉一号》《棉花实用新技术》两部专著，撰写的《棉花杂种优势利用探讨》等20多篇论文，对我国的棉花生产发挥了积极的促进作用。

二是"以团队合作为乐。"

庞居勤说，从事科研工作，既要有雄心壮志，又要善于吸取他人的经验，多搞合作，这样才能取长补短，突破个人的局限。"一个人浑身都是铁，能打几颗钉？"老人感慨地说。

"鲁棉一号"获奖后，庞居勤不愿居功。他说，"鲁棉一号"的育成，离不开领导的关怀和同事们的帮助。在前后15年的培育过程中，直接参加育种的主要科研人员就有15人，参与基础试验的就更多了。"李正太、杨国珍、李其轩、元文乔、徐惠纯、葛逢珠、姜醒会……"老人扳着指头一位一位数着课题组成员的名字，"没有他们，就没有'鲁棉一号'。"

三是"崇尚知足常乐。"

庞居勤说，人这一辈子难免会遇到各种困难和挫折，一定要保持一颗平常心，顺利时切莫沾沾自喜，困难时不要垂头丧气。老人认为，做到这一点，关键在于知足常乐。"我这一辈子，就干了棉花育种这一件事。作为一名农业科技人员，国家培养了我，我只不过做了一些自己分内的工作，党和人民却给了我这么高的荣誉，这么好的待遇，我心里感到不安。"安享退休生活的庞居勤老人，对现在的生活很知足。

熟悉庞居勤的人都说，他从来不摆大专家的架子。他是一个平和的人，一个淡泊的人，因而也是一个快乐的人。老人已年届八旬，身板依然硬朗，精神依然矍铄，笑声依然爽朗。2007年9月14日，山东省农作物品种审定委员会宣布，"鲁棉一号"与其他116个玉米、棉花、水稻、大豆、花生农作物老品种一起退出种子市场。"鲁棉一号"，这个为山东乃至全国棉花大丰收立下了汗马功劳的功勋良种，完成了自己的历史使命，光荣"退休"了。

对此，山东省种子管理总站的专家说，随着育种水平的不断提高，品种更新换代的速度越来越快，老品种退市成为必然。

昔日科研条件落后的山东省棉花研究所，早已发展成为今天现代化的山东棉花研究中心。从当年的"鲁棉一号""鲁棉2号"，到转基因抗虫棉"鲁棉研15号"，再到最新育成的"鲁棉研31号"，新一代"鲁棉研"人接过庞居勤等老一辈专家手中的接力棒，创造了一个又一个棉花育种的新辉煌。

"他们干得比我好。"谈到这些晚辈后学取得的成绩，庞居勤老人由衷地赞叹。

说起"鲁棉一号"曾经的辉煌，老人淡淡地说，"都是过去的事了。"

"过去的事"，就是历史。

历史不应该被忘记。

历史也永远不会被忘记。

（作者：黄伟）

原文登载在山东农业大学党委宣传部编《学习材料》，成文时间2011年12月

赵振东，1942年9月生，汉族，山东武城人，中国工程院院士，一级研究员。1965年毕业于南京农学院，在新疆生产建设兵团基层农场从事农技推广工作，1983年获湖南农学院硕士学位。1984年调入山东省农业科学院从事小麦遗传育种工作至今。

赵振东潜心小麦遗传育种研究30余年。主持育成高产优质面包小麦济南17、面条小麦济麦19、面包面条兼用小麦济麦20和超高产广适小麦济麦22等大面积推广高产优质小麦品种，先后荣获国家科技进步奖二等奖、山东省科技进步奖一等奖。

"坚守执着、勇于创新、敬业奉献、提挈后学"的赵振东精神，以其名字命名。

中国优质小麦的开路先锋

——记中国工程院院士赵振东

有这样一位老人，和蔼可亲，谦虚治学，田间地头搞小麦育种，有着过人的洞察力，被誉为"中国优质小麦的开路先锋"。

他有着一系列头衔和荣誉：山东省农业科学院作物研究所研究员、首席专家，山东作物学会副理事长，全国先进工作者，中国工程院院士。他推广优质小麦种植超4亿亩，荣获国家科技进步奖二等奖4项、山东省科技进步奖一等奖3项。他率领的团队，荣获国际农业研究磋商组织亚太地区杰出农业科技奖、中华农业科技奖优秀创新团队。

麦收时节，本刊记者来到山东省农业科学院，农业科学家赵振东带我们走进了他的育种世界。

求学探索，用新品种和新技术引领农业发展

赵振东1942年出生在德州武城，那时农村贫穷落后，"饿"成了他童年最深刻的记忆。后来随父亲进城，他切实感受到了城乡的差距。少年时代，他就读于南京金陵中学，1961年中学毕业后考入南京农学院，在这里打下了良好的理论基础。

大学毕业之际，赵振东立下志愿："读万卷书，行万里路，

到祖国最需要的地方去！"他不顾家人的反对，毅然报名去了新疆，成为新疆生产建设兵团的农技推广者。

在新疆生产建设兵团的生产一线，赵振东以苦为乐，兢兢业业，这一待就是15年。由于他勤奋好学，不懂就问，积累了丰富的实践经验和动手能力，为他日后攀登育种高峰打下了良好基础。

1980年，有着远大志向的赵振东考入了湖南农学院，38岁的他成了一名硕士研究生。

20世纪80年代，小麦连年丰收，但丰收之余也有尴尬，国内偏偏没有能生产优质面粉的小麦品种。其中有一年，我国进口优质小麦达1 488万吨。一边是小麦总产量屡创新高，一边是优质小麦依赖进口；一边是麦子连年丰收，一边是部分地区农民卖麦难。矛盾的双重挤压，对"优质麦种"的渴望，成为那一时期农业科学家心中的"痛"。

1984年，学成归来的赵振东调入山东省农业科学院，从事小麦遗传育种工作。他决心精心育优，彻底改变优质小麦依赖进口的历史，让丰收的农民不再卖粮难。

没有资历，没有科研成果，更没有现成的经验；有的是多年的农田实践，有的是战胜困难的必胜信念。"用新品种和新技术引领农业发展"，赵振东开始了漫长而又艰难的创业之旅。

"唯有创新才有出路，创新要常创常新"

思路决定出路，创新成就未来。30多年来，创新伴随着创业，赵振东相继推出了"济南17""济麦19""济麦20""济麦22"4个优质小麦"大品种"，组成了浩浩荡荡的济麦良种大军。

对于这些响当当的优质麦种，人们投来赞许的目光。有人问赵振东："你育出了这么多、这么好的优质麦种，有什么诀窍吗？"他笑着说："哪有什么诀窍。唯有创新才有出路，创新要常创常新。"

赵振东的朋友很多，从兵团的老战友到老院士、老领导，从基层种子站长到普通的农民兄弟，但他最好的朋友是"麦种"，他一生最大的爱好是"育种"。老伴说他"没有爱好，不会生活，心里装的全是麦子"。

其实，赵振东年轻时喜欢文学诗歌，还曾是兵团的文艺队队长。他喜欢看书藏书，钻研过哲学和宗教，尤其喜欢黑格尔的名言。可为了钟爱的事业，他把爱好丢弃在一边，专心治学，潜心育种，立志造福子孙后代。正是靠着一股韧劲和不服输的精神，才成就了赵振东的事业和传奇。

2000年的一天，几位澳大利亚专家来到山东省农业科学院参观考察，情不自禁地向赵振东竖起了大拇指，并对"济南17"给予了高度评价。

同是优质麦种，在澳大利亚亩产不足200千克，而"济南17"却在一年两熟的耕作环境下达到了亩产近600千克，无怪乎能让这些外国专家折服。

"济南17"是赵振东推出的首个高产优质面包小麦品种。20世纪末，我国的优质面粉都依靠进口。这时赵振东想，能不能育出面包小麦取代进口面粉？

选育面包小麦，必须品质好、产量高，赵振东开始了考察论证。经过多年选育和多地试验，最终在青州试种了5万亩的"济南17"。第二年小麦大获丰收，价格也比普通小麦高了35%。赵振东的心血没有白费，与香港南顺面粉集团的订单也成为"中国第一份面包小麦订单"。

"济南17"实现了品质与产量的同步提高，成为我国首个面包小麦"大品种"，彻底改变了我国面包小麦完全依赖进口的历史，并实现了国家小麦分品种收购。

"高产、优质、广适"是赵振东的育种理念。一次次漫长的选育，一次次成功的突破，他又育出了专做面条的"济麦19"，既能做面条又能做面包的"济麦20"，登上了一个又一个小麦育种高峰。

中国是农业大国，山东是农业大省。近些年来，我国小麦产量实现连增，在小麦产量连创纪录的同时，赵振东肩上的担子陡然加重了，他要培育出抗病性、抗逆性、适应性更强的新品种，向着"超高产"的目标进发。于是，"济麦22"应运而生。

在赵振东的育种世界里，"济麦22"是个"宠儿"，缔造了一个个传奇：全国推广种植面积最大品种，连续6年全国小麦第一种植品种，山东一半以上地区种植品种。该品种已连续9年在不同生态类型区86个点次试验，达到亩产700千克以上的超高产。2009年农业部组织专家验收，实打亩产789.9千克，创造了我国一年两熟小麦的高产新纪录。2014年亩产突破800千克。

入冬，赵振东骑自行车到试验田里查看麦情，做好记录；入夏，他头顶烈日，身着厚厚的工作服，采摘麦穗作标本。搞项目研究，作专业报告，上北京作学术研讨，73岁的赵振东日程表总是安排得很满很满，他不知疲倦地忙碌着。

伴随着一个个优良麦种的诞生，赵振东的两颗门牙先后"下岗"了。这是育种人的习惯，他们喜欢用牙咬麦子，以此来鉴定种子的质量，既方便又快捷，要是拿到实验室"不赶趟儿"。赵振东总劝说徒弟们不要用牙咬，可他却改不掉用牙咬的"老毛病"。

赵振东平易近人，风趣幽默，因此结交了许多基层的朋友。阳谷县从事种子经营的吕宗言就是其中的一位，他说："赵老是一位接地气的小麦专家，从不摆架子，能说让农民听得懂的话，愿和农民交朋友。他记挂着地里的麦子，心里始终装着老百姓，非常受人敬重。"

优秀的创新团队，充满激情的领头人

赵振东常说："麦品如人品。如果你怕冷，你育出来的麦子就怕寒；如果你怕热，你育出来的麦子就不耐热。"他热爱学习，善于思考，随身的包里常带着小卡片，一旦有了科研想法就随时记下来。

身为优质小麦育种团队的领头人，赵振东有着极强的亲和力和影响力，中国工程院庄巧生院士称他是"中国优质小麦的开路先锋"。时任作物研究所副所长李青这样评价赵振东："舍我，忘我，弃我，为天下人谋利。"

"赵老很朴实，素养极高，有高贵的人格魅力，很会顾及别人的情绪。"2013年来院并加入赵振东团队的李华伟，时常感受着赵振东的关怀。

团队成员刘爱峰也有同感。她说："赵老经常去实验室，有时亲自动手做实验。他是山东省农业科学院掌握面包制作技术的第一人，并手把手地教会了我做面包。赵老的细心、耐心和责任心最令我感动。"

从事小麦育种科研工作非常辛苦，田间和实验室两头忙活。育出一个好品种，往往需要十多个年头，而一旦遇到判断失误还得从头再来，可谓耗尽了毕生的心血。为此，许多人不愿选择这个行业，而从事育种研究的人有的一辈子也没有什么像样的成果。

"赵老就是我们的标杆。在他的带动下，一天不下地自己就感觉不舒服。如今，我们已经把苦干当成了一种习惯和快乐。"赵振东的弟子宋健民博士这样说。

赵振东是位充满激情的领头人，而生活中的他孝敬老人，知道感恩。前些年家里条件不好，一到冬天，为了怕老母亲冻着，临睡觉前他总是把手伸到老人被窝里试试温度。老母亲患有心脏病，晚上怕出意外，他和妻子十年如一日夜里轮班照顾，直到老人99岁安然去世。他家风淳朴，常教育子女说："条件再好，也不能浪费，我们要知足、要感恩。"2012年11月6日，赵振东荣获山东省科学技术最高奖。当天晚上，他把奖牌挂在了妻子胸前，动情地说："老伴，这块奖牌，有你的一大半呀！"

一个人的精力毕竟是有限的，人生能有几个灿烂的10年？赵振东十分注重团队建设，从不满足于一个人在战斗，作物研究所也提出了"一切为科研让路"的口号。他对弟子们了如指掌，像对待家人一样关心他们。他常说："千里马是跑出来的，年轻人要在竞争中成长。"他寄语团队成员要"有想法"，要"苦中干"，要求大家"把论文写在大地上，把成果留在农民家"，期待弟子们迅速成长为育种专家。

功夫不负有心人。赵振东率领的团队，先后荣获国际农业研究磋商组织亚太地区杰出农业科技奖、中华农业科技奖优秀创新团队，山东省优秀创新团队，荣立集体一等功。他的弟子有6人享受国务院政府特殊津贴，其中最年轻的还不到40岁。

一分耕耘，一分收获。优质麦种为老百姓带来实实在在的"福音"：优质麦种不但好施肥好管理，能让种植户增产增收，还给消费者提供了更多选择。负责"济麦系列"推广的山东鲁研农业良种有限公司副总经理张存良介绍说，近10年来，"济麦系列"累计推广超4亿亩，增产小麦400多亿斤。其中，"济麦22"占全省种植面积的一半左右。

育种专家"责任大于天"，永远不负总书记的嘱托

育种人，风里来，雨里去，不分春夏和秋冬。赵振东常说："人活着，要体现人生价值。育种人，责任大于天。"他在风雨中坚守信念，勇于担当。

因长期超负荷工作和田间辛苦劳作，赵振东患有多种疾病，如关节炎、老胃病、过敏性荨麻疹等，其中腰椎间盘突出更是时常折磨着他。平时，再热的天他也要穿着秋裤，出门更是药膏随身带。因麦芒等过敏原引发的皮肤瘙痒，他就用药膏抹；而膏药则被他剪成了大小块，哪儿酸痛就贴哪。

山东省农业科学院的东南边有块试验田，赵振东是这里的常客。一来到试验田，看到心爱的麦苗，他两眼就放光，忘了痛、忘了痒，挽着裤脚在地里一待就是几个小时。有时衣服湿透，贴到他的腰上，大伙儿都替他揪着心。

腰椎间盘突出压迫坐骨神经导致不能下地，赵振东住进了医院，这一住就是近一个月。腰椎最痛的时候，实在受不了，他请

求医生多开止痛药。医生悄悄地对陪护他的家人说："止痛药已开到了最大剂量，我们不能再开了。"

赵振东只好咬牙坚持着。一向坚强的他痛得实在忍不住了，就哼呀几声。他对陪护的儿媳说："梦竹呀，我咋一条腿在火里、一条腿在水里呢？"儿媳眼含着泪说"没多大事"，轮流揉着他的两条腿，减轻老人的疼痛。

最后不得不实行手术治疗。谁知出院没多久，赵振东却闲不住，不顾家人和同事的劝阻，拄着拐杖查看麦情，至今落下了走路一瘸一拐的毛病。

赵振东非常关注天气，每天必看天气预报和卫星云图。他的脸部表情也总是随着天气的变化而变化。尤其是春旱时期，如果天公作美，下了场及时雨，他紧锁的眉头就会舒展开来，小雨中散步，高兴得像个老顽童。他已把对事业的执着变成了一种习惯，喜爱并坚持着。

2013年对于赵振东来说意义重大。11月，他向习近平总书记专项汇报育种工作；12月，他被增选为中国工程院院士。

"总书记问了我3个问题，还当面表扬了我，并提出了希望和要求。"当记者提到这一话题时，赵振东仍然兴奋不已。

2013年11月27日下午，习近平总书记视察山东省农业科学院。在座谈会上，赵振东专门汇报了小麦育种技术，汇报完毕，总书记接连问了他3个问题，包括小麦良种累计推广面积、粮食安全等。当听说他培育的小麦新品种新增经济效益数百亿元时，总书记非常高兴的点头。

我国人多地少，人增地减，粮食安全是国家的战略，也是实现中华民族伟大复兴的根本保证。关于对国家粮食安全战略的解读，赵振东用"责任"二字作一概括。他说："人生最重要的是生命，是责任。责任在肩，时不我待。作为一位育种人，要永远不忘国家粮食安全，时刻牢记农民增产增收，切实关心消费者的身体健康，育种人'责任大于天'。"

"近14亿人口的吃饭问题"，是压在赵振东身上最沉的担子。虽过了退休年龄，他也想过着轻松的晚年生活，可他却愿做一个"麦田守望者"，在他的育种世界里"追梦"。

成为中国工程院院士之后，有人问他当选前后有啥不一样？赵振东笑着回答："荣誉高了，条件好了，而担子更重了。"

"济麦22"的继任者是谁？这是当前摆在赵振东及其团队面前的一道考题。"产量再提近3%，还要保持高品质"，这看似简单的要求，实则艰难无比。"需要突破常规，需要创新思维，需要团队协作。"赵振东连说了3个"需要"之后，便把目光投向了远方。

"老骥伏枥，志在千里；鞠躬尽瘁，夕阳无限"。即将结束对赵振东的专访，他铿锵有力的话语依然在记者耳边回荡。"山高人为峰，人高德为峰"，这位73岁的农业科学家，心系育种，情播田间，挑战在险途，创新在路上。

（记者：唐焕亮）

原载《支部生活（山东）》2015年第7期

　　徐作珽，1936年出生于上海，女，汉族，中共党员，研究员。1960年从山东农学院毕业后，到山东省农业科学院植物保护研究所植物病理研究室工作，长期从事植物病理研究。1996年退休后依然活跃在科研和生产一线。81岁获得中国老科学技术工作者协会奖和山东省老科协突出贡献奖；83岁被评为山东省离退休干部先进个人；84岁荣膺山东省三八红旗手。2021年10月，徐作珽捐赠10万元个人所得，设立"不老松"奖学金，用于激励青年学子潜心科研，助推植物保护研究所高质量发展。

　　其精神被凝练为"活到老学到老、钻研到老、奉献到老"的"不老松"精神。

宁可延误自己病情
也不耽误给庄稼看病

——记山东省农业科学院植保专家徐作珽

耄耋之年的徐作珽，体重只有32千克，用骨瘦形销来形容也不为过，但若说她老人家弱不禁风，那可就错了。她时常背着好几千克重的设备出诊，去给庄稼看病。

她的力量从哪儿来？

"咱研究的这些，就是为农民服务的"

徐作珽1936年出生于上海，1960年从山东农学院（今山东农业大学）毕业后，进入山东省农业科学院植物保护研究所（以下简称植保所）植物病理研究室，1996年退休。在很多人心目中，退休后的生活就是含饴弄孙、颐养天年，但徐作珽不是，她仍活跃在田间地头、实验室里。

"2013年我刚到植保所上班，发现同楼层病理室门前经常有农民来访。当时我挺纳闷儿，后来才知道，这些农民都是来找徐作珽老师给瓜菜看病的。"时任植保所所长翟一凡说，这已经成为植保所一道独特的风景。

为什么有那么多农民来找徐作琏？

"徐老师水平高，她开的药方，管用！并且她这个人脾气很好，无论什么时候找她、无论问什么，她都不嫌烦。"济南市章丘区高官寨街道东传新庄村瓜农孙继玉道出了原因。

2010年，高官寨街道开始大规模发展设施甜瓜产业，孙继玉是带头人之一。徐作琏经常去高官寨给瓜农讲课，大伙儿在瓜田地头或蹲或坐，听得聚精会神。大伙儿遇到问题，也可以随时找徐作琏。"在我们瓜农眼里，徐老师就是保护神。"孙继玉说，正是在徐作琏的精心帮助下，他们才平稳度过了艰难的起步时期。如今，高官寨的甜瓜种植已发展到4.5万亩、产值10亿元，参与人口2.3万，成为当地第一富民产业。

2017年7月的一个周末，时任植保所所长朱立贵正在办公室加班。一场暴雨刚过，他一开窗，就看到徐作琏的儿子骑着摩托车把她送到了办公楼下。朱立贵出门迎了上去："您老怎么这个时候过来了？""有人来找我看病。"徐作琏边说边走进了实验室。

农户找徐作琏并不总是在上班时间，如果在单位找不到，就会打听着去她家或者给她打电话。只要在济南，徐作琏一定会放下自个儿手头的事，第一时间帮农户解决问题。

朱立贵清晰地记得这样一件事：2016年盛夏，几个来自高青的瓜农拿着几株西瓜病株到办公室找徐作琏。当时徐作琏正在医院排队看病，接到电话后，二话不说就坐公交车回到了办公室。切片、镜检、分离，确定病原后开药方，一直忙活到下午2点多，别说看病了，她连午饭都没顾上吃。

农户拿来的病株，如果当天不能确定病原，徐作琏就会留下对方的电话号码，一有结果立即打电话告诉对方。有时候，农户带来的病株不符合检测条件，徐作珽就会跟着农户去当地取样。

"咱研究的这些，就是为了解决生产中的实际问题，就是为农民服务的。"徐作珽说。

"如果所里非要多给我钱，我就都交党费"

徐作珽退休后，很多企业开出丰厚待遇，想邀请她做技术顾问，但她不为所动，而是继续留在病理室和同事们一起发现新病原、为农民义务服务。

起初，徐作珽每月的返聘补助只有100多元，植保所三番五次要给她上调补助，都被她回绝："我要钱干什么？把经费用到更需要的地方吧！"2015年以后，徐作珽经常到医院看病，花销很大，植保所再次决定将她的返聘补助提高。她找到所里时任党委书记白元良说："如果所里非要多给我钱，我就都交党费。"白元良好说歹说，她才勉强同意。但是，从2018年开始，她拒绝从植保所领取任何补助："我能继续研究新病原，继续为农民解决问题，就已经很知足了。"

她就想一辈子给庄稼看病，把毕生所学无私奉献给农民。

莒南县大店镇发展草莓种植20多年，有草莓田近万亩。近两年，多处草莓田出现死棵情况。农户孙厚收找到徐作珽，徐作珽一时无法判定病原，就带领团队赶到现场调查。"2022年1月2日，这个日子我记得清清楚楚，那天徐老师摔倒了两次。周围的人都劝徐老师休息一会儿，但她老人家坚持继续研究。"说起这事，孙厚收有点哽咽，"她老人家这么大岁数了，还亲自到地里来！"

徐作斑不仅到田间地头为农民解决问题，还通过电视、报纸、广播等渠道进行科普宣传，引导农民防病害于未然。玉米茎基腐病的病原鉴定、西瓜枯萎病发病规律与防治技术、蔬菜灰霉病菌抗药性研究、日光温室蔬菜病害发生规律及防治技术……这些获省级以上奖项的研究成果，徐作斑也都大方地和农民分享。《乡村季风》是她经常参加的电视栏目，她通过这个栏目把自己最新的科研成果和技术第一时间进行传播。她的研究成果，在全省乃至全国农业生产中发挥着重要作用。

"老天爷留给我的时间越来越少了，我得抓紧"

"那年在单县，我们刨了一天山药，晚上我倒在床上睡着了，半夜12点醒来，我发现徐老师还趴在书桌上写东西。她老人家这么大岁数，这么高水平了，仍然这么敬业、努力！"说起徐作斑，植保所副研究员张悦丽语气里不自觉地就带上了敬佩。

单县是著名的山药之乡。2011年，山药根腐病严重，张悦丽和两名同事跟徐作斑到地里去做试验。"那是我上班后第一次真正去做田间试验。"张悦丽说，在地里刨山药，又热又累又脏，她觉得自己都快撑不住了，但当时已年逾七旬的徐作斑却和年轻人一样埋头干活儿。回到住处，徐作斑又第一时间记录整理试验情况。"生产中遇到的问题，如果当天不整理出来，以后再整理就有可能遗漏。我们做科研一定得严谨、细致。"当晚徐作斑的这句话，成为张悦丽此后工作的指南。

如今，86岁的徐作斑住在康养中心，日常仍旧做研究、整理研究数据，字迹工整，一目了然。"徐老师这个人，满脑子都是科研，不图名，不争利。"植保所里的许多年轻人，都把徐作珽当作偶像。

2020年2月，正是新冠疫情防控形势严峻的时候，徐作珽接到一位菜农的求助电话，说其所种的大棚番茄出现了死棵，并且发展很快，想请徐作珽过去看看。84岁的徐作珽不顾疫情风险毅然决定出诊，让儿媳妇开车送她到番茄地，最终帮菜农解决了燃眉之急。

即使徐作珽住进了康养中心，仍然不时有农民从外地赶来向她请教，而她也总是热情地帮助解决问题。

"一想到新病原，我晚上就睡不着觉；看见农民那快要哭出来的样子，我就要求自己必须得马上解决。"而这，也是她一直退而不休的原因。她常用《论语》中的一句话来激励自己："见善如不及，见不善如探汤。"

"老天爷留给我的时间越来越少了，我得抓紧。我要把有限的时间奉献给农业……"有一年大年初一，值班的张悦丽刚到实验室，就发现徐作珽已经在工作台上分离草莓根腐病的病原菌了。对工作的责任感，让徐作珽连春节都顾不上和家人团圆。

徐作珽热爱她的工作，也热爱工作上的同路人。2021年10月，徐作珽捐赠10万元个人所得，设立"不老松"奖学金，用于激励青年学子潜心科研，助推植保所高质量发展。平时申报成果奖励和发表论文时，她也总是把机会让给年轻人。她说："我们是石子，让年轻人从上面走，我带着他们干，然后让他们自己干，要给他们成长的空间。"

农民信任她、同事崇拜她、同行敬仰她，徐作珽，就是这样一位退休老党员。81岁时，她获得中国老科学技术工作者协会奖和山东省老科协突出贡献奖；83岁时，被评为山东省离退休干部先进个人；84岁时，荣膺山东省三八红旗手。

　　徐作琬用点点滴滴的付出诠释着初心使命，也告诉我们，晚年应该怎么过才更有意义、更有价值。

（作者：李梦竹、屈昌琴）

原载山东《支部生活》杂志，2021年第9期

　　盛亦兵，（1963年9月—2018年6月），男，汉族，山东济南人，中共党员，原山东省农业科学院农业可持续发展研究所研究员，国家牧草产业技术体系东营综合试验站首任站长，山东省农业良种工程牧草项目首席专家，我国知名牧草专家。先后被评为第一届山东省省直机关道德模范、山东十佳"三农"人物、全省重大典型、山东省善行义举四德榜"榜上有名"先模人物、第六届全省道德模范。

　　"劲草"精神是其"百折不挠、乐观向上、生命不息、奋斗不止"的生动写照。

他是山东百折不弯的那棵草

——山东省农业科学院牧草专家盛亦兵事迹简介

疾风知劲草，孱躯若磐松。山东省农业科学院牧草专家盛亦兵，罹患重病期间仍坚守科研，为山东"粮改饲"做出了重要贡献，他用坚韧不拔的一生诠释了百折不弯的"劲草"精神。时任中共中央政治局委员、国务院副总理汪洋，时任全国政协副主席、科技部部长万钢曾对盛亦兵事迹作出重要批示。

痴迷科研：在牧草"小学科"里闯出一片"大天地"

盛亦兵是山东省农业可持续发展研究所牧草学科奠基人，山东省农业良种工程牧草项目首席专家，国家牧草产业技术体系东营综合试验站站长，全国知名牧草专家。

1985年，盛亦兵从山东农业大学农学系毕业后，来到山东省农业可持续发展研究所工作，选择了牧草这个当初冷门的小学科。当时，他参加东营利津县的黄河三角洲万亩草场建设项目，在风吹黄沙让人睁不开眼的盐碱地里摸爬滚打，吃住都在村民家里，一天三顿萝卜咸菜，每天都要步行五六千米到草地做定点观测。就是在这样的艰苦条件下，盛亦兵没有退缩，硬是坚持了下来。这一坚持就是32年。盛亦兵始终倾情牧草，迷恋其中，坚持把"冷板凳坐热"，即使在科研条件最艰苦、单位发不出工资的困难时期，也从未动摇或间断过。他的黄河三角洲盐碱地人工草场项目开启了生物改碱的先河。他倡导把苜蓿作为作物，并率先在农区开展优质牧草规模化种植试验。他最早提出黄淮海地区苜蓿避雨错时刈割理念，并东奔西走宣传推广。他带领团队育成紫花苜蓿、大刍草等优质牧草品种6个，打破了山东省没有自主选育牧草品种的历史。先后主持国家及省部级课题10余项，研发的牧草新品种和配套栽培技术推广了1 000多万亩，产生了近十亿元经济效益。取得发明专利6项，制定地方技术规程2项，获得省部级进步奖3项，为山东"粮改饲"提供了科技支撑，在牧草这个"小学科"里闯出一片"大天地"。

勇战病魔：只要还有一口气，研究牧草不停止

盛亦兵在潜心科研的同时，以超乎寻常的毅力与病魔作斗争，8年经历6次大手术，始终坚守科研一线，堪称科研战线的"生命斗士"。

2008年8月，盛亦兵查出患有"腹膜后脂肪肉瘤"，当时在山东省立医院做了第一次手术后，病理诊断为硬化性脂肪肉瘤，复发时又成为去分化型，这是一种最罕见的脂肪肉瘤。为了防止肿瘤细胞扩散，他的右肾被切除，并作放射治疗。这一年正值农业部启动实施国家现代农业产业技术体系建设，手术刚满一个月，盛亦兵接到了建站通知，国家牧草产业技术体系拟在山东设立第一个试验站——东营综合试验站，他拖着羸弱的身体毅然担

起了建站重任。在筹建试验站过程中，盛亦兵已经忘记自己还是个病人，东奔西走，早出晚归，开展了大量调研工作，在团队成员选择、试验基地选址、示范县遴选等方面做了充分准备，确保了东营综合试验站按时启动。

在试验站建设与运行过程中，工作繁杂，实验设计、实验实施、出差安排、参加会议、体系调研、经费支出等诸多事宜扑面而来，但他并没有因病而退缩，而是安排得井井有条。在试验站运行的第二个年度，盛亦兵在例行体检中发现上次手术清除干净的肿瘤又出现了。此时，正面临着国家牧草产业技术体系和山东省农业科学院在东营筹备建立牧草示范基地的关键时刻，盛亦兵决定推迟手术，直到主持完成示范基地建成仪式。2010年9月，盛亦兵做了第二次手术，此次手术切除了肿瘤所在处的腰大肌及部分小肠。

2011年是牧草体系"十二五"开局之年，就在大家满怀信心、布局试验站工作时，盛亦兵体内又查出肿瘤细胞。2月，距离上次手术相隔不到半年，盛亦兵在山东省千佛山医院做了第三次手术。在医院，同事们看到被病痛折磨得瘦骨嶙峋的他，心酸不已。他却开玩笑说，以后要在肚皮上装个拉链，需要手术的时候拉开，完事后直接拉上就行。

然而命运多舛，2012年夏天，盛亦兵例行检查时腹腔再次发现肿瘤和肠粘连问题。省内医院专家经过会诊，针对他羸弱的身体状况，提出了保守治疗的方案，不建议再进行手术。但盛亦兵认为，保守治疗就意味着长期在家休养，就不能天天在牧草科研和生产一线上奔走，就等于提前让他与牧草事业告别，这样的生命还有什么意义？他没同意这个方案。几经波折，最终南京军区总医院同意给他进行手术。2012年7月，他第四次躺在了手术台上。这次手术，解决了他长期肠粘连的问题，切除了肿瘤细胞。只经过短暂1个月的休养，他又远赴湖北恩施参加牧草体系培训会。2014年7月，他又到南京军区总医院进行了第五次清除手术，做了肠道、腹壁等部分切除，小肠只剩下1.6米（正常成人的小肠长度5～6米），这是保持身体消化代谢功能的最小长度，必须每天随身携带肠内营养液和肾造瘘引流袋。

饱受病魔摧残的盛亦兵，现在不得不每隔半小时喝一口水，如果喝水不及时，排尿不顺畅，可能导致左肾衰竭，危及生命。身为护士的妻子王永焕拦不住丈夫外出工作，就特意给他准备了一个小水壶，无论走到哪，盛亦兵都把它带在身边。

2017年元旦过后，盛亦兵恶性肿瘤再次复发，山东省立医院安排1月17日上午做手术。他却照常到北京参加全国牧草工作会议，头一天才乘车奔波400多千米匆匆赶回济南。这一次，他虚弱的身体已经不能承受开腹切除手术，只能接受放射性粒子置入治疗。躺在病床上的他，还不忘跟别人开玩笑："我挺过了8年抗战，已经赚了。现在教科书上抗日战争由8年改成了14年，看来我还得多活几年。"

这就是牧草科研战线的生命斗士盛亦兵，依然保持乐观的心态、倾情牧草、痴迷科研，虽然知道随时可能倒下，但是只要还有一口气，就在田间地头和科研一线奔波。

✒ 心系"三农"：愿作百姓贴心人

在农民的老观念里，种地要拔草，可盛亦兵却要农民种草来致富。很早以前，他就发现山东省作为畜牧大省，对优质牧草的需求缺口很大，在合适地方种合适的草，对优化种植业结构、满足养殖业需求、促进农民增收、改善生态环境等都有重要意义。但是，要教会老百姓种草并非易事。

为了保证种草农户的收益，减少雨季损失，盛亦兵针对山东气候特点，最先提出苜蓿在山东第一茬应适当提前刈割的理念，以错开第二茬、第三茬恰逢雨季影响收获晾晒的问题，为山东苜蓿科学生产开辟了新的思路。为了赶在第一茬收割前试验、推广这一理念，他亲自带领试验站成员到各地布点试验，到示范县讲解宣传。3—5月，他基本没在办公室待过，多数时间都在基地之间奔波。2012年春天，有一次在回济南的路上，盛亦兵突然大吐不止，脸色发白，几近不省人事。当时一块出差的同事吓坏了，催促司机赶紧往医院赶，好在治疗及时没有造成大碍。医生告诉我们是手术次数太多，导致肠粘连引发的急性肠梗阻，要让他多休息才行，他已经经不起这样折腾了。

2010年，他在东营建立起牧草科技示范基地，目前该基地面积已过万亩，并选定了5个示范县，涵盖山东牧草的主产区，通过岗站对接、站企对接，加快了科研成果的推广速度和力度。在盛亦兵的推动下，山东省牧草种植面积达169万亩，其中苜蓿种植面积39万亩，无棣、广饶出现了万亩苜蓿生产基地。目前山东省共有苜蓿草产品加工企业10家，设计生产能力200万吨，加上之前牧草产业化发展基础，山东省牧草产业化链条已初具规模。作为牧草产业技术体系试验站长的盛亦兵研究员，功不可没。

济宁老孟家庭农场1 000亩苜蓿科技示范基地，是盛亦兵全程指导建立的示范基地之一。2016年5月和2017年4月，在此两次召开山东省"粮改饲"现场观摩会，成为山东省"粮改饲"工作的一个示范亮点，对促进山东省粮经饲三元结构优化调整、依托牧草产业开展精准扶贫产生了重要作用。

举人过肩：甘当铺路石，培养后来人

即使躺在病床上，盛亦兵还在惦记着他的科研、他的团队，经常把同事去医院探视的时间变成工作研讨、学术交流会。无论是在进手术室前，还是从手术室出来清醒以后，他见到创新团队的人就问，牧草试验进行得怎么样了，体系安排的工作做了没有。大家劝他不要这么拼命了，他却说"我如果啥都不做了，不就和死人一样了？一如既往，说明我还是个正常人"，完全置身于病外。无论是对牧草团队还是其他学科的创新团队，盛亦兵都把自己在科研上的感悟和经验倾囊相授，从不保留。通过言传身教，他用自己的实际行动激励着身边每一个人，尤其为年轻人树立了学习榜样。

盛亦兵平时和蔼可亲，但在科研上又是一个喜欢较真的人，容不得团队成员有半点马虎。有一次，课题组在安排苜蓿试验时，一位年轻科研人员直接根据商品袋标注的数据来测算出这个种子的发芽势。盛亦兵知道后非常生气："科研数据是做出来的，不是算出来的"。后来，又让这位成员重新做了一遍实验，确保了科研数据的科学性。

盛亦兵非常重视传帮带，引导年轻人发扬艰苦奋斗的精神，经常强调搞农业科研就要接地气，解决生产上的实际问题，"你的成果老百姓说好才是真的好"。同时，他积极创造机会，为团队成员提供施展才华的舞台，加快青年人才锻炼成长。分批安排团队成员参加各类国际国内草业学术会议，提供各种机会和渠道提高科研人员技术水平，注重培养学术骨干和学术带头人。在他的带领下，牧草团队逐渐壮大，现已形成8人核心研究团队，包括研究员1名，副研究员2名，博士3名，硕士2名。盛亦兵坚持举人过肩，积极把年轻人推上前台，如今，他的团队成员贾春林已是山东省牧草产业体系创新团队栽培岗位专家，草业室主任王国良也成了国家牧草产业体系中的科研骨干。盛亦兵带领这支牧草创新团队现已成为支撑山东省牧草产业发展的一支生力军。

盛亦兵德艺双馨，品格高尚。病魔面前，他是永不屈服的"斗士"；牧草面前，他是痴迷科研的"园丁"；团队成员面前，他是举人过肩的"人梯"，是良师更是益友。作为牧草战线的农业科技尖兵，盛亦兵用实际行动诠释了百折不挠、乐观向上的"劲草"精神，心无旁骛、痴迷科研的"安专迷"精神，不计名利、举人过肩的"人梯"精神和坚守大地、心系"三农"的为民情怀。

2018年6月17日，盛亦兵同志因病医治无效不幸逝世。他的一生为牧草科研探索创新，鞠躬尽瘁，死而后已。如今，斯人已逝，但"劲草"精神长青！

（作者：王祥峰）

（右二为牟玉田）

牟玉田，（1920年11月—1997年6月），山东栖霞人。1940年3月参加革命，同年9月加入中国共产党，曾在抗日军政大学胶东分校学习并任分队长、大队宣传委员、支部书记。抗日战争、解放战争时期，在栖霞、蓬莱、黄县一带从事党的工作和武装斗争。中华人民共和国成立后，历任蓬莱县委书记、黄县县委书记，莱阳地委宣传部部长，莱阳地委秘书长，烟台地委常委、秘书长兼莱阳农学院院长，莱阳县委第一书记，烟台地委副书记，烟台地革委副主任、党的核心小组副组长等职。1971年调任聊城地革委副主任、党的核心小组副组长，聊城地委副书记、书记、地革委主任、党的核心小组组长。1978—1983年仟山东省农业科学院党组书记、院长。中共九大代表，山东省五届人大代表，全国五届人大代表，山东省五届政协常委。1990年12月离休。

清正敦厚　历久弥珍

——回忆牟玉田同志

2010年是牟玉田同志诞辰90周年。

20世纪80年代初期，在牟玉田同志任山东省农业科学院院长、党组书记期间，我有幸在他领导下工作过一段时间。他艰苦朴素、严于律己的高尚品格，实事求是、独立思考的科学态度，特别是联系群众、深入实际的优良作风，在我所接触过的众多领导干部中是出类拔萃的。经过近30年时光的磨砺和淘洗，他的品格和作风愈加显得可贵！

第一次谈话

由于牟玉田同志1980年9月至1981年1月底在中央党校学习，院里的党政工作由时任院党组副书记、副院长的徐志坚同志主持。就是在此期间，我于1981年元旦由山东省农业科学院（以下简称农科院）试验农场调到院办公室从事秘书工作。这一情况，身在中央党校学习的牟玉田同志好像并不清楚。

1981年临近春节的一天上午，秘书科办公室有人轻轻敲门，我正在看材料，顺口应声"请进！"只见一位童颜鹤发的长者走了进来。我定神一看，连忙站起来招呼："哦！牟院长，您……

请坐！"牟玉田同志打量打量我，稍微迟疑一下，在我办公桌对面的一张木椅上坐了下来。他问了我的姓名、年龄和现在承担的工作后，说："我好像没见过你？"

"是的。我刚来上班，才一个月。"

"原先在哪里？"

"试验农场。我是1979年从江苏调来的。"

"在江苏的什么单位？"

"在一个林场。"

"现在的工作适应了吗？"

"还在学习，主要是看看资料、发发简报。目前对院的基本情况有了大致了解，人还不太熟。"

"好，希望你尽快熟悉情况！我在北京学习了差不多半年，昨天回来的。今天到机关各个办公室走走，看看同志们。"

"谢谢牟院长！"

"不必客气。你认得我吗？"

"在大礼堂听过您的讲话，上下班的路上多次见到过您。"

"那算是熟人了。今天没有事，以后会常联系的。好，再见！"牟玉田同志说着，站起身来亲切地向我伸出了右手。

我赶紧起身，和牟玉田同志握握手，把他送到办公室门口。他摆手示意我留步，径自到隔壁办公室去了。

这是我第一次与牟玉田同志的接触。他走后我就想：一个单位的一把手，离开单位几个月，回来见见自己的部属，把他们召集起来讲讲话，完全是顺理成章的；可是，牟玉田同志却屈尊枉驾逐个办公室登门走访自己的下属，他的工作作风由此可见一斑，也使我由衷产生了敬佩之情。

生活朴素　严于自律

在上下班的路上碰到过步行的牟玉田同志，另外在"轻工学院"（现已改为"南全福街东口"）公交车站，也几次遇到他和夫人吕永琴等公共汽车。20世纪60年代到80年代前期，从农科院到市内，只有一条公交线——3路车，而且从农科院一宿舍（牟玉田同志就住在这个宿舍）到最近的"轻工学院"站，约有两千米的路程（这也是农科院三宿舍的职工上下班的路线），步行需要20多分钟。所以，农科院的职工、家属经常在这段路上或公交站上相遇。不过那时我在农科院的最基层工作，又刚调来不久，在有两千名职工的农科院，在这种场合碰到院级领导是不便打招呼的。虽然牟玉田同志不认得我，可是我认得他，印象十分深刻。当时院机关有1辆上海轿车、3辆北京吉普、2辆面包车，但牟玉田夫妇探亲访友购物从不用公车，都是乘公交车出行。农科院的职工看在眼里，自然好评有加，口碑相传。

牟玉田同志对于生活安排，随遇而安，毫不计较。我到院办公室后，多次跟随牟玉田同志到外地出差，凡是到本院的下属单位，决不住宾馆或政府招待所。在临清郊区的棉花研究所、莱西望城的花生研究所、海阳桃村的南院蚕场，牟玉田同志都是带我在食堂就餐，住在所、场的小招待所里。一个墙壁斑驳的房间，三四张吱吱作响的木板床，加上几只探头探脑的老鼠，就是招待所生活的全部（厕所在院子里）。到了借驻寿光杨庄公社的土肥研究所改碱试验站，我们就在一个冷风飕飕的棚子里吃晚饭。对于如此简陋的条件，我心中也很不安，但牟玉田同志却全不介意，未曾流露出些微的不满，只是叮嘱一定要按标准交付伙食费、粮票和住宿费。在烟台西郊的蚕业研究所，开始先住在所里，后来因为许多烟台市的老同志要来看他，实在不便，才搬到市内的招待所去。牟玉田同志大我24岁，年龄上算是我的长辈了。他的随和及宽厚，很快消除了我们之间职务、年龄的差距，使我们可以像朋友一样相处。

一位长期在地市级岗位上的资深领导，生活如此简朴，如此严格自律，着实让我敬佩不已。

🖌 独立思考　实事求是

20世纪80年代初期，正是全党全国总结历史经验、拨乱反正的关键时期，也是各行各业解放思想、改革开放的关键时期。牟玉田同志的丰富经历和好学深思，加上中央党校半年的培训，他对30年的社会主义革命、建设有深刻的反思和总结，对新时代的政策调整也有自己的感受和认识。但是，多年的政治风浪，也使他能够根据场合、对象很好地掌握谈话的分寸。

牟玉田同志言语不多，不说空话套话，极少长篇大论。据说在家里，除了看看书籍文件、打打电话、思考问题外，一天也说不上几句话。在单位发表意见，总是言简意赅，但又切中要害；批评人从不疾言厉色，但能触动心灵。他在生活上十分简朴、随和，但对工作中的原则问题却是非分明，毫不含糊。他坚决果断地处理了院里发生的两起党员干部的纠纷，不仅挽救了当事人，也警示教育了广大党员干部。

牟玉田同志讲过，虽然自己在履历表上填的文化程度是初中，但实际上只是正式上完了小学，肚里的这点墨水都是在革命

队伍中逐步学习积累的。在那个年代，虽然与知识分子比，他是
"工农干部"；但在党内，他也算是"知识分子"。要不然，中
华人民共和国成立后他怎么能担任地委宣传部部长、秘书长并且
兼任莱阳农学院院长呢？他长期担任地委主要领导，仍然保持着
重要材料亲自动手的习惯。就此而言，他确实远胜于许多知识分
子干部。

　　1982年春，山东省委、省政府组织了十来个工作组，由农口
厅局长带队到各地市，任务是贯彻落实中央一号文件并且检查指
导春季农业生产。牟玉田同志带领由小麦专家赵君实和我三人组
成的农科院工作组赴临沂地区。我们自4月8日早晨从济南出发，
到4月29日傍晚回到济南，每天早出晚归、翻山越岭，中午在就
近的公社食堂吃饭，22天跑了10个县、42个公社、55个村及两
个农科所和部分林场、茶厂、水利设施，看现场、听汇报，进行
座谈，取得了大量第一手资料。他下基层，并不完全"服从"地
方的安排。看到地里干活的农民很多，他就下车走过去与农民聊
天，问他们上年的收成收入、当年的谱气和当前的愿望、要求；
遇到感兴趣的地方，他也会让司机停车或稍微拐个弯。那时没有
手机，不能及时联系，所以，带路的车子常常跑了老远才发现后
面的车子没有跟上，赶紧掉过头来找。每到一个县，他总是与县
委书记、县长说："你们都很忙，因此该干什么就干什么，不要
陪我们，只要有个熟悉情况的同志带带路就行了。"但是在结束
一个县的考察时，他一定要约见该县的主要领导，就这个县的农
村工作和农业生产提出建议。牟玉田同志的意见能够抓准当时、
当地的突出问题和苗头问题，提出中肯而又可行的改进措施，说

得地方领导口服心服。也有几位县领导只当作礼节性的告别，开始显得漫不经心，可是随着谈话的深入，态度逐渐认真专注起来，甚至临时找来纸笔记下牟玉田同志的谈话要点。在返回济南的路上，我问牟玉田同志怎么写工作组的汇报，意思是请他谈点原则性的意见，以便在"五一"期间加班起草汇报给省委、省政府。牟玉田同志略微沉吟一下，对我说："你把在临沂活动的基本情况整理一下，有大半页纸就行，明天交给我。其他的你不用管了。"这个答复真使我暗暗吃惊和佩服！要把临沂地区贯彻落实中央一号文件和春季农业生产的基本情况、取得成绩、存在问题及工作建议，要把20多天的见闻和思考，写得内容充实、条理清楚，就是专门做文字工作的"秀才"至少也要忙活两三天。可是，时年62岁的牟玉田同志，却亲自撰写了这份汇报，其中还包括数字的整理！我虽然参加各种各样的工作组不下十几次，但由带队领导亲自动笔撰写汇报材料的，这是唯一的一次！

　　牟玉田同志为什么要亲自撰写这个汇报？我想这与他的工作作风和习惯有关，他认为，工作组的主要任务是发现问题、解决问题，而不能仅仅唱赞歌。另外，汇报中也许涉及当时农村生产体制大变革中一些不便公开讨论的问题，需要准确掌握表达的分寸，他亲自动笔更为稳妥。从他在临沂的谈话看，可能包括农村生产体制宜统则统、宜分则分，不搞一刀切的问题；在落实联产承包责任制的过程中，如何避免集体财产和公共积累遭受损失的问题；条件恶劣的偏僻山区，群众的基本生活问题；农田水利工程和基础设施的维护、管理问题等。

　　1982年7月13日，农科院召开了一次全院所长会议，主要议题是研究新形势下如何加强和改进思想政治工作，同时安排部署下半年的工作任务。会期为两天半，第一天和第二天学习、讨论和交流，第三天上午会议总结。13日牟玉田同志认真听了大家的发言，休会后把我叫到他的办公室，他手里拿着一沓稿纸，对我说："这是王正平主任起草的会议总结，在会上念别人写的稿子，我真没有这个习惯！这样吧，明天我就不到会上来了，也不来办公室，在家里写个讲稿，没有要紧的事不要找我。"7月14日，牟玉田同志在家里写了一天。7月15日上午，他代表院党组作了两个多小时的会议总结，其中2/3以上是"讲"的，只有不到1/3是"念"的。这个总结理论联系实际，有高度、有深度，特别是针对院里比较敏感的一些问题，如机构改革、班子团结、晋升分房、成果奖励、科技协作及科研道德等，讲得非常深刻，条条切中要害。这源于对中央精神的准确把握和对职工思想状况的深入了解，不在这个领导岗位上是写不出来的，也不是每一个在这个领导岗位的人都能写出来的。会议结束之后，大家一致要求印发这个讲稿，牟玉田同志对我说："你把这个稿子交给王主任，让他顺一遍，订正一下错别字和标点符号，然后印发。"我回来一数，密密麻麻的方格稿纸足有30多页。牟玉田同志亲自撰写的这个讲稿，至今还妥善保存在农科院档案室。

1990年，牟玉田同志年届70而且即将办理离休手续，又承担了编写抗日军政大学胶东分校校史的组织和主审工作。他北上首都、西进四川、南下江浙，走访老同志，广泛收集资料，亲自撰稿审稿，经过三年努力，终于圆满完成了《胶东抗大》一书的编写任务。

🖋 深入实际　联系群众

1981年春，牟玉田同志到位于临清的棉花研究所检查工作，我和科研处的李如锷同志随行。在车子返回济南经过聊城时已临近中午，我考虑牟玉田同志在这里任地委书记多年，于是问道："是不是停一停？"他说："不停了吧！"车子便穿过聊城大街向东驶去。走了四五千米，牟玉田同志便指挥车子左拐，沿小路向一个村庄驶去。他告诉我们："这个村子叫李太屯，我曾在这里住过一段时间，想去看看。"车子在一个院子门口停了下来，牟玉田同志高声喊道："老李同志在家吗？"一位50来岁的中年男子出来，立刻惊呼："哎哟！牟书记，你怎么来了？"牟玉田同志向我们介绍："这就是李支书。"李支书把我们让进屋里坐定，问道："到晌午了，在这吃饭？"牟玉田同志回答："就是来找饭吃的！"中午，李支书又叫了两三个大队干部，一起吃了顿普通的鲁西北农家饭。牟玉田同志破例喝了几盅白酒，他还笑道："我住在村里时，从不喝酒，这次可以喝了！"他仔细了解了村里的生产生活安排，问起几位高龄老人的情况。从交谈中得知，担任聊城地委书记的牟玉田同志学大寨时曾经在这个村住了几个月，与社员一同挖沟整地、耕种收获，情同一家。

1981年5月，我和科研处曹伯强处长随牟玉田同志到胶东的花生研究所、蚕业研究所检查工作，车队队长赵和亭开车，去时经青州、寿光、莱西到烟台，返程经蓬黄掖（指蓬莱、龙口、莱州）回济南。牟玉田同志对胶东特别是蓬黄掖一带的环境十分熟悉，他能准确说出眼前的山叫什么山、河叫什么河、村叫什么村，常使陪同的公社干部脸红心跳、自叹弗如。这时，平反冤假错案、落实干部政策的工作基本结束，牟玉田同志回到他长期战斗、工作过的地方，自然很想了解老战友、老同志的情况，许多老战友、老同志也很想见见他。大家见面都很激动，有一种劫后余生的感觉，有的说起"文革"中的磨难竟声泪俱下，而他却从未谈及自己遭受的不公正待遇。

这次胶东之行，返程中在蓬莱耽搁了些时间，车子走到蓬莱至黄县中间的北沟公社时，太阳就落了山。牟玉田同志说："咱们拐个弯吧，去看一位老朋友孙泮之。"于是在牟玉田同志的指挥下，车子向左驶入了一条山间小公路。天黑时分，车子到了个叫孙陶的山村。牟玉田同志下车走进一个院落，看到屋里有灯光，就高喊："老孙！老孙！"

一位高高瘦瘦的老人迎了出来："谁啊？"黑暗中看不清来人。"我，牟玉田。"

"谁？"老人不知是没有听清还是不相信自己的耳朵。

"是我，牟玉田！"牟玉田同志大声重复。

老人抓住牟玉田同志的双手，快步把他拉进屋内，在灯光下端量着，兴奋地大叫："哎呀，真的是你！牟书记！"

这位老人就是孙泮之，当时已有70岁左右，从20世纪50年代一直担任村支部书记，改革开放以后继续带领全村迅速致富，被誉为"蓬莱新八仙"之一。合作化时期牟玉田同志在这个村驻点，曾经住在孙泮之家，两人结下了深厚的友谊，并且保持着联系。本来是打算见见面就赶到黄县住宿的，可是孙泮之执意让我们留下，他喜形于色地说："今天是双喜临门！一是有奖储蓄得了一等奖500元，下午刚领回来，割了一块肉炖在锅里，这不正想吃呐！二是贵客来到，老朋友久别重逢。真是巧啊！"我们在孙泮之家里吃了玉米饼子、红烧肉，当晚在他家的大炕上，牟玉田同志与我一头、曹伯强处长与赵和亭队长一头，四人抵足而眠，睡了一宿。

在临沂调研时，遇到一位护林看山的老人。牟玉田同志钻进护林老人勉强可容两人蹲坐的窝棚里，聊得十分投机。我与赵君实在外面足足等了半个小时。

作为农科院一把手的牟玉田同志，到了济外的研究所，特别再住上一两天，难免会遇到"拦路告状"的，有时竟有十几个人，其中有的情绪十分激动。遇到这种情况，牟玉田同志总能从容面对，先是耐心听取他们的申诉，同时对是非曲直又有明朗的态度，因而使事态很快平息。

在农科院济南本部，如果没有要紧的事情处理，牟玉田同志喜欢一个人到试验地各处走走转转。遇到科技人员和试验工人，就在田间地头与他们谈谈工作，了解科研的进展和问题。所以，他能及时、准确地掌握基层发生的情况，常常纠正所长、处长汇报工作时的差错。那时，一天到晚"长"在试验地的大白菜专家张焕家、棉花专家杨绍相和常年在试验地劳作的蔬菜队老工人杨延华、李作香等，都与牟玉田同志成了无话不谈的朋友。

1983年，省机关进行了一场大规模的机构改革，农科院的领导班子向专业化、年轻化迈进了一大步。牟玉田同志除继续担任省政协常委外，也离开了院主要领导的岗位，在将院的新班子"扶上马、送一程"后，经省委批准于1984年底回到烟台定居。1986年春末，牟玉田同志由夫人吕永琴陪同来济南检查身体。他们先到院办公室打个招呼，强调不要惊动院领导，然后牟玉田同志说随便转转，吕永琴同志说到原来的工作单位情报研究所看看，便分头活动了。一个小时后吕永琴同志回来，看到牟玉田同志没有回来，就说再到家属院看看老邻居。又过了一个小时，吕永琴同志回来了，牟玉田同志还没回来。办公室的同志便分头去找，也没有找到。直到快下班时，牟玉田同志才匆匆赶回来。大家问他到哪去了，他说："到试验地转转，在蔬菜所试验地碰到老杨（老工人杨延华），几年没见了，聊了一阵。"

一位长期位居领导岗位的干部，能够与基层群众保持密切联系，与普通的农民、工人、知识分子成为知心朋友，确实必须有源自内心的真情实感！牟玉田同志对普通群众的真挚感情，常常引起我的思考：如果我们的领导干部淡漠甚至丢失了这份珍贵的感情，如果我们领导干部推心置腹的朋友由基层的农民、工人、知识分子，变成了酒桌上推杯换盏的大款、明星、上级官员，还谈何"立党为公、执政为民"？

时间真是一个奇妙的东西，它可以使惊天动地的大事趋于平淡，也可以让看似寻常的小事长留史册！它可以使耀眼的光环逐渐褪色，也可以让平凡的事件日益闪光！但我相信，时间是公正的，它可以沥掉水分、淘去泥沙，留下精粹和珍贵！

我在牟玉田同志直接领导下工作，只有短短的两三年，现在过去近30年了。可是，随着时间的推移和阅历的增加，他的待人处世在我的记忆中不仅没有淡去，反而使我愈加怀念和珍视！牟玉田同志逝世也已13年，与他有过工作交往的同志大都70岁左右了，我也由英姿勃发的中年步入老年。在农科院，了解他这些工作情况的人为数不多。现把印象深刻的几件事记下来，让后人知道在山东省农业科学院的历史上曾经有过这样一位院长！

以此作为对牟玉田同志90诞辰的纪念。

（作者：唐齐鸣）

2010年10月11日改定

　　魏存健，1943年11月生，男，汉族，中共党员，山东日照人。1962年考入山东农业大学农学专业。1967年9月毕业分配至新疆生产建设兵团农四师工作。曾在新疆生产建设兵团农四师六六团七连、良种连劳动锻炼接受再教育，任农业技术员、副连长等职。

　　1976年5月调至山东省临沭县，先后在临沭县良种场任农业技术员、副场长、场长，在大兴镇党委任副书记、书记，1984—1992年任临沭县政府县长，临沭县委书记等职。1992—2003年调至山东省农业科学院，先后任副院长、院长，2003—2008年任山东省政协常委、山东省政协经济委员会委员、山东省绿色农业促进会会长等。

倾农的情缘

🔍 边疆激情岁月

1967年9月，魏本健从山东农业大学农学专业毕业，分配至新疆生产建设兵团农四师。1968年5月，接到赴疆报到的通知后，他便和爱人一起告别了母校和故乡，从徐州搭乘西去的列车，经过三昼夜到新疆首府乌鲁木齐市，又换乘汽车，用了两天时间，到达了农四师机关驻地伊宁市。

当魏本健乘车一进新疆境内时，便情不自禁地极目张望车外的新疆世界，急切地观察着这个遥远而神奇的地方，一处处景象使他目不暇接：茫茫无际的戈壁沙滩，密布参天耸立郁郁葱葱古松白桦的果子沟，浩如烟海的海子湖，绵延起伏的天山山脉和辽阔无垠的伊犁河谷平原……让人心潮起伏，无限遐思，新疆真是一个广阔的天地，真是一个美丽可爱的地方！

到达农四师师部以后，魏本健很快被分配到六六团七连。这里是来自全国十几所大专院校的二十几名毕业生集中劳动锻炼接受再教育的单位，在这里他们都由连队安排到班排，当普通农工。兵团农场土地广阔，经过老一代兵团人的治理都已成为成方连片的大型条田，机械化程度较高，靠雪山融水灌溉，是灌溉农业。他们作为接受再教育的普通农工每年四季在大田劳动，耕、种、管、收、脱、运什么农活都干。由于兵团农场是灌溉农业，灌溉浇水及与之配套任务必然是他们最重要最经常的农活，冬季要搞水利修干渠，春季要维修水利清农渠，清淤、清障，夏、秋两季就要浇水，用的工具叫坎土曼，一种既当锹头又当铁锨的工具，很给力。农场的条田大平小不平，要把水浇到条田的每一个角落可不是一件简单事，光凭用力气不行，还得会看地形，很有技术含量，开始他免不了手忙脚乱，浇的地总是"花花搭搭"的，高的地方上不去水，经过了好长一段时间的摸索，并在老职工的指点下，才逐步摸到了门道并能得心应手，这时身上沾满了泥土，手上磨起了老茧。劳动锻炼是紧张繁忙辛苦的，但也充满了快乐，磨炼了意志，增进了与广大职工的感情。

　　在七连的集中锻炼接受再教育一年后结束，魏本健和爱人被重新分配到六六团良种连——选育和繁殖农业良种的单位，不久他被安排担任连里的农业技术员，从事水稻、杂交高粱、杂交玉米的良种工作，这是一段集中精力搞专业的时间，他潜心研究，对杜字129等水稻品种，杂交高粱的三系育种、维尔156的双杂交玉米种的提纯复壮和风光72矮杂交玉米的培育等做出了明显成绩，为农四师以至新疆的农业生产做出了贡献。由于表现突出，1973年被选拔进连队的领导班子，担任副连长。进了连里的领导班子后，他与班子里的成员紧密团结，联系群众，带头劳动，注重科技，靠前指挥，赢得了全连广大干部职工的好评。

　　边疆岁月，是他成家立业的岁月，几个孩子都是那时出生的，20世纪60—70年代物质匮乏，生活拮据，孩子多病，尤其是冬季冰天雪地，孩子常常需要住院治疗，他和爱人身心疲惫，自顾不暇。在极度困难的情况下，连队领导专门安排托儿所的阿姨帮助看孩子，左邻右舍主动帮助带孩子，他们不是家人却亲如家人，胜似家人，正是他们无私的及时帮助，才使他度过了最困难的时期。那时人们之间的感情是那样的纯朴无私和真诚，是那样的温暖，魏本健永远不忘！

新疆生产建设兵团培养了他，锻炼了他，也滋养了他的一家，使他顺利地度过了从学校走向社会的第一课，为他的一生打下了一个坚实的基础。

致力振兴临沭

1976年5月，魏本健由新疆生产建设兵团调至山东省临沭县良种场，任农业技术员。临沭县良种场与六六团良种连职能相似，调至临沭县良种场以后，他很快进入了角色，由技术员担任副场长、场长，并受到了县委的嘉奖。1980年秋，县委提任魏本健到芦庄公社（现大兴镇）任党委副书记、书记，他带领党委一班人一手抓政策，积极倡导推行大包干责任制，一手抓科技，使芦庄农业生产社会事业发展很快，并跃入全县先进行列。

1984年初，按照干部"四化"的方针，魏本健被选拔进县级领导班子，任县委副书记、县长，1990年提任为县委书记。他在临沭县委县政府主要领导岗位上连续工作了9年。县委书记、县长是关键，关系着一个县的进退兴衰，责任重大。魏本健必须全力以赴，全心全意地履行好这个责任。与江苏毗邻的临沭县位于鲁东南，经济基础薄弱，是山东省十六个贫困县之一。面对这样的县情，他坚决贯彻党的十一届三中全会以来的各项路线方针政策，解放思想，励精图治，致力临沭振兴。

魏本健坚持不断地"走下去"，深入基层，关心群众，调查研究，对农村经济情况进行了深入细致的分析，摸清了全县农村的贫困情况，制定并实施了全县扶贫规划，制定并实施了全县奔小康的规划，成效卓然；他坚持经常"走出去"，参观学习，博采众长，搞横向联合。曾多次到诸城、平邑、费县、五莲等地参观学习山区建设的经验，多次到江浙一带参观学习发展乡镇企业的经验，汲取"苏南模式""温州模式"的有益启示，曾与韶兴、寿光等县市结为友好县市，对宣传临沭、发展临沭作用显著；他坚持适时"走上去"，向地区、省、中央有关部门及时汇报工作，以取得关心支持，促进了他们多次到临沭调查研究，现场办公，从政策上、精神上、物质上为临沭提供了多方面支持指导，大大促进了临沭发展。

厘清思路，实施正确的领导，这是县级主要领导的首责。魏本健十分注意既善于向上攀登又善于向下深入并做好结合文章，形成清晰的思路。如对全县总体工作提出了"稳定形势，发展经济，加强党建，端正风气"的指导思想，对经济工作提出了"重工、强农、兴财"的方针，对工作掌控提出了"总揽全局、宏观决策、组织协调、重点突破"的方法。在思想领域提出了"三条警戒线"不可跨越的要求，即第一条警戒线要讲道德，道德的警戒线不可跨越；第二条警戒线要守纪律，纪律的警戒线不可跨越；第三条警戒线要遵法规，法律的警戒线不可跨越。这些指导思想观点和要求，对于统一全县广大党员干部群众的思想，明确方向，弘扬正气，发挥了重要作用，使全县上下风正气顺、经济发展，社会安定团结，两个文明建设结出了累累硕果，使当时的临沭成为历史上最好的时期之一。

1992年，临沭县初步实现了全县脱贫目标并开始向小康目标迈进，临沭县被评为全市综合工作先进县，被国务院、中央军委命名为征兵工作先进县、双拥工作模范县、全省计划生育工作先进县等。当时致力建设的一批企业项目，如金沂蒙、金正大、史丹利、常林集团等如今已发展成为誉满全省全国的知名企业，每每耳闻目睹这些品牌和企业的辉煌，魏本健就由衷地感到自豪和高兴！

潜心科技兴农

1992年12月，魏本健任山东省农业科学院副院长，1998年6月提任院长。机遇和使命再次把他和农业紧密地联系起来。山东是农业大省，要振兴农业走科技兴农之路是不二选择。山东省农业科学院是全省唯一综合性省级农科研单位，建院以来，以其丰硕的科研成果，对全省及全国农业发展做出了一系列重大贡献，得到了中央、省、市各级领导和广大农民群众的高度重视与信赖。他到山东省农业科学院工作，承载着组织的信任和期待，他必须鼎力把工作做好。

魏本健刚到山东省农业科学院里时，负责全院行政后勤工作。一到任，一封数十名科技人员的联名信就摆上了他的案头。来信反映科技人员住房紧张，分房（当时是福利分房）不平等，他们意见很大，呼吁不安居岂能乐业？通过了解，来信反映的问题属实，应当尽快解决。于是，他本着公开、公平、公正的精神，对联名信反映的问题认真予以解决，并从此入手，展开了行政后勤大量浩繁的工作：一是积极请省里帮助解决了几项专项经费，前后建设了8万平方米住房，大大缓解了广大科技人员住房紧张的问题，理顺了单位的拨款渠道，恢复了省一级财政单位体制；二是强化行政后勤内部管理，对水、电、暖、房、车、财务、物资等都建立健全了管理制度，使所有经济活动都有章可循有规可依，并建立起农业科研经济管理理念，从而大大提升了全院科研经济管理水平。从此，全院的家底厚实了，管理更有序了，为全院各项工作奠定了一个良好基础。

主政全院工作后，他先后提出了"科研创新是立院之本，科技产业化是强院之路"的思想，提出了"重研、兴产、正风、强院"的治院方针，制定了"团结、求实、创新、高效"的院训……，这些指导思想、方针和要求得到了全院广大科技人员的赞同，对于全院工作发挥了很好的指导作用。

科研创新是山东省农业科学院的工作重点。为了促进全院科研创新工作，他紧紧围绕农业发展的关键技术，组织全院广大科技人员加强以小麦、玉米、棉花、花生四大作物育种、高新技术研究学科为重点的科研攻关。几年来，组建了十几个省部级重点实验室、质检中心、国家级农作物改良中心、农业部原原种基地，建立了山东省农业高新技术畜牧示范园，整合成立了高新技术研究中心，促进全院科研事业健康发展。1998—2002年，全院取得获奖成果133项，其中山东省科技进步奖一等奖5项，国家科技进步奖二、三等奖各1项，审定认定农作物新品种55个，其中小麦、玉米等四大作物分别育出了济南17号、济麦19号、鲁单50、鲁单981、鲁棉研15号等高产优质品种，都已成为山东黄淮地区乃至全国的主推品种，得到了大面积推广应用。在基因工程疫苗、胚胎移植、动物克隆、农业微生物、农业信息等高新技术研究方面也都取得了长足的进展。魏本健本人则在"白色农业""绿色农业"及"农业软科学"等方面，取得了一系列研究成果和著述。

科技推广服务是农业科研工作的出发点和归宿，他始终把科技推广服务当作全院的重点工作，并着力抓好。他坚持组织科技力量，积极投身经济建设主战场，充分发挥科技兴农主力军作用，以成果优势为依托，采取科技扶贫、五方结对、派出科技骨干挂职等多种形式，为"三农"提供有效服务。他狠抓了成果示范基地建设，全院共建起了种植示范基地500多万亩，带动面积2 000多万亩，推广面积6 000多万亩，形成了遍布全省的成果示范开发网络，全院科技成果转化率80%，科研投入产出比达1∶105，年创社会效益40多亿元，为全省农业和农村经济发展提供了有力的科技支撑。山东省农业科学院因此成为全国成果最多、效益最高、贡献最大、表现最为突出的省级农业科学院之一。

建设强院是科技兴农的前提和必然要求，也是农科院人共同的期盼。在2003年2月即将卸任的一次全院工作会议上，魏本健把建设强院的目标第一次明确提出来并作了具体部署，得到了全院广大干部职工的共鸣。他欣喜地看到这一目标得到院新一届领导班子的认可，并成为他们组织调动全院广大干部职工的总抓手，他也欣喜地看到了山东省农业科学院在建设强院为全省科技兴农大业做贡献的道路上正阔步前行！

🔨 客串政协委员

2003年初春，魏本健以农业界别的身份当选为政协第九届山东省委员，并被推选为省政协常委、省政协经济委员会委员，历时5年。期间，他认真履行职责，着重对全省工农业生产社会发展等有关问题进行调查研究、视察，提出意见和建议，供省委、省政府参考，这使他再次有机会与农业、农村、农民问题结缘，有了进一步服务"三农"的机会。

　　像他这样有省直部门负责人经历的到省政协任职，除了日常工作外，所有关系都保持在原单位不变，因此权称"客串"省政协。但在实际工作中，他们无不超常认真踏实，毫无客人的表现。5年来，他作为省政协委员、省政协常委积极参政议政，提出了数十条议案，如"关于我省农业科技体制改革的建议"等，在每年一度的全委会和历次常委会上作了数次大会发言，如"加快建立农业科技创新体系，推进我省农村小康社会建设和农业现代化"等。他作为省政协经济委员会委员，多次参与调研，提出了数十件建议案，如"关于统筹解决三农问题""关于我省建设新农村的问题"等。这些提案、发言、建议案等，都得到了省委、省政府、省政协和有关部门的重视及吸纳，有效地促进了全省国民经济和社会事业的发展。

　　他在省政协的任职，使其有机会更多地接触到省领导，并与他们同台议政，有机会接触到高层次专业人才，有机会接触到更多的部门企事业单位与市、县的领导和一线工作人员，能有机会接触到更多的真知灼见，这就使自己在提出问题、分析问题、解决问题时，有了俯视全省的视角和视野，认识提高了、升华了。5年的政协生活紧张繁忙充实快乐！

（记者：南方）

原载《黄海农刊》，2012年8月22日

　　王荫墀，（1935年2月—2022年12月），男，汉族，山东齐河人，中共党员，研究员。1960年8月山东农学院毕业后分配到山东省农业科学院作物研究所工作。曾先后担任作物研究所副所长、作物研究所所长、山东省农业科学院副院长等职务。长期从事甘薯育种与栽培研究，参与育成"济薯2号""济薯5号"等甘薯品种。主持甘薯需肥规律及施肥技术的研究，为甘薯合理施肥提供理论依据。提出了"优质鲜食甘薯研究"配套生产技术，对甘薯生产的发展做出了贡献。

甘薯育种和栽培专家

——王荫墀研究员

　　王荫墀，甘薯育种和栽培专家。参与育成"济薯2号""济薯5号"等甘薯品种。主持甘薯需肥规律及施肥技术的研究，为甘薯合理施肥提供理论依据。提出了"优质鲜食甘薯研究"配套生产技术，对甘薯生产的发展做出了贡献。

　　王荫墀，1935年2月22日出生于山东省齐河县城关区（现马集镇）王楼村的一个农家。父亲粗通文墨，是他的启蒙老师，童年的他识字背书常受到家人和乡邻的夸奖，从小养成了学习的兴趣。1941年6岁时，开始在本村上学，先是私塾，后上小学。1949年2月，转入本区大夫营高小插班学习，年终以全校考试第五名的成绩毕业。1950年2月，因本县尚无中学，随高小同班的学兄李赐诚一起考入山东省长清中学，这是中华人民共和国成立后齐河县第一批中学生，他深感机会难得，决心学好文化，报效国家。1951年加入了新民主主义青年团，他更加严格要求自己，后被选为团支部宣传委员和班学习股长。那时自带粮食入伙做饭，生活和学习都十分艰苦。他在这里锻炼了克服困难独立生活的能力，全身心地投入学习，各门功课成绩优秀，数学考试几乎全是百分，作文常被壁报选登，获得过学校模范学生奖状，成为全班学习的带头人。1952年8月，在长清中学毕业。这时，上级规定毕业生必须在本校所在地区范围升学，他又因家庭经济拮据，于是报考了公费的泰安林业学校并被录取，修造林专业，担任班长和团小组组长，于1955年8月毕业。1955年9月被分配到山东省新泰县林业科工作，任助理技术员，在该县龙廷区和莲花山林场完成了群众性大面积植树造林任务。1956年，国家号召在职青年报考大学。他响应号召征得单位同意，报考山东农学院并被录取，从此他跨进了农业科学殿堂的大门。在山东农学院学习期间，政治运动较多，如反右派、大炼钢铁、下放农村劳动锻炼等，对正常学习影响不小，但锻炼了生产劳动能力，增强了与劳动人民的感情，培养了吃苦耐劳的精神。1958年，在全班同学下放宁阳县伏山公社劳动锻炼期间，他与当地农民实行同吃同住同劳动，表现出色，获得公社一等模范工作者奖。在这里他养成了写日记的习惯，直到现在仍坚持不断，对回首往事总结经验颇有帮助。由于他学习、工作认真负责，被选为班长。他团结全班同学，认真刻苦学习、积极参加劳动，多次被评为先进学生，一直保持学习成绩居全班之首。1960年8月毕业。

大学毕业后被分配到山东省农业科学院作物研究所工作。当时正值三年困难时期，粮食生产形势十分严峻。甘薯是高产稳产的粮食作物，急需加强力量进行研究，于是他被安排到薯类研究室从事甘薯育种、栽培研究。从此，他与甘薯结下了不解之缘。

"文化大革命"期间，科研单位下放，科研受到严重影响。在农村驻点的12年间，他坚守岗位，做过熏硫防止薯干遇雨霉烂的试验，示范推广了甘薯品种"52-45"，进行了甘薯茎蔓管理的研究，开展了甘薯育苗覆盖薄膜试验，大搞泰莱肥宁平原粮食样板田，试验研究了窝地瓜栽培技术，开展甘薯黑斑病防治，总结推广大窖贮藏，鉴定选育抗旱耐瘠薄甘薯品种济薯2号、优质高产品种济薯5号，进行甘薯杂交制种、实生苗、选种圃试验，结籽甘薯试验，甘薯高产栽培试验，甘薯单叶节试验，开展甘薯根腐病防治，组织甘薯丰产经验报告团等。1978—1980年，在本院作物研究所进行甘薯需肥规律、改良土壤的研究，写出了《高产甘薯养分吸收与干物质积累分配的初步研究》。同时开始参加编著《中国甘薯栽培学》，并为中央农业广播学校录音播讲《甘薯栽培》。1979—1982年，他协助邵炳煦在收集全国土壤、气候、作物、耕作、品种、分布、病虫害、经济等资料基础上，将全国划分为5个甘薯产区，即北方春薯区、黄淮流域春夏薯区、长江流域夏薯区、南方夏秋薯区和南方秋冬薯区。根据各个薯区的特点，因地制宜地提出了甘薯合理布局和生产上的关键技术，绘制了全国甘薯栽培区划图。这一成就得到全国甘薯界同行的赞同，研究材料全部编入《中国甘薯栽培学》。

　　1980年12月，他被任命为山东省农业科学院作物研究所副所长；1982年3月，光荣地加入了中国共产党，实现了多年的夙愿；1983年12月升任作物研究所所长，同时主持山东省科委"蒙阴山区甘薯丰产栽培开发试验"项目；1987年1月任山东省农业科学院科研处处长，并晋升为副研究员，主持科研处全面工作，同时主持省科委"鲁西南立体种植模式优化研究"和"黄淮海平原农业开发投入机制研究"两项课题，负责农业部重点课题"油料作物新品种选育"全国各承担单位的管理工作；1990年11月至1991年8月，他调回作物研究所继续担任所长，主持全面工作；1991年8月，他升任山东省农业科学院副院长，分管全院科研、生产管理工作。1993年11—12月，以他为团长的山东省农业科学院农业科研管理培训团一行10人，赴澳大利亚南澳州考察，与南澳州初级工业部签订了科技合作与交流协议书，为此后本院继续开展的几期赴澳培训开辟了道路。1995年，他还曾担任山东省"全省脱毒甘薯繁育推广"项目协作组组长，1996年1月退休后，继续担任这一项目的首席专家，主持"优质鲜食甘薯品种选育及开发"项目，参加编写书籍，编写技术指导意见，参与领导山东省老科协和山东省农业科学院老科协工作，为科技兴农继续做出贡献。

此外，他还历任中国作物学会第五届理事会理事，中国作物学会栽培研究委员会第一届委员会委员，中国作物学会甘薯专业委员会第一届、第二届委员会副主任，山东农学会第五届常务理事，山东作物学会第二届理事会副理事长兼秘书长、第三届常务理事兼秘书长，山东水土保持学会理事会1991—1996年副理事长，山东农业生态环保学会第三届理事会副理事长，国家科委星火奖评审委员会1992—1995年委员，国家农业部科学技术委员会第五届委员，《山东省志·农业志》编纂委员会副主任（1991），《科学与管理》杂志编委会1991—1998年委员，《山东农业科学》编委会第四届委员、第五届副主任，山东省农作物品种审定委员会1991—1995年常委及该会甘薯专业组组长等。退休后仍被选为山东省科学技术协会第五届、第六届委员会委员，山东省老教授协会农业专业委员会主任，山东省老科协第四届、第五届理事会副会长及该会农业专业委员会主任，山东省农业科学院老科协第一届、第二届理事会会长等。

🔬 首次研究甘薯需肥规律和施肥技术

20世纪70年代，他重点研究了甘薯需肥规律和施肥技术。当时，中国对甘薯营养生理研究是空白，施肥都凭经验。作物栽培教科书上虽有"每1 000斤甘薯，含氮3.5斤、磷1.75斤、钾5.5斤"的数据，但不知此数据的来源，也不知是薯块的含量还是整个甘薯植株的吸收量。因为要写《地瓜》一书，王荫墀欲引用此数据，曾到北京、江苏、湖南、浙江、河南等地农业科学院、农业大学，请教老专家、老教授，也未得到令人满意的答案。为了探索我国甘薯养分吸收情况及甘薯高产、高效的土壤适宜养分含量以及科学施肥技术，他于1978—1985年主持进行了甘薯需肥规律的研究，采取盆栽、池栽和大田相结合，设不同土壤养分含量，将植株分解为叶片、叶柄、茎蔓、薯块、吸收根五部分，分期化验植株各部位氮、磷、钾养分含量。通过对浩繁数据的分析，最终明确了氮、磷、钾肥料三要素与甘薯产量关系，造成徒长的氮素含量临界值，高产甘薯植株各部位三要素含有率，植株三要素吸收量，三要素的合理比例，植株三要素吸收动态，土壤三要素含量的适宜指标。与此同时，还对施肥期、施肥深度等技术进行了研究，最后汇总写成了《甘薯需肥规律与施肥技术的研究》论文，在《中国甘薯》上发表，该文大部分被载入《中国甘薯栽培学》，还被多个学术专著转载或大量引录。这一成果为甘薯施肥提出了理论依据。

🔬 大面积推广脱毒甘薯

甘薯病毒病是造成甘薯品种退化的重要原因。20世纪80年代以来，对该病的研究取得了较大进展，通过茎尖分生组织培养可脱除病毒，利用无毒苗繁育种植可大幅度提高产量。1995年，山东省农委、科委、农业厅组织全省推广脱毒甘薯，王荫墀担任了"全省脱毒甘薯繁育推广"项目首席专家，组织全省协作，大搞技术培训，广泛建立示范田，建立繁育体系。该项研究的技术创新点主要有：改进了茎尖组织培养技术；编写了病毒检测手册和检测规程；建立了脱毒种苗工厂化育苗中心；制定了脱毒种薯分级及其质量标准和种薯生产技术规程，确立了生产种、原种、原原种"411"繁种比例；提出了脱毒甘薯配套栽培技术体系；制定了脱毒种薯管理办法等。到1998年，累计推广脱毒甘薯86万公顷（1 290万亩），增产粮食134.5万吨，实现经济效益13.68亿元；全省脱毒甘薯普及率达81%。这一成就是国内外同类技术在农业生产中大面积应用的成功典范。

开拓鲜食甘薯研究新领域

20世纪90年代末，王荫墀认识到，随着人民生活水平的提高，甘薯已不再作为解决温饱的"粮食"，加之面临市场经济发展和农业结构调整的新形势，因此，甘薯生产应向作为调剂的"健康食品"方向发展。1999年，他在山东省科委立项，开展"优质鲜食甘薯品种选育与开发"研究，为甘薯研究开发开拓了一个新的领域。至2001年，他征集了国内外食用类型甘薯品种120多个，在夏津、平阴县两个基地进行鉴定，选出10余个品种进行生产开发，提出了"优质鲜食甘薯生产技术规程"，并在《中国农村科技》《科技致富向导》《农业知识》《山东科技报》《山东科技信息报》等报刊上介绍，在山东省平阴、夏津县建立基地，进行产业化开发，创出"五彩甘薯"品牌，投放市场，具有很好的开发前景。

培训人才，著书立说

王荫墀专业知识扎实、实践经验丰富，讲解专业知识通俗生动，在同行中有较大影响，不乏有大专院校、农技推广部门、省电台电视台，邀请他讲课、举办培训讲座。1966—1981年，他先后应邀于山东农业大学农学系、山东大学生物系、莱阳农学院农学系，讲授甘薯栽培课程。1980年，他为山东农业广播学校编写了甘薯栽培教材并录音播讲。1981年1—3月，他在山东省农业科学院举办的生物统计培训班上担任授课教师。1996年，他为山东省脱毒甘薯繁育推广培训班讲授脱毒甘薯繁育栽培技术。1996年，他为山东省农业厅全省农技推广干部培训班讲授甘薯增产技术。1997年，他在山东省农业管理干部学院农业市长培训班上，做了"论科技兴农"专题。1998年，他为山东省莱芜市领导干部培训班讲授"科技兴农与农业高新技术"专题。他还应邀到湖北武汉"国际马铃薯中心与中国项目工作会"、安徽省阜阳市农业科学研究所、河南省农业科学院，江苏省徐州"国际甘薯育种学术讨论会"作专题报告，推动了本专业的进步。

他还主持和参加编著了10多本甘薯等方面的书籍，亲自撰写或主笔发表了50多篇文章，其中，获山东省科协优秀论文奖五项，山东省优秀图书奖一项。他主笔编著了山东省第一本全面介绍甘薯栽培的《地瓜》一书，理论联系实际，受到农业科技干部和农民的欢迎，1977年出版后即销售一空，1980年又进行了第二次印刷。

长期深入农村，全心服务农民

王荫墀在从事甘薯研究的前十几年中，一直到甘薯重点产区农村驻点。他利用研究室选育的品系，通过沂水、沂源县基点的甘薯品种多点鉴定试验，很快肯定了"济薯2号""济薯5号"的抗旱高产优质高产特性，在鲁中推广，至今种植不衰。在沂源县基点与群众一起进行了多处高产栽培试验，采用综合栽培措施和定期取样调查方法，取得了单产60吨/公顷（4吨/亩）左右的高产，写出"高产甘薯生长动态与栽培技术"研究报告。这三项成果均于1978年获山东省科学大会奖。

1962年春，王荫墀应即墨县邀请，为该县数百名农民技术骨干讲授甘薯黑斑病防治技术，使当地控制了甘薯黑斑病的发展。1975年，他先后在兖州、泗水、泰安巡回报告甘薯栽培技术，有农业技术干部、农民技术骨干、党政干部万余人听讲，促进了当地甘薯生产。1976年，在沂源县蹲点时，他把抗病甘薯品种送到农村，为当地解决了根腐病为害问题，当到秋季收获时，当地群众包好水饺挽留吃饭，那种发自内心的感情，难以用语言形容。同年，他代表山东省农业科学院，带领甘薯丰产报告团，在临沂地区的蒙阴、费县、平邑、莒县、莒南、日照、沂水、沂源等县，进行巡回报告连续一周，讲授甘薯育苗和丰产栽培技术经验，场场爆满，不管是主会场还是分会场，听众始终都聚精会神地听讲，听过他讲课的农业技术干部、党政干部、农民技术骨干累计达数万人次。1979年，在给济宁地区农业技术培训班讲课前，为了取得良好的讲课效果，他通宵备课，第二天讲了一天课，讲完后虽然浑身疲软，但他却感到十分满足。当晚，他又乘火车返回济南，投入到第二天繁忙的工作中。1999年春，他到平阴县安城乡，在田间村头为农民讲课，虽是患病初愈，仍不顾春风料峭、口干舌燥，坚持一天连讲三场，县电视台录像连续播放一周，使全县家喻户晓。有一次，他在齐河县刘桥乡的一个村头为三户农民讲课，虽然人数很少，也认真讲解并一丝不苟地回答群众提出的问题。他从事甘薯研究40余年，一直坚持下农村，为农民服务，也亲眼目睹了农村的发展变化，他在一次乘火车去临沂市的途中有感："车轮飞滚进鲁南，临窗景情撩心弦；昔日茅屋无觅处，褴衫饥色去不返；碧野衬出红瓦村，丰衣足食笑声甜；说我此地是常客，倏忽一瞬四十年。"由此足见他对事业的真诚追求。

组织全国活动，促进学术交流

王荫墀深得同行专家的信任，一直建议他组织集会开展活动。在"文化大革命"期间，他克服重重困难，恢复了一度停顿的全国甘薯学术活动。此后，他一直是全国甘薯科研学术活动的组织者之一。1974年11月6—13日，在安徽省界首县，他应邀参加了由中国科学院和北京、湖南、山东、安徽、江苏等省、市农业科研院所参加的甘薯科研生产座谈会，与会者建议委托山东省召开一次全国甘薯科研会议。后经过向本院领导建议，于1976年1月7—14日，借山东省甘薯科研会议在泰安召开的机会，邀请了湖南、安徽、北京、江苏等省、市的农业科研院所甘薯科研人员参加。此后通过山东省农业科学院积极向农业部和中国农业科学院建议，经中国农业科学院批准，由山东省农业科学院和徐州地区农业科学研究所组织，于1978年3月3—10日，在山东省莒南县召开了全国甘薯栽培和育种科研协作会议，参加会议的有14个省（区、市），代表有67人。此次会议交流了论文，制定了全国甘薯科研协作计划，为日后的全国甘薯科研协作攻关奠定了基础。同年12月15—20日，由山东省农业科学院牵头，他组织《中国甘薯栽培学》编写组部分成员，在福建省莆田县进行"甘薯高产栽培经验考察"，参加者有中国科学院和江苏、山东、河北、河南等省农业科学院，徐州、淮阴、烟台、泰安地（市）农业科学研究所共13人，考察了莆田地区农业科学研究所欧阳杰如在莆田县指导创造的亩产超万斤的大面积高产田，写出了考察报告，并在《福建农业科技》上发表。1981年9月3—20日，受农业部科技局委托，在江苏省农业科学院张必泰的赞助支持下，由他组织带领江苏、山东、河南、河北、安徽、北京等省、市农业科学院，徐州、烟台地区农业科学研究所共12人，进行了甘薯科研生产考察，促进了南北方各省、市之间甘薯专业的学习交流。1995年8月31日至9月2日，作为组委会委员，他参与了在北京农业大学组织召开的第一届中日甘薯马铃薯学术讨论会，与会代表140多人，会后，由北京农业大学出版社（现为中国农业大学出版社）出版了《第一届中日甘薯马铃薯学术讨论会论文集（英文）》。他在社会兼职中尽职尽责，特别是在担任山东作物学会秘书长的10多年里，在组织学术活动、开展科普宣传、加强学会建设等方面做了大量工作，1998年被中国作物学会评为先进工作者。

科研管理有新建树

1980年后，王荫墀担任了行政职务，增加了科研管理和宏观农业战略研究工作。他多年在作物研究所主持全面工作，深知人才的重要，引进和培养了多名研究生，在住房极度困难的条件下，宁肯把办公室腾出来给新来的科研人员住，也要把人才留下，这些人员现在都成了业务骨干和学科带头人。他把握全局，高瞻远瞩，及时调整科研方向，把小麦育种作为全所工作重点，同时在当时注重高产的情况下，把育种目标调整为优质为先，新申请立项"小麦优质（强筋面包小麦）育种"，聘请陆懋曾、迟范民为技术顾问，千方百计建立了优质小麦实验室，为此后不失时机的选育优质小麦新品种，创出高水平成果，促成当前山东省优质小麦生产的大好局面奠定了基础。他根据院的部署，组织承担了全院在作物研究所进行的技术职称改革试点工作，为全院职称改革提供了经验，以此为样板在全院推行。1986年，作物研究所被评为山东省农业先进集体；1992年，在全国1 232个农业科学研究所综合评估中，名列百强所第12名，在本专业科学研究所中名列第3名。这些荣誉的取得，王荫墀起了关键作用。

在分管全院科研管理期间，他组织修订完善"科研计划、成果、经费管理程序"，制定了"科研管理历程表"，改变了"催耕催种"的被动局面，使科研管理走向规范化。他针对全院小麦、玉米两大作物育种工作分散、面临爬坡的局面，把院掌管的科研经费向这方面倾斜，组织作物研究所、玉米研究所、原子能利用研究所、植物保护研究所共同对小麦、玉米育种协作攻关，加强育种工作力度，为育成大面积推广的玉米鲁单50、小麦济南

16等品种提供了有力保证。

"八五"期间，他主持完成了"鲁西南立体农业研究"，1993年获省科技进步奖二等奖；主持完成了"山东省黄淮海平原农业开发科技投入机制研究"，1993年获山东省科技进步奖三等奖。

老有所为，再做贡献

1996年退休后，上级领导又把王荫墀安排到山东省老科学技术工作者协会、山东省农业科学院老科学技术工作者协会以及山东省老教授协会担任职务。领导的安排、会员的信任使他又鼓起了奉献第二个"青春"的勇气。他在日记中写道："老有所为当为之，能尽力时就尽力，共建广厦千万间，同享小康庆有余。"他积极参与山东省老科学技术工作者协会、山东省老教授协会、山东省农业科学院老科学技术工作者协会的组织领导工作，团结广大农业科技工作者，开展了科研开发、科技咨询、科技下乡、学术研讨、建言献策、著书写作、顾问兼职等活动，为科技兴鲁又做出了贡献。

退休后他承担完成了"全省脱毒甘薯繁育推广""优质鲜食甘薯品种选育与开发"两个项目。参与编写书籍，撰写技术指导和科普材料，参加科技下乡活动；在老科协工作方面，编制了"山东省农业科学院老科协专家名单及科技服务项目"，印发有关单位宣传推荐；组织举办了"山东农业科技应对国际贸易组织（WTO）——机遇、挑战及对策"专家论坛，编印了论文集；组织山东省农业科学院老科协会员编写无公害蔬菜、粮食、油料、果品、肉蛋奶标准化生产技术材料，到有关市、县进行巡回报告；组织举办了院老专家电脑学习班。由于他工作成绩显著，1998年被中国老科协评为优秀老科技工作者，1999年被山东省政府评为山东省模范老人，2000年被山东省科协评为山东省优秀科技工作者，2001年被山东省人事厅评为山东省优秀离退休科技工作者。

王荫墀几十年如一日，在工作中全身心地投入，经常加班加点，几乎没有请过事假、病假。他遵守科研职业道德，事业心强，团结协作，以身作则，艰苦朴素，平易近人，在他身上充分体现了一个科技工作者应有的良好品质。

（作者：许金芳）

李维生，1953年2月生，男，汉族，山东垦利区人。1973年7月山东农学院毕业。曾长期在高等学校工作，2003年12月任山东省农业科学院党委副书记，教授，2013年6月退休。现任山东省老教授协会副会长、山东省老科学技术工作者协会副会长、山东省农业科学院老科技工作者协会会长。在长期从事高校思想政治工作和科技管理工作的同时，注重结合工作实践进行研究探索，出版著作21部，发表论文60余篇。曾获国家财政部优秀教学成果一等奖、山东省社会科学优秀成果二等奖（两次）、山东省科技进步奖三等奖、山东省教育厅优秀教学成果三等奖、山东省软科学优秀成果一等奖。

干什么 学什么 研究什么

—— 我在山东省农业科学院的工作+学习+研究探索回眸

2003年12月，我告别工作了30多年的高等教育战线，调任山东省农业科学院党委副书记。按照院领导成员分工，我先后分管过政工、工会、产业开发、科技推广、国际合作、老干部工作以及其他工作。其中，农业科技推广是我长期分管的工作之一。对我来说，这是一项全新的工作，虽然我是山东农学院毕业的，但大学毕业30多年来主要是从事教学和高校思想政治工作，没有接触过农业科技推广和科技成果转化方面的事情。所以，当院党委仲崇高书记和我谈分管工作之一是农业科技推广时，我有点摸不着头脑，用现在的话说，就是一个字，晕！

怎么办？服从组织安排，边干边学吧，从此开启了我近20年的（包括我2013年6月退休后任院老科协会长至今）农业科技推广和成果转化实践、学习、研究探索之路，并取得了一定的学术成果。先后出版了著作2部、主持完成一项山东省自主创新成果转化专项课题，发表论文10多篇。获得两项山东省社会科学优秀成果二等奖、一项山东省科技进步奖三等奖、一项山东省软科学优秀成果一等奖，以及山东省政府系统优秀调研成果奖、中国社会科学院文献信息中心优秀论文奖等十几个奖项。奖项层次虽然不高，但作为一个担负繁忙科技管理工作的业余研究者，在文山会海之余，把自己分管的工作执着地当作学术来研究并取得一定成果，得到决策部门的认可和采纳，我感到还是很值得的。我的体会是作为一名党员干部，工作需要、组织分工往往是与自己熟悉的专业、兴趣爱好大相径庭的，个人经常没有选择的余地，只有服从工作需要的天职。因此，干一行，就要爱一行，钻一行。干什么就要学习什么，就要研究、探索什么，并且在自己工作的领域有所发现，有所创新。适应工作、善于学习、勤于思考、勇于探索应该是我们永无止境的追求。我的体会如果能够为年轻的领导干部和青年学者提供一些借鉴和参考，那将是我最大的欣慰。

提出构建我国多元化农技推广体系，鼓励科研人员开展推广和成果转化工作，实践证明是正确的

我接手科技推广工作时，院里还没有设立专门的处室，科研处有一位副处长协助我工作，开始是程爱华，后来是董建军。科研处还有一位年轻同志岗上抓推广，贾曦、李萌、刘晓等先后在这个岗位做出了自己的贡献。那时的工作方式主要是组织和带领专家下乡为"三农"提供公益性服务，哪里需要就到哪里去。既缺乏资金支持，又没有直接的经济效益指标。为了提高大家的认识，我是逢会必讲，作为社会公益性机构，理所当然地要从推进科技进步的全局出发，认真扎实地搞好农业科技推广和成果转化工作。我们科研人员直接参与农技推广，既缩短了科技成果转化周期，又可以使科研人员获得更多的需求信息，不断拓宽研究领

域。推广实践既是科研的延伸和继续，也是新的研究课题产生的源泉。

当时我们推广服务的一种重要形式，就是在全省建立相对稳定的科技示范基地和联系点。我们制定了《山东省农业科学院科技示范基地建设管理暂行办法》，到2007年已经在全省及周边部分省份挂牌建立优质小麦、玉米、抗虫棉、花生、果树、蔬菜、食用菌、畜牧等各类科技示范基地50多处。在全省80多个县建立科技推广服务联系点220多处。记得我在办公室挂了一幅山东省地图，每建设一处科技示范基地就插上一面小红旗。程爱华协助我工作时插到50多面，董建军协助我工作时就插到100多面了，可以说科技示范基地和联系点遍布齐鲁大地。

分管推广工作的实践使我感受到，只有推广服务的积极性还不行，科研单位的推广和成果转化工作还存在不少需要解决的问题，严重影响推广和成果转化的成效。其中主要的一条就是农业科研、教育单位的推广主体地位没有得到确认。尽管农业科研、教育单位是农业科技成果创新的源头，对开展科技推广有独特优势，但因其推广主体地位没有得到确认，在政策支持上没有保障。尤其是有些政府部门对农业科研、教育单位从事推广工作存在偏见，缺乏有效支持，制约了农业科研、教育单位推广工作的开展。

为了进行这方面的研究探索，我先后在《山东农业科学》发表了《加强科技推广工作　促进农业科研创新》《加大推广服务力度　为建设社会主义新农村提供强有力的科技支撑》《发挥科技引领作用　服务济南都市农业发展》3篇文章，阐述农业科研院所在农技推广中的地位和成效。工作实践使我逐渐认识到，建立与我国农业生产相适应的多元化农业技术推广体系不是一省一市能解决的问题，必须有国家层面的顶层设计。为了进行这方面的深入研究，2005年11月，由山东省社会科学院规划立项支持，由我牵头组成课题组，成员包括吕善勇、张锡金、周亮、陈卫京、刘涛、程爱华、齐世军、贾曦、李萌等（按著作出版时的署名为序），联合省内外其他专家，共同开始了"构建我国多元化农业技术推广体系研究（项目编号：05BJZ29）"课题的探索。

我们收集了中华人民共和国成立后我国农业技术推广机构形成、发展及变革的历史资料，分析了我国农业技术推广体系建设的演变规律。2006年3月，我和齐世军等还到美国依阿华州立大学农学院等地，对美国的农业技术推广体系进行了实地考察。我们还通过各种途径收集了有关文章200余篇，专著15部，以及国务院和有关部委的相关文件、规定等20余份供课题组参阅。我们多次召开座谈会、研讨会，认真听取各方面的意见，进行系统地归纳和汇总。课题组成员一致认为，构建多元化的农业技术推广体系必须根据现阶段农业技术推广工作的实际，提出切实可行的改革对策。我国现行的"一元化"农技推广机构虽然存在着许多弊端，但毕竟已有100多万人的庞大队伍和一整套推广体制；农业科研单位和农业教育单位在当前的农技推广中起到了举足轻重的作用；供销社、农村合作经济组织、农业龙头企业和科技示范户等在农技推广中也发挥了重要作用。与此同时，还涌现出了多种农技推广形式，比较有代表性的是科技特派员制度、农业星火科技专家大院和农村信息化技术服务（那时主要指农技"110"、网络医院）等新形式。我国多元化农技推广体系已经初见端倪。

　　鉴于上述情况，我们研究提出在进一步深化现行农技推广机构改革基础上，明确农业科研院所、农业院校为农技推广主体，构建具有中国特色的多元化农业技术推广体系，即"三元主体、多方参与"的论点。

　　我将研究成果进行梳理归纳，刊登在2006年12月19日山东省人民政府《决策参阅》第31期。时任山东省委副书记高新亭、山东省人大常委会副主任李明先、山东省政府常务副省长林廷生、副省长贾万志、山东省政协副主席王修智等领导先后作了批示。时任农业部副部长危朝安对该研究成果非常关注，调阅了研究报告。在一次农业部召开的会议上，危朝安副部长对这一研究成果给予高度评价，并委托参加会议的时任山东农业大学党委书记盖国强向我转达他的意见。

　　《科技日报》《大众日报〈内参特刊〉》对成果进行了全面的报道。我们先后在《中国科技论坛》《山东社会科学》《农业系统科学与综合研究》《西北农林科技大学学报（社会科学版）》《山东经济纵横》《山东农业科学》等学术刊物发表相关论文10余篇，传播"三元主体、多方参与"的论点；以研究报告为主体内容，经进一步调研和补充大量材料后，于2007年2月由中国农业科学技术出版社出版了《构建我国多元化农业技术推广体系研究》一书。时任山东省人大常委会副主任陈延明，中国农业大学教授、博士生导师、著名推广专家高启杰，山东省宏观经济研究所所长薛占胜等，先后在《科技日报》《大众日报》《人民权利报》《三农内参（农村经济）》发表文章，向决策部门和社会各界力荐此书。新华社《国内动态清样》第649期、新华社《内参选编》《新华文摘》《中国社会科学文摘》《高等学校文科学术文摘》《科技日报》《经济参考报》《大众日报》《人民网》《新浪网》等新闻媒体对该研究成果进行了转载和报道。其中被《半月谈》杂志转载后，又被山东省2008年公务员考试申论题采用。山东省图书馆收藏了该书。

根据本研究成果，我提议山东省农业科学院自2005年起设立推广专项经费，制定相应的考核评价激励政策，在对中层班子任期目标考核中增加推广工作占10%的专项，每年对推广工作先进单位和先进个人进行表彰奖励，当时年创社会效益达50亿元左右。当然，那时推广和成果转化工作的规模和力度，与现在选择招远、费县、郓城三县市搞"三个突破"、组织黄河三角洲大会战、支持科研人员领办或参股企业、进行科技成果拍卖、鼓励科研人员"名利双收"等是无法比拟的，这些大手笔早已超出了我们当年的梦想。但是，我们勠力同心，推进科技成果转化的大目标是一致的。当时提出的构建我国多元化农技推广体系，鼓励科研人员开展推广和成果转化工作，实践证明是正确的。在我修改这篇短文的时候，欣闻2022年8月3日消息，广东省科学技术奖新设科技成果推广奖，这真是英明决策，作为一个老科技推广工作者，我举双手赞成！

以该研究成果为指导，由我主持制定实施的《山东省农产品有效供给科技助推行动计划》，2008年4月2日被农业部转发全国各省、自治区、直辖市（农办科〔2008〕16号文件）。2008年6月，该研究成果被评为第22次山东省社会科学优秀成果二等奖。

探讨山东省食品安全管理对策，保障人民群众舌尖上的安全

在带领专家下乡进行农技推广服务和与社会各界的广泛接触中，大家经常向我们询问的一个问题就是你们农业科学院指导生产的蔬菜、粮食、水果安全吗？生产、加工环节出了问题你们管得了吗？尤其是一连串食品安全突发事件，使得食品安全问题受到全社会的高度关注，人民群众对食品安全的渴求已经远远超出了"食品卫生"的范畴，而是要求食品监管转向"从田间到餐桌"的全过程监控。山东省是农业大省，也是食品生产大省，当时的确存在食品安全法律法规不够完善、"九龙治水"式的分段监管带来的职能交叉重叠和监管空白同时存在等诸多问题。优化食品安全监管体系，在当时是一项十分紧迫的重要任务。

为了深入调查分析山东省食品安全管理存在的问题，提出优化监管体系的对策建议，我和山东省农业科学院农业质量标准与检测技术研究所副所长吕潇研究员、农产品加工与营养研究所赵晓燕博士探讨，我们能否结合推广和成果转化实际组织这方面的调研？吕潇、赵晓燕都非常赞同。于是我们组成课题组，由我担任主持人，成员包括吕潇、陈雪梅、张树秋、陈相艳、谷晓红、张红、赵晓燕、聂燕、陈子雷、安静（以著作出版时署名为序），申报了山东省软科学研究计划重大项目"山东省食品安全管理体制机制和政策法规体系研究"课题。2012年5月4日，山东省软科学办公室下达立项通知书（项目编号：2012RZC02002）。当时确定的研究目标是在系统分析山东省和我国食品安全管理模式变迁的基础上，找出当前山东省和我国食

品监管工作存在的主要问题，提出构建新型食品安全管理模式和法律法规体系的对策。为了实现这一目标，我带领课题组成员先后到山东省食品安全工作办公室（简称食安办）、农业厅、卫生厅、工商局、质监局、食品药品监督管理局等部门进行学习和调研，得到这些部门领导和专家的具体指导和大力支持。我们还邀请庞国芳院士等专家来院做食品安全专题报告，对本课题研究做具体指导。在课题组全体成员的一致努力下，经过深入细致的调研，形成了《山东省食品安全管理体制机制及政策法规体系研究》一书的初稿。然后由我和陈雪梅反复修改，三易其稿，完成统一修改定稿，由中国农业科学技术出版社出版发行。

2013年4月，根据山东省软科学办公室的要求，成立了以中国农业科学院陈宗懋院士为主任，山东省人民政府食安办副主任王建政、山东省社科联常务副主席杨瑛为副主任的专家鉴定委员会，以通讯鉴定形式对"山东省食品安全管理体制机制和政策法规体系研究"进行成果鉴定。7位鉴定专家认为，项目研究"对提高我国食品安全管理水平，创新体制机制，完善法律法规体系具有重要参考价值，其总体研究居国内领先水平。建议进一步推广应用，在政府决策和法律法规体系建设中发挥更大作用"。

项目研究按时结题，达到了预期的目标。但时至今日，翻阅陈宗懋院士函审鉴定意见中的一段话，仍然令我感慨不已。陈院士写道："本项目针对食品安全问题涉及范围广、层面多、链条长的特点，将社会科学与自然科学相结合，将实地调研与国外法律法规和监管体制机制研究相结合，通过产地环境科学、食品科学、标准化、管理学、经济学、社会学、法律等学科的交叉，实现了多视角、多领域、跨学科研究"。陈院士的确是慧眼独到，简短的评语既客观地评价了我们的研究工作，也道出了我们课题组的辛酸！因为课题组成员大多是搞自然科学研究的，对食品安全管理体制、机制、法规体系等则了解不多，进行跨学科、跨领域的研究困难太多了。为了厘清一个概念、提出一项建议经常要查阅大量资料，写出的东西往往是改了又改，统稿修改会开了一次又一次，占用了大家大量的业余时间，最终才形成了比较满意的调研报告。回想当年我带领课题组成员没日没夜、白加黑、5+2的调研探讨过程，至今仍对督促课题组成员超负荷地加倍工作心存愧疚。当然，当课题研究结题时，大家也都成了跨学科研究的专家了，这也许是课题成果之外的收获吧。

2013年10月19日山东省社科联《山东社科成果专报》（2013年第6期、总第46期）以"关于完善山东省食品安全管理体制机制和政策法规体系的建议"为题，专题刊发了我们研究成果的主要观点，并以呈阅件形式报送省领导和相关部门。时任山东省委副书记王军民、省人大常委会副主任贾万志、副省长赵润田、省政协副主席王乃静很快作出批示，在肯定我们研究工作的同时，要求有关部门研究和采纳我们提出的对策建议。省委研究室、省政府研究室也分别复函说明采纳情况。

关于这一研究的具体内容，特别是提出的对策建议，限于篇幅，兹不赘述。仅以山东省食品药品监督管理局关于采纳情况复函开头的一段话作为对这一研究的概括。

"尊敬的李维生组长并课题组成员：接到省社科联《山东社科成果专报》（第6期）刊发的《关于完善山东省食品安全管理体制机制和政策法规体系的建议》和王军民副书记批示后，我局高度重视。马越男局长、陈耕副局长专门做出批示，要求有关处室与课题组主动沟通，通报监管工作情况及建议采纳情况。相关处室随即对专报进行了认真学习、深入研究，总的认为，报告分析问题客观实在，所提对策建议，对于加强和改进监管工作提供了有益启示和借鉴，充分体现了对食品药品监管工作的关心和支持。""针对报告提出的5个方面21条建议，我们逐条进行了认真研究，对属于省局职责范围内的，将结合今年重点工作予以充分吸纳；对涉及其他相关部门的，以食安办名义在下步工作中积极予以推动"（略去5个方面21条建议逐条回复函约6 700字）。

　　一项结合推广和成果转化工作进行的研究，得到省领导如此重视，提出的对策建议被主管部门如此大幅度地采纳，并逐条予以回复，这是我和课题组的专家们始料不及的，我们由此感到无比欣慰！

　　为了进一步引起社会各界的重视，我和课题组成员以研究报告为基础，连续在《中国科技成果》《中国食物与营养》《中国农村科技》《农产品质量安全》《山东农业科学》等刊物发表了14篇论文。2013年11月5日《科技信息报——创新周刊》发表对我的专访：《健全管理体制抓好食品安全——访山东省农业科学院李维生教授》，比较详细地阐述了我们提出的对策建议；新华网2013年11月28日以"专家：建立覆盖全社会的食品安全管理体系"为题报道我们的研究成果；《农村大众》2013年12月9日《食品安全监管要无缝衔接》一文概要介绍了我们研究成果的主要内容；《新华书目报——科技新书目》第1081期A09版发表了慕玉红的书评《用法律和制度来保障人民舌尖上的安全》，对我们的研究成果给予高度评价。该研究课题2013年7月获山东软科学优秀成果一等奖；2014年8月获山东省社会科学优秀成果二等奖。

转眼间10年过去了，山东省乃至全国的食品安全管理水平已经得到大幅度提高，《中华人民共和国食品安全法》已经2015年4月24日第十二届全国人民代表大会常务委员会第十四次会议、2018年12月29日第十三届全国人民代表大会常务委员会第七次会议、2021年4月29日第十三届全国人民代表大会常务委员会第二十八次会议三次修订，《山东省食品安全条例》也做了相应的修订。我们当时提出的一些对策建议有的已经变成了现实法规，有的已经被更高水平的管理手段所替代，山东省和国家的食品管理正在走上规范化、法治化、科学化的轨道。回首往事，翻阅旧时文稿，不禁庆幸我们当时辛勤研究提出的一些对策建议在一定程度上推进了山东省乃至全国食品安全管理制度建设的进程，更感谢党和政府及主管部门善于倾听群众呼声，认真研究和采纳我们提出的对策和建议，一种成就感和满满的社会制度自信油然而生。

承接山东省自主创新成果转化专项，探索科研成果集成推广

在组织实施全省范围的科技推广服务，助力农业增产、农民增收的同时，我和时任科研处副处长董建军谋划，我们的推广工作是否能够探讨一套集成研发的路子，形成集成推广的成果？大约在2012年秋季，我们的目光投向黄河三角洲地区的盐碱地改良和当时实施的渤海粮仓科技示范工程，想到了耐盐作物的引进，特别是麦棉两熟的研发推广等。讨论碰撞中，董处长提出了一个

"生物技术在渤海粮仓麦棉两熟模式中的集成与应用"的概念。我觉得这个思路很好，即开始组织实施这项研发。但院里当时推广经费有限，我们希望得到山东省科技厅的支持。时任山东省科技厅厅长翟鲁宁非常赞同我们的研发方向，于是我们拟定了山东省自主创新成果转化专项《生物技术在渤海粮仓麦棉两熟模式中的集成与应用》申报书。

但是，在项目申报时政策发生了变化，此类项目那个年度只允许企业申报，科研单位不能独立申报。我和董处长找到了东营市现代畜牧业示范区管委会（原黄河农场）主任吴炳礼和科技局局长张峰，希望与他们单位所属的东营市黄河农工商实业总公司联合申报山东省自主创新成果转化专项"生物技术在渤海粮仓麦棉两熟模式中的集成与应用"项目。吴主任和张局长欣然同意，并且表示试验地等可以无偿使用，他们积极参与，大力支持。

2013年10月12日山东省自主创新成果转化专项"生物技术在渤海粮仓麦棉两熟模式中的集成与应用（2013ZHZX2A0402）"获山东省科技厅、山东省财政厅立项。项目总投资1 000万元，其中省拨资金200万元，市级配套300万元，申报单位自筹500万元。2013年10月23日，吴炳礼以申报单位负责人名义，我以项目负责人名义与山东省科技厅、东营市科技局签订项目合同书，项目正式启动。

这个项目包括产业化研究开发任务，产业化建设任务，以及环保、项目管理机制、销售体系、人才队伍建设等其他任务。其中产业化研究开发任务是省拨经费的扶持重点，即以黄三角和环渤海地区为重点研究区域，通过3年的项目研发与转化，综合利用生物技术改良盐碱地、引进与培育早熟抗旱耐盐小麦、棉花品种，重点研究黄三角地区盐碱地小麦、棉花一年两熟耕作制度。同时开展规模化、机械化管理技术研究，进行技术集成和示范推广，实现麦棉两熟双高产。

组织实施这个项目时，我已经从党委副书记岗位上退休，担任山东省农业科学院老科协会长、山东省老科协副会长。有了较多的自己可以支配的时间，我就把主要精力放在协调落实这个项目上，一年四季无数次往返于济南和东营之间，在田间地头和课题组专家探讨切磋，感到非常充实愉快，没有退休之后那种失落感。我把山东省农业科学院许多专家拉到了这个项目中来参与集成推广。黄承彦研究员拿出了他的"济麦18号"耐盐小麦品种，李汝忠研究员贡献了他的"鲁54"短季棉品种，王学君副研究员在耐盐微生物筛选和盐碱地小麦、棉花丰产施肥方面进行了深入的探索。山东省农业科学院董建军、丁汉凤、郭洪海、江丽华、张伟等，东营市农业科学院娄金华、王智华等，东营市现代畜牧业示范区胡春喜、张峰、王文慧等，为项目实施做了大量的工作，付出了辛勤的劳动。

经过3年多的实践和探索，我们顺利完成了项目关键技术的研发和技术成果的集成转化，达到了项目既定的总体目标，探索集成的麦棉两熟栽培技术规程，在中国科技核心期刊《中国棉花》2016年第43卷第1期发表。2017年3月18日，山东省科技厅邀请赵彦修、孔令让等知名专家组成验收组，在东营市现代畜牧业示范区进行项目验收。专家组听取了王学君代表项目组做的汇报，审查了验收材料，实地查看了生产现场。经过质询、讨论，形成了验收意见，认为项目组提供的资料齐全，数据翔实可靠，符合验收要求。取得的技术成果及创新点如下：①进行了盐碱地生物技术改良关键技术研究，研制出2种耐盐微生物菌剂、筛选出2种土壤改良材料和保水剂，在盐碱地改良修复方面效果显著。②进行了盐碱地小麦棉花丰产系列施肥技术研究，首次提出盐碱地小麦氮肥的基追比。③进行了麦棉两熟双高产栽培技术研究，引进2个抗盐小麦品种和2个短季棉品种，研究了小麦棉花生育期衔接技术、棉花化学脱叶技术和棉花机采技术，制定了黄河三角洲地区麦棉两熟双高产栽培技术规程。取得了显著的经济、社会效益。验收组认为，本项目完成了任务书规定的研究任务和技术指标，同意通过验收。

回顾项目实施3年多的实践，我们圆满地完成了项目合同书规定的任务，按合同书要求完成了各项计划指标，达到了预期的既定目标。实现了在含盐量0.4%的盐碱地上小麦、棉花正常发芽、生长。引进的"青麦6号"耐盐小麦连续3年平均亩产超过400千克，其中最高亩产达到551.16千克，刷新了我国耐盐小麦单产最高纪录。引进的转基因短季棉"中棉所50""鲁54"生育期110天，开花结铃集中，霜前花率90%以上，籽棉产量高达223.5千克/亩。

将短季棉与小麦生育期科学衔接，集成麦棉两熟免耕直播保护性耕作、耕层优化、深匀播种施肥一体化、棉花机械化采收等高效栽培技术，不仅与传统的一年一作种植模式相比有明显的优势，而且与传统的粮棉两熟套作技术相比也有明显的进步。本项目形成的麦棉两熟直播栽培技术，可以较传统的粮棉两熟套作技术增产粮食30%左右，有力保障粮棉双丰收，实现了麦棉两熟栽培技术的突破，为"渤海粮仓科技示范工程"的实施，探索出一种高产高效的新模式。

在项目后期推广实施过程中也遇到一些问题，主要是多年来棉花市场价格不稳且呈下滑趋势，农民种棉积极性受到挫伤，棉花种植面积减少，影响麦棉两熟种植模式的推广。但盐碱地生物技术改良+麦棉两熟栽培技术规程作为本项目取得的集成技术储备，一旦棉花价格回升就会得到大面积推广应用，在黄河三角洲和环渤海地区发挥重要的技术支撑作用，是"藏粮于技、藏棉于技"的一种有效手段。

  陈宛妹，1936年9月生，女，汉族，浙江天台人，中共党员，研究员。1981年加入中国共产党，山东省农业科学院作物研究所研究员。先后主持和参加选育齐黄号、文丰号、鲁豆号等30多个优良大豆品种，发表科研论文20余篇。她参与培育的鲁豆4号于1991年获山东省科技进步奖二等奖，1992年获得国家科技进步奖二等奖和中国首届农业博览会金质奖。1989年获山东省和全国"三八红旗手"称号，1992年被评为山东省和全国先进女职工，同年被授予山东省直机关优秀共产党员，1993年被批准享受政府特殊津贴。曾连续5年当选为山东省济南市历城区人大代表，1997年当选为中国共产党第十五次全国代表大会代表。

大豆育种事业的坚守者

　　她将自己绑在了豆田里，拴在了豆苗上，将全部时间和精力都交给了她热爱的大豆育种工作。她和团队成员经过几十年的艰辛，在科研经费极少的情况下，凭借超于常人的毅力和严谨求真的态度，换来一个又一个优良的大豆品种。

　　1959年，怀揣着报效祖国的坚定信念，陈宛妹来到了山东省农业科学院，开始了30多年的大豆育种生涯。在山东省农业科学院这片土地上，她每天与大豆为伴，坚韧不拔，默默无闻。

　　田间试验的工作细致而繁杂，环环相扣，不能有丝毫的脱节。在当时科研条件极为艰苦的环境下，陈宛妹和其他同志一起咬紧牙关，以非凡的毅力，严谨的科学态度，全身心地投入到大田育种之中。

　　谈到工作，陈宛妹对年轻人说得最多的是"实践出真知"。她是这样说的，更是这样做的。在大豆生长季节，无论风雨日晒，试验田里总能看到陈宛妹忙碌的身影。她衣着朴素，打扮和农民没什么两样。不是在田间除草拔草，就是抚弄着大豆认真观察。7—8月是一年中最炎热的时候，她却要每天从清晨工作到傍晚。去雄、授粉、调查；站着，蹲着甚至跪着。浸透衣衫的，分不清是汗水还是露水。选单株的时候，她在试验田里一站就是十多个小时，一棵一棵地观察，一株一株地比较，沉浸其中而忘记时间；收获季节，她将亲手割下的豆子分包晾晒，察觉到要变天了，就着急地从试验地往晾晒场冲，将珍贵的豆种一包一包地扛到棚下，自己却早已被雨水打湿。陈宛妹像呵护自己的孩子一样保护着这些珍贵的大豆种子，从未有过丝毫懈怠。有人问她：这么辛苦的工作不觉得累么？她总是平静地说："我的工作就是干这个的，没觉得什么活是累的，每一项都是应该做的。"

为了大豆育种事业，陈宛妹不得不忍受骨肉分离。她的第一个孩子出生后不久就被留在安徽奶奶家，第二个孩子刚出生就留在了浙江老家。到了孩子上学的年纪，才把他们接到了身边。可是，陈宛妹每天都加班加点工作，忙碌时节，经常天还没亮时就出门，晚上还要加班考种处理数据，回来时孩子们已经睡着了。谈到这些，陈宛妹有些哽咽，但她仍旧微笑着说："那个时候，工作的女性都是这样的，舍小家顾大家，是我们作物所的优良传统。"

为了缩短育种年限，加快育种进程，1979年，陈宛妹毅然扛起重任，辗转来到海南进行大豆的南繁工作。那时的海南基地，条件十分落后，环境极为艰苦。5个月来，陈宛妹承受了常人难以忍受的困难。孤独、炎热、蚊虫叮咬等各种痛苦，她都一一克服了。从播种到田间管理，从收获到脱粒，她孜孜不倦，攻坚克难，出色地完成了任务。带着这批精心繁育的大豆材料，陈宛妹回到了济南，却因为几个月的超负荷工作突发脑梗，不得不入院治疗。然而，即便在住院期间，哪怕在忍受病痛之时，她最牵挂的还是工作。

天道酬勤。30多年来，陈宛妹先后主持、参与育成了30多个大豆新品种，获得7项科技成果奖，发表科研论文20余篇。她参与培育的"鲁豆4号"获得国家科技进步奖二等奖和中国首届农业博览会金奖。当所有人对她的业绩表示称赞时，她谦虚地摆摆手："这是整个团队的工作，我只是团队里普普通通的一员。"

在正式退休的当日，陈宛妹依然坚守初心，耐心地整理各类材料，认真地交接各项工作。她为奋斗了30多年的大豆育种事业递交了一份完美的答卷，也将几十年积累下的珍贵材料和宝贵经验完整地交接了出去。

陈宛妹不仅是一位大豆育种专家，更是一名优秀的共产党员。她的党性和她培育出的大豆品种一样，时刻闪烁着金子般的光芒。由于工作业绩突出，为人谦逊和善，陈宛妹连续五年当选为济南市历城区人大代表。5年来，她勇于为民代言，贴心为民办实事。为了解大家的需求，她深入职工群众，认真组织调研，听取并收集群众的意见，及时撰写建议为群众发声。当时，群众反映最多的问题是省农业科学院附近没有直接通往火车站的公交车，出差很不方便。带着这个问题，陈宛妹向历城区提出建议，不被采纳就继续提。凭借着这股执着劲儿，意见终于被采纳，问题顺利得到解决。期间，陈宛妹还帮助解决了省农业科学院附近电影院建设的问题，极大的丰富了群众的精神文化生活，也得到了人们极大的信任。省农业科学院周围的住户遇到暖气、煤气不通和路灯不亮等问题时，都会不由自主地走进这位大豆育种专家的家里反映。陈宛妹成了名副其实的群众"代言人"。1997年，陈宛妹当选为中国共产党第十五次全国代表大会代表，光荣地进京出席"十五大"。人们信赖她，说她有一颗金子般的心。陈宛妹却说："让我干人大代表，是群众信任我。既然信任我，我就应尽心尽力，不能让群众失望。"

退休后，陈宛妹的生活简约而朴素。但是，每次遇到有人需要帮助时，她总是伸出援手，慷慨解囊。2020年初开始的新冠疫情牵动着全国人民的心，这位老党员也坐立难安，3月11日，85岁高龄的陈宛妹携1万元现金来到单位，要求通过所党组织捐款，为国家新冠疫情防控工作贡献自己的力量。就是这样一位老科学家，她淡泊名利，默默奉献，用实际行动深刻诠释了一位优秀共产党员的初心与使命。

精神在传承，奋斗在继续。陈宛妹的先进事迹感染了一批又一批育种工作者。在以她为代表的老一辈育种科学家的引领和感召下，新一代的大豆育种工作者正努力拼搏，砥砺前行，用自己的知识才能和辛勤汗水为大豆育种事业续写新的篇章。

（作者：刘薇）

（左为殷毓芬同志）

殷毓芬，1942年3月生，女，汉族，江苏武进人，中共党员，研究员。1964年7月南京农学院农学系遗传育种专业本科毕业，分配到山东省农业科学院作物研究所工作。曾任全国第五届青年联合会委员等职。在30多年的小麦育种生涯中，她克服艰苦的育种条件，不忘初心，坚守一线，先后共同主持选育了10多个小麦新品种，荣获国家科技进步奖二等奖等多项国家和部级奖励；发表论文、译文10余篇；培养带出一批杰出青年农业科技人才，为山东小麦育种事业做出了重要贡献。

为国解忧　永不懈怠
矢志不移　勇攀高峰

——小麦育种专家殷毓芬研究员谈"泰山一号"精神

　　小麦是我国在世界上总产最高、消费量最大的主要粮食作物，仅次于水稻。山东是我国小麦主要生产区，播种面积和总产仅次于河南，而单产和品质则居国内之首。因此，发展山东省小麦生产，对改善人民生活，确保粮食安全，满足市场需求具有重要的现实和战略意义。

　　中华人民共和国成立初期，一批以陆懋曾为代表的南方有志青年，他们来自不同的学校，不同的专业，怀着为国解忧的伟大理想，来到他们认为艰苦的山东，热情地投入了小麦生产的伟大事业中。那时，全省小麦平均亩产只有41千克，世代在田野辛劳的广大劳动人民，把能吃上一顿白面饺子作为享受的奢望。为了改变这种落后的生产面貌，他们把提高小麦产量作为矢志不移的奋斗目标。

　　首先，小麦研究团队的研究人员深入农村，将生产与农民群众相结合，认真总结群众的生产经验，并收集了大量的小麦品种，进行评选推广优良地方品种，如莱阳的白秃头，临沂的气死雾、红秃头，济宁的凫山半截芒等地方品种，又引进鉴定推广了陕西的碧玛1号、碧玛4号等新品种，都发挥了较大的增产作用。

　　其次，1954年，研究团队正式开始品种间杂交育种。早期的育种，仅用一个地方品种与另一个地方品种进行杂交改良，由于地方品种的遗传背景较窄，性状互作作用较小，育种成效不大。随着育种工作的深入，开始应用地方品种与国外引进品种进行杂交，陆续育成了一批批产量高、抗病性好、抗倒伏等优良品种，并在生产上推广。例如引用河南的地方品种蚰子麦与国外品种美麦10号杂交选育出济南6号、矮济南6号、济南9号等，用辉县红9（河南地方品种）与国外品种阿勃、欧桑等品种杂交选育出泰山4号、泰山5号、济南13号品种；1955年利用引种的碧蚂4号与早洋麦（美国）杂交，选育出济南1号、济南2号、济南4号、济南5号小麦品种，国内其他育种单位也用这个杂交组合选育出北京8号、石家庄54、徐州8号等一批优良品种，这是山东省也是黄淮麦区突出的优良组合。其中济南2号表现尤为突出，成为60年代全省种植面积最大的品种之一。随着生产水平的提高，为了进一步提高小麦产量，1965年用碧蚂4号与早熟1号（苏联）的优良品系54405与新引进的欧桑进行杂交，选育出泰山1号、泰山2号新的小麦品种，其中泰山1号在适应性、抗病性和产量性状上都综合了3个亲本的优点，甚至还有部分超亲表现。基于泰山1号优异性状的突出表现，为大面积推广种植创造了条件，特别是在黄淮麦区小麦生产上发挥了巨大的增产作用，1971年育成；1972—1975年在品比、联合区试中均增产，平均增产17%，产量达464.4千克/亩；1978年在省内外多点高产栽培试验中，创造出551.25千克/亩的高产纪录；1975年全国种子工作会议上，被列为重点推广良种之一；1979年，全国种植面积达5 613万亩，是中华人民共和国成立以来北方冬麦区继碧蚂1号以后种植面积最大的品种；到1985年，据不完全统计，全国累计种植面积达2.1亿亩，取得了巨大的经济效益和社会效益。

综观我们的育种工作，选育品种是一个漫长而艰辛的过程，需要团队每个人有信心，有毅力，还要耐得住寂寞。经过艰苦的探索，陆懋曾主任带领团队对育种实践进行反复总结，反复讨论，形成了一套较为清晰的育种的基本指导思想，归纳为"阶梯式育种"。一是确定核心亲本，利用"围攻"的方法，每年杂交组合从100多个到500多个不等，但都有明确的中心亲本、主攻方向、目标任务。二是对重点组合加大杂种群体，扩大遗传基因表达，增加选择概率。三是坚持试验、示范、推广相结合。在产量试验的同时，在全省适宜范围进行多点试验，加速良种的示范推广。例如泰山1号小麦在参加省区域试验的同时，在全省各种肥水条件安排200多个示范点，有助于全面认识和了解品种，正确评价它的利用价值和推广范围，有条件的地方还可以结合当地主要栽培条件进行栽培试验。四是利用多途径，在系统育种（常规）、杂交育种的基础上，与辐射、远缘、杂交优势利用、单倍体、显性核不育基因的利用等多种其他育种途径相结合，为丰富育种基因库，加速小麦育种进程开辟新途径。

为了育种工作取得成效，团队统一部署，各司其职，具体做法大体按以下步骤进行。

🖋 按照生产情况，明确育种目标

育种目标正确与否，直接关系育种工作的成败，关系能否选出适应生产需要的品种。

团队成员分成33制，即在小麦从播种到收获的整个生产季节，1/3人员在试验地工作，1/3去各个典型的生产单位驻点，与农民同吃、同住，了解当地生产情况和农民的生活情况，然后集体讨论，共同决策。在20世纪50—70年代的快速发展时期，小麦生产也存在很大的不均衡性，为了改变山东小麦产量长期低而不稳的落后状态，解决广大老百姓的温饱问题，抓住高产、广适这一主要目标，坚持不懈。济南2号、泰山1号和济南13都是这一时期育成的代表品种。

认真、仔细观察各种育种材料的生长习性，性状表现

在小麦越冬期、拔节期、抽穗期、成熟期等关键时期，全体人员在试验地对种质资源、杂交后代、品质鉴定品比、区域试验进行评定，让每个成员做到心中有数，具体工作有章可循。

参加各种专业会议和培训班

小麦育种是一项周期很长、连续性很强的工作，一个新品种的育成，往往需要经过8～10年甚至更长的时间。一位科技工作者一辈子真正能育出2～3个适应生产和广大人民群众满意的品种就已经很好了。因此，作为一个合格的育种者，工作上不仅要立足当前，更要展望未来，才能不忘初心，牢记使命，矢志不移，勇攀高峰。因此，要不断丰富业务知识，提高业务能力，最重要的是加强学习，团队领导也会关心和支持团队成员的成长与进

步。除了生活上互相照顾和帮助外，业务上要做到引领和帮带，选派他们参加各种学术讨论会，聆听老专家、学者的报告；参加各种培训班，如遗传、生理、外语等，使每个成员都能展其所长，心情舒畅，十个手指都能发挥作用，在不同的岗位上都能做出成绩，整个团队形成了一个团结协作有战斗力的集体。陆懋曾成了这个集体的精神支柱。

进入20世纪80年代以来，我们的育种工作也迈入了高产、优质的新时代，团队在各级领导的关心和支持下，及时迅速调整育种方向，在广泛征集优质资源的同时，召开全省优质育种座谈会，主要育种单位在山东省农业科学院作物研究所领导下，分工合作，攻克难关，得到了省科委的立项经费和作为省委领导的陆懋曾副书记的大力支持，以最快的速度解决了小麦优质育种的难题，顺利地选育出了第一个强筋小麦品种济南17，成为我国品质育种的开路先锋，为当前乃至今后小麦育种开辟了前进的方向和广阔道路。

远大目标都要一代代人的努力和拼搏，并付出代价来实现，前辈永远是后辈的铺路石，愿"泰山小麦"的奉献精神永存，山东省农业科学院的小麦育种工作永远走在时代前列。

　　黄承彦，1958年12月生，男，汉族，山东郓城人，中共党员，研究员。1985年7月中国农业大学遗传育种专业硕士研究生毕业，自1985年以来一直从事小麦生物技术及遗传育种研究。研究建立了小麦种质创新生物技术体系，提出小麦自花授粉后外源DNA导入技术操作规程，对小麦花药培养的遗传、白苗分化、适宜培养基等进行了系统研究；先后主持国家和省部级小麦育种和推广项目20余项，获得省级以上科技成果奖励6项，发表研究论文60余篇，主编、副主编及参编著作7部，在小麦新品种选育、农业技术推广应用、小麦种质资源创新及现代育种技术研究等方面做出了突出成绩。2002年获国务院政府特殊津贴，同年获山东省"富民兴鲁"五一劳动奖章。

退休不退志
倾情"三农"献余热

　　1985年硕士毕业的黄承彦，作为当时凤毛麟角的高学历人才，初心不改，回家乡做贡献，献身小麦事业，默默耕耘30余载，研究建立了小麦种质创新生物技术体系，创制小麦自花授粉后外源DNA导入技术规程，育成抗旱耐盐小麦品种"济麦18号"，出版专著7部，发表论文60余篇；先后主持或参加国家、省重大科研项目30余项；荣获国家和省科技进步奖，"山东省改革开放以来优秀大学毕业生标兵""富民兴鲁"劳动奖章等荣誉奖励。

　　荣誉和成就的取得，离不开他三十年如一日的埋头苦干，离不开"5+2""白+黑"的勤奋努力。为了作物研究所科研事业的蒸蒸日上，顾不上家庭，顾不上疲劳，厚厚的项目申报材料，多少个不眠的夜晚，锤炼成为知名的行家里手。

　　在同事眼里，他是一位治学严谨、无私奉献的领导，是一位平易近人、幽默诙谐的谦谦君子，是一位提携后学、淡泊名利的良师益友。在家人眼里，他是一位忠厚仁德的孝子，是一位热爱生活、关爱家人的丈夫，是一位要求严格但和蔼可亲的父亲。他是我们严谨治学、修身立德的学习楷模。

心系百姓，深入一线，继续开展经常性小麦生产技术指导和咨询服务

他在2018年退休前夕，恰逢春节将至，他坚持站好最后一班岗，一如既往的繁忙，一如既往的专心致志，一如既往的工作强度。忙里偷闲之余，他在海南为家人订好了民宿和机票，从心理上补偿多年来对家庭的亏欠。一家人团团圆圆，其乐融融地度过了没有工作压力的欢乐年。

面对所领导的真诚挽留，作为一名共产党员，看着为之奋斗一生的事业，他也难免有些不舍。经过深思熟虑，本想享受休闲退休生活的他还是答应了继续留任山东省政府农业专家顾问团小麦分团副团长职务。

既然答应，就要全力以赴。每到冬前和春季苗情考察的季节，他在小麦顾问分团和于振文院士的部署及安排下，分赴山东省各地查看苗情，会商提出小麦生产管理技术意见与建议，为山东省小麦安全生产和丰产丰收问诊把脉，为保障粮食安全竭尽全力。

他利用长期积累的丰富专业知识，多次为省重大项目进行项目咨询论证，保证了项目的顺利实施。他受邀完成"滨州中裕绿色高效循环农业三产融合发展"和"山东省十三五小麦育种成就和十四五发展建议"两份调研报告，为滨州黄河流域和山东省"十四五"农业的高质量发展，献计献策，提供智力支持。

加入山东省农业科学院老科协后，他两次赴费县举办小麦生产技术讲座，为种粮大户带来了现场技术培训和指导。深入浅出的语言，通俗易懂的口诀，平等友好的交流氛围，让听课的老百姓受益匪浅。

退而不休，他依然奋战在山东省小麦生产一线，心系普通老百姓，为农民增产增收持续发光发热。

发挥专长，助推种业企业发展再上新台阶

咨询服务的同时，在山东鲁研农业良种有限公司求贤若渴一次次的邀请下，他自2017年受聘该公司研究院院长，负责公司科研项目管理工作。对于曾长期担任作物研究所分管科研副所长的他而言，对此可谓驾轻就熟。

他带领一支年轻的队伍，有条不紊地开展工作。项目申报，逐句逐词把关，重现以前写材料的劲头，虽然已经退休，熬夜也还是免不了的，年轻人都有些吃不消，可他从来没喊过一句累。付出就有回报，在他分管的两年间，积极争取国家、省及济南市各级良种繁育和产业化项目，年科研经费达300万元，为公司建设研发力量奠定了坚实的基础。

有了经费，他又带着队伍建基地，建成了提纯复壮繁育基地和小麦育种试验基地。在德州市陵城区育种试验基地，打深井，铺管道，买设备，一年即见雏形。现已拥有大型拖拉机、链轨车、点播机、条播机等机械设备和种子库基础条件，为小麦新品种选育与示范等科研活动的开展提供了优良的配套设施。

虽然退休，感觉他比以前更忙了，除了以上兼职外，他又担任作物研究所学术委员会主任委员，分管山东省作物学会的工作。对专业的严谨态度，使他一直保持科学务实求真的工作作风，待研究院步入正常轨道后，他直言精力有限，毅然辞去院长一职。

热心学术，"传帮带"毫无保留

他担任山东省农业科学院作物研究所学术委员会主任委员期间，在所党委领导下，组织开展科研项目论证、项目申报材料审议、科研成果申报材料审议、所年度科研考核、所职称申报评议等工作。

他主持山东省作物学会期间，负责学会省级一级学会的申报筹建。起草学会章程和注册一系列申报材料、报表，完成学会注册任务，参与筹备了山东省作物学会成立大会和两届学会学术年会，并与中国作物学会建立了紧密的合作关系，建成山东省作物学会网站，起草了学会系列规章制度。使山东省作物学会的影响力日益凸显。

最让他放心不下的，还是倾注一生心血的小麦育种。《山东小麦图鉴》的出版，引起了强烈的反响，为小麦育种者查阅地方品种的数据信息、开展种质资源研究提供了极大的便利。第二卷育成品种也在紧张筹备中。为了获得准确、翔实的资料，每年都在进行种植、观察、记载。

每到风吹麦浪的季节，他都会来到熟悉的试验地，对着200多份山东省审定的品种，一个个性状仔细记载，认真观察，对每一份材料进行拍照，不厌其烦地让光线、角度达到最优，为出现在专著中的每一个单株、每一个麦穗、每一粒种子，留下最清晰、精准的影像。

黄承彦同志心无旁骛做科研，心底无私天地宽。退休不退志，为作物研究所乃至山东省的小麦和农业生产，持续发光发热，以渊博的学识推波助澜，以谦逊的态度影响着身边的每一个人，为我们树立起一杆旗帜，成为我们学习的榜样。

（作者：樊庆琦）

　　张秀清，1957年5月生，女，汉族，山东荏平人，中共党员。1979年7月毕业于山东农学院，同年12月分配到山东省农业科学院玉米研究所工作。历任高新技术研究室副主任、主任、研究员。作为前2位主要完成人获得省科技进步奖三等奖以上奖励成果5项，作为前5位主要完成人获得省科技进步奖一、二、三等奖及本院一等奖成果共11项。在省级以上学术刊物上发表论文50余篇。参加编写《中国玉米栽培学》等专著3部。主持育成审定品种获转让费480万元，共同主持品种获转让费120万元。多次被评为院优秀妇女工作者和优秀共产党员。

用细心、耐心工作和真心付出绘就科研画卷

🖋 工作与学习历程回顾

我于1979年7月毕业于山东农学院农学系农学专业。同年12月分配到山东省农业科学院玉米研究所工作，先后在生理室、高新技术室、高产育种室从事生物技术、玉米育种研究。在老一辈科学家带领、同事们支持以及个人的努力下，自己的科研之路逐步走向成熟。

老一辈科学家严谨的科研态度和敬业精神给我树立了榜样，为我后来几十年科研道路上养成吃苦耐劳、严谨细心、勇于创新和勤奋敬业的性格奠定了良好基础。40多年过去了，那个团结奋进的老生理室的故事仿佛就发生在昨天，老师、同事的容颜依然就在眼前，笑声就在耳边。这也时刻提醒我，应尊重科学、尊重老科学家、团结同事、善待年轻同事。

20世纪80年代，为了提高年轻人的英语水平，迅速和国际接轨，室主任让我们研究室的年轻人利用业余时间做英语作业，由英语水平较高的老师批改。通过大家的共同努力，生理室所有出国学习进修的同事，都是通过全国英语水平考试即"EPT"出国

的，未有人占用联合国项目指标。这一成绩放在现在不算难事，但在当时实属不易，因大学期间并未开设英语课，有的人仅在高中学过很少一点单词。在那个百废待兴的年代，尽管每个人的工作量都很大，但都热情高涨；学习也只能在早晚挤时间，尤其是每到晚上好多办公室都亮着灯光，大家都在埋头苦学，院领导晚上还曾亲自到各所调研年轻人的学习情况。

科研工作中，年初每个人将自己制订的研究计划拿到研究室会议上讨论，由大家提出修改意见；年终总结会上交流个人收获与体会，好坏成败全方位总结自己的工作，由大家点评。所有人都很坦诚，目的就是督促大家进步，把科研工作做得更好，并处理好与其他科室的关系等。1987年我们单倍体课题组的主持人挂职科技副县长，我接任主持人，独立撑起摊子。在所务会上讨论课题结题完成情况时，我一句貌似谦虚的话"马马虎虎能交账"，让已任所长的老室主任批了一顿。从这点点滴滴中，我学会了严谨，至今回想起来都是满满的感激，也为取得的研究成绩打下了坚实基础。

1979年12月至1997年，我主要从事玉米花药培养单倍体育种研究（省科技进步奖二等奖）、玉米药物诱导孤雌生殖育种研究（省科技进步奖三等奖）、体细胞工程研究（集体奖）和甘薯、生姜、花卉脱毒与组织培养等研究。曾给山东登海种业有限公司、莱芜市农业科学研究所（省科技进步奖三等奖）、菏泽市农业科学研究所培训组培技术人员，帮助菏泽市农业科学研究所建立组培室，帮助济宁市农业科学研究所完成脱毒甘薯研究项目。

1997年6月至2014年12月，我主要从事玉米育种研究。1997年从搜集基础材料做起，开启玉米育种研究历程，我先后获得杂交种自交系品种权9项，共同主持育成品种2个，主持育成审定品种4个。其中，鲁单818通过11个省（市）审定、认定和备案。带出的学生16年独自育成审定玉米品种10个，含2个国审品种。

工作35年后，2014年12月，我怀着矛盾与不舍的心情退休，受邀到一家公司做技术顾问，指导鲜食玉米育种研究。现已审定甜糯玉米品种2个，其中1个糯甜籽粒比例为9：7，具有抗逆性强、适应性广、风味独特等优点，有望在多个省（市）审定。另有5个品种参加第二年区试。

几十年匆匆而过，有辛苦有拼搏，有失败有成功，有伤心有喜悦。几点体会与大家共勉。

成绩眷顾真心付出的人

有付出不一定有收获，但不付出肯定没收获，付出多了早晚肯定有收获。我其实独立工作得很早，刚上班时就在上班之余利用每天3次去食堂吃饭的机会去温室给玉米浇水、开灯、关灯等，也就是在那个时候踏上玉米单倍体育种之路。老师脱产学外语半年后又出差在外，我就带着学员配培养基、接种花药、挑愈伤组织胚状体，分化试管苗、炼苗、移栽、加倍，进行网室、温室管理和愈伤组织胚状体继代等一系列工作。这些工作使我倍感压力，加上镇流器常出毛病，一般的节假日甚至婚假和4年一次的探亲假都没休。我曾经一个人拉着地排车去农场马棚装运腐熟马粪，去田里挖土配制栽培土。试管苗移栽至网室中，要加灯罩纱布遮阴，一天要喷几次水，稳定成活后才能移至温室。这期间，我抱着几十斤重的大栽培缸在池子里搬来搬去，认真完成各个工作程序。在工作后的13个月内，经过努力，我将玉米花粉植株移栽成活率从原来的20%多提高到90%以上，这一技术能够稳定重复，并首次得到了单倍体自交系。

成绩眷顾细心和有耐心的人

站在前人的肩膀上走合理的捷径有利于快出成绩，但有些研究走不得捷径。如育种研究，同一份基础材料，有的人会选出优良自交系，有的人什么也选不出来。虽然杂交配合力、产量、抗性是育种中的永恒主题，但诸如地力均匀程度、个体间发育进程、个体所处位置、籽粒变化等细节也要重点关注。育种材料，不要不舍得淘汰，也不要轻易淘汰。由于粗心，我们的大育种忽略和丢弃了好多有益的作物变异。

成绩属于勇于创新的高层次、高学历年轻人

突破性成果离不开创新，多学科交叉和渗透才能使创新成为可能。我们所人才济济，大家齐心协力、协作攻关，再创辉煌指日可待！我们热切地等待着，期盼着……

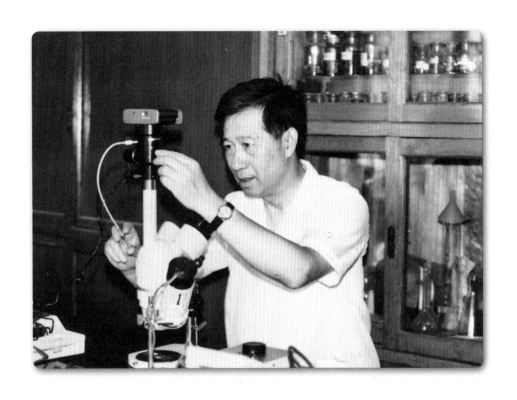

　　冯建国，1938年8月生，男，汉族，江苏宝应人，中共党员，研究员。1960年山东农学院植保系本科毕业，同年分配到山东省农业科学院植物保护研究所从事科研工作。主要从事农作物病虫害生物防治和无公害苹果的研究，特别对赤眼蜂、螟虫长距茧蜂、白僵菌等寄生性天敌的生物学、生态学及其人工繁殖技术和应用、生物制剂防效评价以及无公害苹果植保技术等方面做过深入的研究，取得了显著成效。先后主持和参加过近20项国家和省部级科研项目。共获国家和省部级成果二、三等奖10余项，在国内外学术刊物上发表论文120余篇，曾荣获"山东省先进科技工作者""山东省专业技术拔尖人才"等称号。

43年科研工作的回顾和心得

农业科技人员必须熟悉"三农"（农业、农村、农民）工作，要全面了解农作物生长的全过程和可能出现的问题，并要提出解决办法。作为植保研究工作者，还要掌握作物不同生长发育阶段病虫害发生的种类、为害特点及其防治对策，只有掌握这些规律，才能不断丰富自己的实践经验，提高解决生产问题的能力，同时还会促进课题研究的进一步深化。

🖋 农业科研人员要有吃苦精神，多去农业生产第一线去实践和锻炼，不断提高认知范围和科研深度

我是长在城市，学生出身，上大学以前从未去过农村，因此到农村去实践对我来说就显得特别重要。参加工作以来，我在农村住过15年，其中有5年是吃住在农村，搞过样板田，参加过农村社会主义教育运动，在农村开展过群众性科学实验活动等。另外10年是进行课题研究，一年中有5~6个月时间在农村搞科研，后来因工作需要不能长期去农村，但是还能坚持每年去农村参加试验和调查7~8次。通过在农村的实践，我的体会是农村虽然艰苦，但它是个社会大学堂，到农村去既能丰富自己的社会阅历，

学会做群众工作，又能学到很多生产知识，可以不断丰富自己的实践经历，从而迅速提高自己解决生产难题的能力。农民虽然文化程度不高，但是他们的生产实践经验很丰富，将农民的经验加以系统总结，就有可能上升为科学，甚至会有所创新。

由于我多年在农村驻过点，比较熟悉农业生产的一些问题，有一定的实践经验，所以每次省政协、科协、电视台、广播电台和农业部门组织的科技下乡活动，我都会积极报名参加，对农民提出的一些问题，基本上我都能提出一些解决办法，因此比较受农民欢迎。

✍ 突出重点，有自己的特色，才能不断创新和进步

每一个科研项目都会有很多单位同时进行研究，研究内容难免会有雷同的方面，这是正常现象。但我们承担的研究项目，一定要有自己的重点和特色，要有自己的创新点，这样科研工作才能有所进步和发展。例如我从事的赤眼蜂研究项目，全国有多所高校和科研机构开展研究，我们植物保护研究所1957年就开始研究，是全国较早开展研究单位之一。我们的研究重点和特色是：研究筛选适合赤眼蜂人工繁殖的优良寄主，探讨影响赤眼蜂治虫效果的因素，对比赤眼蜂的不同品种防治多种农林害虫的效果及评价。经过多年研究取得了明显成效，我们于1964年就在国内外首次报道了我国资源极为丰富的柞蚕（卵）是繁殖赤眼蜂的优良寄主，并研究其人工繁蜂技术，在全国推广应用。后来又经多年试验，发现其治虫效果不够稳定，又研究探明其原因和对策，并

将其研究成果写成论文，参加学术会议，不仅受到参会专家的重视和肯定，同时还被农林部植保局以局发文件的形式，将我撰写的《影响赤眼蜂治虫效果的主要因素》论文发至全国农业行政和科研单位供其参阅，这在全国尚属首例。另外，这篇论文在国外同行中亦有一定的影响，先后有10多个国家20余位科学家来函与我联系，这一事情当时还引起了省委主要领导的重视和关心。由于我们的科研工作在全国同行中有了一定的知名度，20世纪80年代初，国家科委根据万里副总理指示，召开了全国生物防治专家座谈会，参会人员包括高校、科研和行政管理部门共20余人，我荣幸地被邀请参加了这次会议。

紧密联系生产，才会受到领导重视、政府支持和农民欢迎

提倡环保，崇尚自然，减少污染，追求健康已成为当今社会的潮流。生产优质、营养、安全的无公害、绿色食品，已成为人们生活的需求。苹果是人们喜食的一种水果，由于病虫为害较重，全年要打10余次农药才能得到控制，因此果品污染较为严重，广大消费者和生产者均希望科研部门研究解决这一问题。我们看准了这个项目，早在20世纪90年代初，我们就提出要申报"无公害苹果植保技术的研究与开发"项目，经过4年的艰难申报，终于在1994年被国家科委批准立项，这是植物保护研究所唯一在国家科委立项并主持的项目。

我们将该项目的主要研究基地设在沂蒙山区的沂源、蒙阴两个县。苹果是当地的主要支柱产业，亦是当地农民脱贫致富的主

要经济来源。原先当地的生产技术比较落后，农民的经济效益亦不高。当得知我们正在全省选择研究基地时，两县的领导相当重视，县长和农业局长亲自登门邀请我们，并主动配合研究工作，将无公害苹果生产纳入政府工作日程，他们还隆重举办示范基地挂牌活动，两地县委、县政府、人大、政协四大班子主要领导和山东省农业科学院党委书记、院长都亲自到会祝贺、讲话。以后还主动安排多种形式的技术培训和示范推广会议，协助我们科研工作的顺利开展。课题研究如此受到当地党委和政府的重视、农民的欢迎是前所未有的。

该项研究，我们在全省四地建立了十万亩示范果园，经权威部门检测，环境质量达到国家一级标准；果品中的农药残留低于国家标准；病虫为害低于防治指标；4个基地全部获得"绿色食品"证书。果品经过各地评比，多次获得全国和山东省的金奖，沂源县的红富士苹果还被评为国家名牌产品。产出的苹果一直比较畅销，价格还略高于周边地区，并有部分果品出口外销，获得了显著的社会和经济效益。因此，从县领导到果农对我们开展的这项工作非常满意和感谢。该项技术除在本省推广外，还在北京、山西、天津、安徽等省（市）示范推广800余万亩，效果均相当显著。

农业部对我们这项研究工作亦十分重视，全国农技推广中心召开的病虫防治会议，多次邀请我去参会或讲课，2004年农业部组织的百万农民大培训活动，指定由我负责山东果区5个重点县（市）15个乡镇果农培训工作，历时20余天圆满完成了任务。另外，北京市平谷区、河南省南乐县、河北省衡水县、江苏省吴江县以及山东省的烟台、济南、青岛、莱芜等地都邀请我去为当地果农和基层农技人员进行培训讲课和现场咨询。由此可见联系生产比较密切的研究项目是会受到各级党政部门的重视和大力支持，同时亦会受到农民的欢迎的，这一点我深有体会。

与此同时，我们的科研工作亦获得丰硕成果，经专家（包括三位院士）评审认为，该项目达到国际同类研究的先进水平，被评为山东省科技进步奖二等奖。随后依据其获得的成果，将其编著成《无公害果品生产技术》一书，深受读者欢迎，先后5次印刷，发行了近5万册。该书还被中国科协、国家出版总署、国家自然科学基金委员会和中国作家协会4个单位评为"全国优秀科普作品三等奖"。

对于未来的期望

希望山东省农业科学院尤其是植物保护研究所的科技人员继续发扬奋发图强、努力上进的精神，争取获得更多对促进我国经济发展有重大贡献的科研成果和论文。现在，山东省农业科学院科技人员的学历和职称都比较高，大多来自名校，有硕士、博士学位，知识面广，有较深厚的理论知识，而且技术职称晋升亦比较快。科研经费充足，仪器设备先进且齐全，科研时间得到保证。这些情况和过去是无法相比的。以前科技人员的学历不高，基本都是大、中专毕业，科研经费很少，一般仅有3万～5万元，仪器设备落后，科研时间常得不到保证，技术职称晋升时间很长。就是在这种艰苦条件下，山东省农业科学院还产出了不少影响很大的科研成果和论文，出版过多部专著。现在科研人员的环境如此优越，学历高、经费足、仪器设备先进，只要积极进取、艰苦奋斗，肯定会出现一大批优秀科研人才，会获得更多的在科学上有重大创新、对农业生产有较大贡献的科技成果和论文。

希望科研人员多去农村参加生产实践活动，迅速提高解决农业生产实际问题的能力。我们的年轻科技人员虽然学历高，理论知识深厚，但多数缺乏实践经验。多去农村，全面了解农业生产全过程以及生产中经常出现的问题，要学习和具备发现问题，解决问题的能力和水平，做一个既能搞好科研、出成果、出论文，又能解决农业生产问题的真正农业专家。

王留明，（1960年1月—2013年11月），男，汉族，山东莘县人，中共党员，研究员。棉花遗传育种专家，山东省优秀共产党员。1982年1月毕业于山东农学院农学专业。曾任山东棉花研究中心主任、党委书记。主要从事棉花遗传育种及相关技术研究。参加了鲁棉10号、鲁棉11号棉花品种的培育工作，主持选育了鲁棉14号、鲁棉研16号、鲁棉研17号、鲁棉研22号、鲁棉研23号、鲁棉研28号、鲁棉研31号等品种。获中国科学院特等发明奖1项，国家科技进步奖二等奖2项，山东省科技进步奖二等奖2项、三等奖4项，发表学术论文40多篇，作为副主编出版《山东棉花》专著1部。

棉花情怀

——记棉花育种专家王留明

2013年的那个深秋，在棉花绽放的季节，一位年仅54岁的棉花遗传育种专家，带着对棉花的无限深情，满怀对事业的永远牵挂，永远的走了。他就是王留明。

在和棉花结缘的30年中，他和他的团队先后培育并审定推广8个非转基因鲁棉系列新品种、35个转基因抗虫棉系列新品种，累计获国家与省部级科技进步奖44项，创造了巨大的经济效益和社会效益，为全国的棉花科研和生产做出了突出贡献。

青春在棉田闪光

1960年1月，王留明出生在聊城莘县的一户普通农家，农村的艰苦，父辈的艰辛，从小就在他心里留下深深的印迹，也成为他日后扎根农业、立志农业科研的主要动力。1977年高中毕业，他顺利地考上山东农学院，成为我国恢复高考的第一届大学生。1982年初，22岁的他毕业分配来到山东省棉花研究所（即现在的山东棉花研究中心），从此开始了他一生执着而温暖的棉花科研事业。

刚参加工作不久，王留明接受了去海南加代繁育的任务。当时的南繁条件是相当艰苦的，所有的田间管理全靠人工操作，他没有因为自己是大学生，就放不下架子，而是同工人们一道进行田间管理。试验地关键时期需要每5天打一次药，十几斤重的药桶子一背起来就得连续工作一两天。冬天是海南的旱季，试验地几天就得浇一遍水，5亩多试验地全靠他和一名工人一桶一桶地从5米多深井里提水浇地。劳动的间隙里，他还要进行各项试验调查记录；晚上，工人师傅休息了，他还要再到试验地里转上几圈，看有没有牲畜跑到地里啃食繁殖材料。

1987年，棉花研究所受联合国开发计划署资助，建立了山东棉花研究中心，并迁址到济南。研究中心离临清试验地远了，这给田间观察带来了很大不便。作为课题主持人，只要有时间他就往临清基地跑，尤其在每年的播种、杂交和收花决选等关键时期，他都坚持驻扎在试验地。在棉花生长的关键环节，他总是在田间对材料进行反复、细致地观察与比较。每年选单株时，一天下来，有时累得胳膊都抬不起来。不少人劝他，这样的具体工作，交给助手干算了，何必亲自去干？而他总是说："育种研究是一项连续性、实践性很强的工作，不能只听汇报、看数字，只有自己亲自动手干，才能掌握第一手资料，心里才有数才踏实。"一个生长季节下来，60亩试验地的每一株棉花，他几乎都得前后观察好几遍，力求对每一份育种材料，甚至每一株棉花的特征特性都有一个全面、准确地把握。

30多年与棉花相处，王留明对试验地的每株棉花都有了深厚的感情。连续几天不下试验地，他就会感到心里不踏实。一旦进入试验地，马上就会进入忘我的工作境界。在他看来，那些别人眼中枯燥的调查数字，都是有灵性的；那些亲手培育出来的品种，就像自己的孩子一样亲切；相比棉花品种试验成功，试验地里的劳累、辛苦算不上什么，尤其是看到培育的品种得到棉农的欢迎和好评，那种自豪感和满足感是任何语言无法形容的。王留明总是对人说："育种工作虽然很辛苦，但充满着乐趣。我们满怀梦想，每年都在播种希望。"

年华为大地绽放

进入20世纪90年代后，棉铃虫在我国北方棉区持续特大暴发，我国棉花生产遭受了前所未有的打击，棉花种植面积几乎跌入低谷。时任棉花中心主任和山东省三零工程棉花育种执行专家的王留明，敏锐地预感到传统的棉花育种迎来了一次重大技术革命。他及时调整全省棉花科研方向，将当时存在争议的新生事物——转基因抗虫棉育种及抗虫棉生产技术研究作为重点。

随着鲁棉研15号、鲁棉研16号等抗虫棉品种的陆续育成，以棉花研究中心为主导的山东省抗虫棉育种成果迅速展现于社会，为山东省乃至全国的棉花生产做出了突出贡献。

近年来，他共主持培育了鲁棉14号、鲁棉研16号、鲁棉研17号、鲁棉研22号、鲁棉研23号、鲁棉研28号、鲁棉研31号、鲁棉研38号、鲁棉研39号、鲁05H9、鲁HB标杂-1、鲁HB标杂-5 12个棉花新品种，为全省乃至全国的棉花科技发展做出了突出的贡献。其中鲁棉研28号成为目前我国黄河流域棉区的主栽抗虫棉新品种，主导了全省棉花生产的又一次重大品种更新，该品种自2007年以来连续被农业部确定为黄河流域主导推广品种和国家黄河流域区试中早熟组对照品种，又先后被确定为河南省、山东省区试对照品种和"国家公益性行业科技专项"黄河流域棉花栽培生产技术试验统一用品种。

作为学科带头人，王留明共取得7项省级以上科技成果，其中作为首位完成人的有5项，"高产稳产多抗棉花新品种鲁棉研28号"2010年获山东省科技进步奖一等奖；"转Bt Cry1A基因系列抗虫棉品种和抗虫棉生产技术体系"2007年获国家科技进步奖二等奖；"抗虫棉新品种鲁棉研16号、鲁棉研17号、鲁棉研22号、鲁棉研23号选育与配套生产技术"2007年获山东省科技进步奖二等奖；"抗虫棉新品种及配套生产技术推广"2007年获中华农业科技奖三等奖；"转基因抗虫棉主要害虫综合防治技术研究"2002年获山东省科技进步奖二等奖。其所带领的科研团队2006年荣获山东省农业科学院集体三等功。在王留明担任山东棉花研究中心主任期间，"棉花遗传改良与栽培技术创新团队"被评为2010—2011年度中华农业科技优秀创新团队。

眷恋着泥土的芬芳

作为山东省棉花专家顾问团团长，在山东省农业专家顾问团总团的部署与指导下，王留明带领分团成员紧紧围绕山东省棉花产业发展中出现的新情况、新问题，认真开展多方面的调查研究，当好省有关部门的参谋。同时，每年都跑面蹲点，与主要产棉县市和企业建立联系，为解决棉花生产中的有关问题出谋献策。

为了提高广大农民的科技文化水平，他积极参加棉花科技知识的推广与传播，除利用广播、电视等媒体广泛传播棉花生产最新科技成果以外，2004年以来还组织编写出版了《棉花生产管理技术问答》和《怎样种好鲁棉研28号》科普著作，参加编写了自然科学向导丛书《种庄稼的学问》，受到广大棉农和社会的广泛赞誉。

王留明廉洁自律，遵纪守法，不搞特殊。虽然近年来棉花研究中心经济充裕了，其所育品种每年的转让收入就高达几百万元，且本人又掌管着上百万元的科研经费，但是作为中心主任、党委书记和多项课题主持人的他，却从不乱花一分钱，更不会大吃大喝、摆谱讲排场。

棉花研究中心有多部公车，但是王留明却坚持骑着自行车上下班，他病休期间，因为牵挂着工作，想到单位看看，只要自己能坚持，也从不需要单位的公车接送。谈起这一点，棉花研究中心的人直到现在都还唏嘘不已："王主任就是对自己要求太严格了，因为化疗，他已经不能骑自行车了，可是他宁肯走着来上班，也不用公车接送，他就是这样的人，不愿给大家添麻烦。"

生活中的王留明是一个充满生活热情的人，他喜欢唱歌，在山东省农业科学院和棉花研究中心举办的联欢会中，经常可以听到他嘹亮而深情的歌声。近几年，王留明在业余时间还喜欢上了写歌，《棉花中心之歌》《棉花情怀》《农民》等，一批由他作词作曲的歌在棉花中心传唱，尤其是《棉花中心之歌》，作为科研院所文化建设的重要音乐符号，在山东棉花研究中心的历史上写下了重要的一笔。

谈起写歌的事，王留明很自豪："我是棉花育种里面最会作词作曲还能唱的人，我是能唱能写歌的人里面最懂棉花育种的人。可能有些人会认为我作为一个棉花育种家不好好搞业务，在这里写歌，有点不务正业，其实写写歌，唱唱歌，既是一种放松，也可以启发自己的科研思路。再说，现在的歌曲对农业、农村、农民关注的太少，我写歌，宣传农业，号召大家关注农村、农民，这从另一个角度上来讲也是为'三农'服务。"

这就是王留明，他以一个共产党员对党的无限忠诚，对事业的无限热爱、对农民的真挚情感，谱写了一个农业科技工作者的大爱之歌，他用全部的心血、智慧和汗水，诠释了一位农业科技工作者的生命价值！他的一生正如《棉花情怀》中所写的歌词那样："洁白之间情意绵绵，我的生命与你结缘。多彩的世界由我精心装扮，衣被天下是我永远不变的誓愿。"

（作者：李梦竹、王丽华）

原载《齐鲁先锋》机关党建，2014年3月

  李汝忠，1959年9月生，男，汉族，山东临朐人，理学硕士，中共党员，研究员，棉花遗传育种专家。全国"五一"劳动奖章获得者。历任山东省农业科学院棉花研究中心副主任、党委副书记、兼任中国棉花学会常务理事等职。

  在棉花科研与生产第一线从事棉花遗传育种近40年，主持选育出杂交抗虫棉鲁棉研15、鲁棉研24、鲁棉研30号等，常规抗虫棉鲁棉研21、鲁棉研26、鲁棉研27、鲁棉研36号和短季抗虫棉鲁棉研19、鲁棉研35号等三大系列22个转基因抗虫棉花新品种。新品种累计推广超过2亿多亩。获国家科技进步奖二等奖1项（首位）、获国家科技进步奖二等奖1项、省部级奖项8项。主持完成国家省部级以上重大课题20余项。

痴情躬耕为棉劳
安坐冷凳淘真金

——李汝忠棉花育种40年回眸、感悟与体会

我于1982年7月毕业于莱阳农学院，分配到山东省棉花研究所，直到2019年9月退休，在棉花科研与生产第一线工作了近40年，植根于广袤的田野，以科研创新、服务棉农为己任，情系棉农，痴心躬耕，把论文写在大地上，为棉花科研事业和棉农增产增收尽了自己的微薄之力。

棉花育种40年回眸

山东曾是全国第一产棉大省，我入职时正是全省棉业最火红的年代，"要发家，种棉花""粮棉一起抓，重点抓棉花"。棉花所的前辈们团结协作、无私奉献，育成高产稳产棉花新品种"鲁棉一号"，在我国黄河流域棉区大面积推广应用，改写了山东省乃至全国棉花生产的历史。我一参加工作，就置身于这样一个优秀科学家群体当中，在他们的指导下工作、学习。老专家们的言传身教，耳濡目染，使我更加坚定了献身棉花科研事业的信念，并为此而一直执着追求、不懈探索。

刚到单位不久，我就接受了去海南育种的任务。当时的南繁条件还相当艰苦，各项田间管理全靠人工操作。试验地每5天打一遍药，用的是那种最老式的喷雾器，一背就是一两天。冬天是海南的旱季，试验地几天就得浇一遍水，全靠从5米多深的井里一桶一桶地提水浇。工人师傅们休息了，我再进行试验调查、数据整理。冬季的海南仍是烈日炎炎，对刚走出校门的我来说，稚嫩的皮肤晒脱了一层又一层，手上也是常常磨起血泡。到了第二年冬季，一起分来的同学都在积极准备报考研究生，我却再度南繁。这次则更加艰苦，除了试验外，还担负着建设南繁基地的任务。就在一个三面环山、一面临海只有几十米远的荒草野坡上，用几根从山上砍下的木棍一撑，顶上搭上油毡纸，四周用椰子叶围起来，就算是安下了"家"。可"家"安下没多久，就遇上了强台风，同去的两位工人师傅都上了年纪，其他几位临时工还都是十七八岁的毛头小年轻，为使棚顶不被狂风吹走，我只身一人在狂风中拿木棍压，用绳子拉，与暴风雨搏斗了一夜，可临近天亮，油毡棚还是被狂风掀翻了，我就用仅有的几块塑料布把试验档案和被褥包好，自己留下来看守，让其他人到附近老乡看椰子的草棚里避雨。不仅如此，还得时时提防毒蛇袭击，有一天正在午休，一条毒蛇就爬到油毡棚的椰子叶围栏上，我也曾在月夜下在油毡棚旁打死一条1米多长的银环蛇，现在回想起来还仍心有余悸。正是这些艰苦环境的奋斗经历，更加磨练了自己的意志，培养了吃苦耐劳、坚韧不拔的精神。

20世纪80—90年代，我积极配合老专家，选育出鲁棉9号、鲁棉10号、鲁棉11号等棉花新品种，其中，鲁棉9号、鲁棉10号分别是山东省审定自育的第一个春套棉和第一个夏套棉品种。这三个新品种累计推广3 189万亩，创直接经济效益16.9亿元，为解决粮棉争地矛盾、增加总体植棉效益，发挥了重要作用。

20世纪90年代初，棉铃虫在我国北方棉区持续特大暴发，棉花产量急剧下滑。1992年、1993年两年，全省棉花平均亩产骤降到30.3千克和35.9千克，仅分别为1991年的52.7%和62.4%，棉花生产跌入低谷。也就在这时，我逐步从老专家手中接过了课题负责人的担子。面对生产上存在的突出问题，我带领研究团队果断调整研究方向，把培育抗虫棉品种作为研究的主攻目标和突破口，同时拓展研究领域，利用外宾培训节省下来的7 000元经费，从当时课题组单纯的短季棉育种开始，白手起家，同时开展了抗虫杂交棉、抗虫常规棉品种选育研究。制定了分两步走的转基因抗虫育种策略，一是利用杂交棉品种选育时间短、见效快、易于聚合优良性状的特点，先选育强优势杂交抗虫棉品种，尽快用于生产；二是针对已有抗虫棉种质的缺陷，利用高新技术与常规技术相结合，培育既高抗棉铃虫又高产、优质、抗病的常规抗虫棉新品种。为了尽快实现育种目标，我主动放弃了再次出国学习的机会，把多年来知识与实践的积累，倾注于这一目标的实施，把全部身心都投入到了抗虫棉品种的培育上。

十年磨一剑。2001年，我主持选育的杂交抗虫棉鲁棉研15号通过山东省审定，2005年，杂交抗虫棉鲁棉研15号、鲁棉研24号，常规抗虫棉鲁棉研21号和短季抗虫棉鲁棉研19号同时通过国家和山东省审定，占同期国审抗虫棉品种总数的1/4，在国内率先形成了适应不同生产类型和种植方式的转基因抗虫棉品种系列，实现了抗虫棉品种类型的配套，奠定了转基因抗虫棉育种在全国的领先地位，也被公认为是继鲁棉一号之后开创了山东棉花育种的又一次辉煌。

杂交抗虫棉鲁棉研15号，在1997—2001连续5年的山东省和全国棉花新品种区域试验中产量均居第一位，并创我国抗虫杂交棉单产最高纪录，先后有50多家棉种企业参与了该品种的产业化开发，使得我国黄河流域大面积种植杂交棉成为可能，也使山东一度成为全国最大的杂交棉制种基地，制种面积和产种量占全国的50%以上。至2005年，该品种在山东、江苏、河南、安徽、湖北、江西等8省市累计推广2 366万亩，增加直接经济效益47.93亿元，被公认为是国内同类品种表现最突出、推广面积最大、取得经济效益最高的一个棉花品种，极大地推动了我国抗虫杂交棉的发展，起到了里程碑的作用，2006年获国家科技进步奖二等奖、山东省科技进步奖一等奖。后续杂交抗虫棉鲁棉研24号比对照增产23.4%，同样稳居第一位，种植面积3年名列全国同类品种首位，再创皮棉亩产177千克的黄河流域高产新纪录。鲁棉研15号也开创了棉花中心新品种有偿转让的先河，实现直接转让收入1 750多万元，居中心单个品种转让收入之最。加之其他品种，我主持育成品种转让收入占棉花中心同期各课题组所有品种转让收入的50%以上。

常规抗虫棉新品种鲁棉研21号，在山东省和全国棉花区试中产量不仅居同类品种首位，而且超过同时参试的绝大多数杂交棉品种，被认为是常规抗虫棉育种的又一重大突破。截至2008年，该品种在山东等8省（市）累计推广3 604万亩，增加直接经济效益51.94亿元。

短季抗虫棉鲁棉研19号是第一个国审短季抗虫棉新品种，填补了国产转基因早熟抗虫棉品种的空白，在山东、河南和国家区试中，全生育期比对照短1~2天、增产13.5%~27.2%，打破了早熟与产量间的负相关关系，实现了短季棉早熟性与丰产性的同步改良。

在鲁棉研15号等首批不同类型抗虫棉品种育成后，针对棉花生产上出现的新问题和重大技术需求，带领研究团队"二次创业"，把目标锁定在进一步提高新育成品种的易管性、抗逆性和纤维品质上，继续攻坚克难。一分耕耘一分收获，进入21世纪，又迎来一个"产出"高峰期，一批不同类型棉花新品种集中通过审定。其中，鲁棉研27号、鲁棉研36号易管理，适于轻简化种植、机械采收；鲁棉696纤维品质突出，先后通过国家和山东、河南、天津三省市审定；鲁棉2387为第一个国审黄、枯萎病双抗短季抗虫棉新品种。为破解棉花手工剥花去雄杂交制种用工多的瓶颈，带领研究团队进行利用雄性不育系培育强优势杂交棉育种攻关，建立起了较为完善的两系、三系杂交棉高效育种技术体系，育成山东省第一个三系杂交棉新品种鲁杂2138，先后通过山东省和国家审定，两系杂交棉鲁杂216也于2021年通过国家审定，主持制定《质核互作雄性不育三系杂交棉制种技术规程》（NY/T 3079—2017）、《隐性核雄性不育两系杂交棉制种技术操作规程》（NY/T 3078—2017）两项国家行业标准。

截至2019年，短季抗虫棉鲁棉研19号、鲁棉研35号，中早熟常规抗虫棉鲁棉研27号、鲁棉研36号和杂交抗虫棉鲁棉研24号、鲁棉研30号三大类型6个品种又在山东等6省市累计种植8 737万亩，增加经济效益159.46亿元。

天道酬勤，厚积薄发。从事棉花育种近40年来，参与主持选育出非转基因抗虫棉新品种3个、主持选育出转基因抗虫棉新品种22个，11个通过国家审定，累计推广逾2亿亩。其中，鲁棉研15号、鲁棉研21号和鲁棉研19号同时被选为国家、山东省、河南省和天津市棉花品种区域试验对照品种，成为国家和三大主产棉省市三大类型棉花品种审定的"标杆"，同时还实现了人工去雄杂交种、两系杂交种和三系杂交种三大类型杂交棉的配套，这在国内外棉花育种上是绝无仅有的。

时光荏苒，40年弹指一挥间。这每一个新品种的育成，都是智慧与汗水的结晶，都承载着、倾注着自己对科学的诠释、对创新的追求和对事业、对棉农的深深的爱与情！回首40年棉花科研工作经历，感慨良多，既有付出的艰辛，也有成功的喜悦，既有失败的遗憾，更是默默的坚守。

几点感悟与体会

以人为本修身养性。我觉得做人是立身立业之本，做事先做人是我始终的坚守。五千年中华文明源远流长，既有"衙斋卧听萧萧竹，疑是民间疾苦声""先天下之忧而忧，后天下之乐而乐"的为民情怀，也有"苟利国家生死以，岂因祸福避趋之"的报国之志，以天下为己任，修身养性、报国为民是历代先贤与知识分子的崇高情怀，也是中华文化的主流和精髓。中国共产党人全心全意为人民服务的宗旨意识更是对中华传统文化的升华。

记得一位院领导曾告诫我们，人生要筑好法律法规、纪律规章和道德三道防线。在我看来还要有第四道防线，即人品人格防线。大凡真正的"大家"，无论是名垂青史政治家、科学家，还是其他领域的佼佼者，无不具有非凡的人格魅力。我们当然不是非要成什么"家"，也不能与先贤相提并论，但对高尚人格的追求应该是一样的。具备了高尚的人品，有一个良好的工作氛围，团结共事，方能成就一番事业。

以业为基，爱岗敬业。"工作"对我们每个人来说首先是一份"职业"，是一个养家糊口的谋生手段，但对我们科技工作者来讲，就不仅是一份职业，而是一项"事业"，是一种情怀、一项精神寄托，是一生的追求。只有这样，才能把研究工作当作是一种乐趣，乐在其中，也只有这样，才能深入进去，才能达到忘我的境界。

近40年与棉花打交道，我对试验地的每一株棉花都怀有深厚的感情，几天不在试验地，心里就不踏实。看着自己亲手培育的品种，那种亲切感就像看到自己的孩子。我曾跟一位老专家半开玩笑地说，面对一望无垠的棉田，就似乎是将军站在了阅兵台上，感受着那份神圣与自豪。正是这份对工作、对事业由衷的热爱，使自己在长期的试验播种、田间调查、材料选择、数据分析这种他人看来枯燥寂寞的循环往复中，感受到了无比的兴趣与快乐，感受着"眼前一亮"的惊喜。棉花研究中心迁址济南后，给试验田间观察带来了一定不便，在棉花生长的关键时期，我都是坚持住在临清试验基地，在田间对材料进行反复观察、比较，力求对每一份育种材料的特征特性都有一个全面、准确的把握。一个生长季节下来，六七十亩试验地、几十万株棉花，我几乎对每一株都反复观察、抚摸上好多遍。每年选单株期间，有时累得晚上胳膊都抬不起来，我总觉得只有自己亲自动手干，才能掌握第一手资料，心里才有数，才踏实。这么多年来，我和团队成员们晴天一身汗，雨天一身泥，几乎很少过个完整的周末与节假日。

然而这已成了习惯，谁都没有任何怨言。科研工作，只要投入进去，也就没有8小时以内以外的概念了，那些看似枯燥乏味的调查数字，也都有了灵性。

育成的鲁棉研21号以其突出表现，受到众多棉种公司跟踪考察与青睐，审定后纷纷要求转让开发。经过反复权衡，我最终选择独家转让给了综合实力较为雄厚的北京奥瑞金公司。但从三年实际实施效果看，因公司独家开发能力的局限以及过分注重自身经济效益，严重限制了该品种的迅速推广和社会效益的实现。我就到北京找公司董事长韩庚晨面谈，对育种家来说，育成的每一个品种都像自己养育的孩子，品种转让就如同嫁"闺女"，既要看要嫁的"婆家"家境是否殷实，更要看"闺女"嫁过去是否受委屈。好品种不能使其迅速推广、发挥出应有的社会效益，就是委屈甚至糟蹋了该品种。我发自内心的一番嫁"闺女"说，打动了这位留美育种博士，最终同意在保留该公司开发权的基础上，再选择增加4家公司一起开发。

虚心学习，团结协作。作物育种是科学与艺术的结合。科学技术飞速发展，加之农业科研工作实践性又较强，所以要想做好育种工作，光有热情和书本知识是远远不够的，必须把不断学习当作终身任务，向老专家学习，在实践中学习，向年轻人学习。

在我独立担当研究课题之前，曾长期担任多位老专家的助手，我总是虚心向他们学习、请教，创造性地开展工作。我刚入职时，在彭东昌老师等前辈们的领导下，主要从事棉花高产优质育种与品种资源鉴定，次年参加新启动的国家"六五"育种攻关。那时的课题组不像现在这样泾渭分明，其他老师、课题组有事都是随叫随到，这样就有更多机会向庞居勤、元文乔老师等诸多前辈虚心学习、请教，得以博采众长。1985年，联合国开发计划署（UNDP）立项资助成立山东棉花研究中心，我有幸成为第一批项目资助的出国留学人员，于1987年7月至1988年9月赴美国得州农工大学，在著名的Beasley实验室访学。留学归来，被安排在葛逢珠老师课题组，专事短季棉育种。在老专家们带领下的十多年育种经历，通过他们的言传身教和自己的虚心学习，对未来棉花育种的方向、方法也有了一些新的认知和思考，因而在我独立承担科研任务后，也就有了一个较好的积累，干起来也就得心应手了。

作为科研团队负责人，更要注重团结和带领团队每一位成员一道工作。年轻人学历高、知识新，思维活跃，一是要真心地关心爱护他们，二是毫不保留地把自己的经验、知识传授给他们，同时也要向他们学习新知识，取长补短。

明确目标，锲而不舍。农业科研工作周期长、连续性强、可控性差、重复的机会少。大田试验一年只有一次机会，无论我们怎么加班加点，一年四季的自然规律谁也改变不了。因而我觉得要想做好农业科研工作，尤其是育种研究，就要有"超前的意识、明确的目标、周密的计划、严谨的作风、锲而不舍的韧劲和精益求精的工匠精神。"

育种目标要有前瞻性，以解决生产上的突出问题为主攻目标。在此基础上制定周密的研究计划、试验方案，并以严谨的作风和锲而不舍的韧劲始终贯穿这一目标的实施。就拿鲁棉研15号、鲁棉研21号和鲁棉研19号这三种类型的3个代表性转基因抗虫棉品种的选育来说，1992年棉铃虫大暴发，对育种人员来讲既是挑战，也是机遇。当时作为高新技术研究最新成果的转Bt基因抗虫棉已从实验室走向大田，虽然暴露出许多问题，学术上也存在一些争议，另外杂交棉能否大面积推广，多数人持怀疑态度，但我却敏锐地意识到这一高科技成果对棉花产业的重大影响和广阔发展前景。因而便带领研究团队果断调整研究方向，把培育不同类型抗虫棉品种作为主攻目标，制定分两步走的育种策略，针对不同类型品种特点制定选育技术路线，分类实施。杂交抗虫棉鲁棉研15号的选育重在杂交亲本的选配，组合确定后，三步并作两步走，与时间赛跑。1995年冬季海南做杂交组合，1996年边进行F_1代比较试验边少量制种，1997年在继续试验验证的同时，推荐参加山东省抗虫区试，1999年即开始生产应用。常规抗虫棉鲁棉研21号选育的技术路线是"以提高铃重为切入点，优化产量构成要素，塑造合理株型，优化群体结构"。短季抗虫棉鲁棉研19号的选育则采用"春夏播交替种植鉴定，提高早熟性；提高衣分为切入点，优化产量构成要素，提高丰产性；高密度种植选择，提高易管性"的技术路线。

众所周知，任何作物都没有十全十美的品种，但每一位真正的育种家总是在向着品种的更加完美而不懈努力。我常对同事们讲，对品种来讲，只有冠军，没有亚军，就是要争第一。评价一个品种的优劣最根本的要看是不是促进产业发展、农民增收。好品种是比出来的，是农民种出来的，只有扎扎实实地工作，才有可能选育出实实在在的好品种，才经得住时间和空间的检验，才能为棉农所认可和喜爱。

甘于寂寞，不图虚名。"年年躬耕只为真，真人真事真学问"。我们正处在一个变革的时代，为科技工作者提供了施展才华的广阔舞台。但也无须讳言，科研领域的浮躁之风层出不穷，且大有越刮越盛之势。各种计划、工程五花八门，帽子、头衔满天飞，抄袭、造假、急功近利等丑恶现象屡禁不止。

我们农业科研人员也不是生活在真空里，也无时无刻不在经受着各种"名"与"利"的诱惑。对此不同的人有不同的感悟、理解和追求。我有时也难免有一些困惑，也曾有一时不被理解的感慨和苦恼，也有许多的委屈与怨言，但甘于寂寞、不图虚名的初衷，却是一直坚守的，也从未改变过，这也得到了业界同行的广泛认可，称我是棉花育种的实干家，也有人为我惋惜，说我育成的这些大品种，在生产上发挥了这么大作用，要是放在别人手里加以包装，很可能又是几项大成果奖。对此我虽有遗憾，但更多的是从容与坦然。我是农民的儿子，从一开始投身棉花科研事业，就抱定一个信念，就是为棉农培育更多像"鲁棉一号"那样的好品种，这就要耐得住寂寞，就要有坐十年冷板凳的心理准备和心理承受能力。对待荣誉我的初衷是，作为一名普通科技工作者，荣誉当然是十分值得珍视的，也是一种社会认可，但决不能本末倒置，荣誉不应是科研人员追求的最高目标，荣誉只是在事业追求过程中、在实现人生价值或人生梦想过程中的一个"副产品"，所以要顺其自然，只有这样才能放平心态。

从事棉花育种研究40年，既有付出的艰辛，更有收获的喜悦，我曾在打油诗中这样写道"银海神游景独好""棉因我爱花更娇"。确实如此，江西革命老区的棉农送来写有"鲁棉之花，赣北盛开"的锦旗；江苏的老农技站长诉说着他们乡镇种了我育成品种丰收后的喜悦；新疆的棉农带来了新疆的葡萄干……，每每看到或听到这些，我都感到由衷的高兴和欣慰，再苦再累，也觉得值了。

　　孙慧生，1929年2月生，女，汉族，山东济南人，研究员。1953年毕业于山东农学院农学系农学专业。1954年到黑龙江克山农业实验站工作，1979年调至山东省农业科学院工作，我国著名的马铃薯育种专家，主持育成的马铃薯品种——鲁马铃薯1号使马铃薯的种植面积增加一倍多，马铃薯平均单产位于全国之首。

　　先后获得全国科学大会奖、国家发明奖二等奖、国家科技进步奖三等奖等10项成果。两次被评为山东省专业技术拔尖人才、富民兴鲁先进个人；多次被评为山东省三八红旗手、三八红旗标兵。发表论文30余篇，主编《马铃薯育种学》《马铃薯生产百问百答》，编写《中国马铃薯栽培学》《马铃薯栽培》多部著作。

为马铃薯事业而奋斗

——记马铃薯育种专家孙慧生

　　孙慧生，我国著名的马铃薯育种专家，1929年2月14日生于山东省青岛市一个普通市民家庭。小时候由于家境贫寒，加之受旧社会重男轻女思想的影响，祖母不允许家中的女孩上学，但父亲深深感受到自己文化不高的痛苦，说服了祖母送女儿上了学。踏入校门的第一天，她就立志要好好学习。

　　1937年"七七事变"后，青岛沦陷为日本帝国主义的殖民地。日本当局不允许中国小学生学习汉语，强迫孩子们学习日语，她就回家跟父母学汉语。在日本帝国主义铁蹄践踏下，中国人民陷于水深火热之中，万千同胞任由日本宪兵队殴打宰割。在这灾难深重的岁月里，父亲失业了，全家人的生活没了着落。好不容易盼到赶走了日本人，可青岛又被美国人占领，人民的生活仍不得安宁。高中毕业后，孙慧生本来考上了七年制的私立齐鲁医科大学，但由于无钱支付学费而不能入学，这令勤奋好学的她痛苦万分。1949年青岛解放，随着中华人民共和国的诞生，她全家也获得了新生。在饱尝了做亡国奴的痛苦后，她倍感新生活的甜蜜，更加热爱生活、热爱祖国。经过刻苦努力，她考上了山东大学农学院，成为中华人民共和国第一批大学生，四年大学的学习和生活费用全部由国家负担。她不禁感慨道，像自己这样一个在旧社会吃不饱穿不暖的穷苦孩子，在新社会里居然还能到大学里读书，这生活是多么来之不易，自己又是多么幸运。因此，在大学中她愈发努力学习，珍惜点滴时间，成绩始终名列前茅。

只有为人民服务的义务，没有向人民索取的权利

"只有为人民服务的义务，没有向人民索取的权利"，这是孙慧生对待人民和工作的态度。1953年大学毕业时，她在毕业志愿分配表上填写了"无条件服从国家分配，到祖国最需要的地方去"的志愿。在山东省惠民专区农业技术指导所见习一年后，她又坚决响应祖国号召，支援边疆，毅然决然地与爱人一起，抱着刚满月的孩子奔赴冰天雪地的黑龙江省克山县（当时号称"北大荒"）农业实验站。当时正是隆冬季节，最低气温达-40℃，其艰苦程度是现在难以想象的。为了不影响科研工作，她的两个孩子都是在10个月大时送回山东姥姥家抚养。受当时经济条件的限制，每两年才能回一次山东老家，在老家中也只能待几天又得返回。孩子们想念妈妈却无能为力。待到1979年调回山东省农业科学院工作时，孩子们都已长大成人。每当谈到这段历史，孙慧生总是内疚地说"欠孩子的太多，欠父母的太多"。但最使她欣慰的是，一生中自己没有碌碌无为。在黑龙江省的艰苦岁月中，她克服了各种困难，一步一个脚印地在北大荒走过了25个春秋，把自己的青春年华献给了这片黑土地。黑龙江省是我国重要的种薯基地，孙慧生的执着与努力使黑龙江省的马铃薯生产取得突破，也为全国的马铃薯生产做出了卓越贡献。1979年她调回山东省农

业科学院工作，又是脚踏实地、不辞辛苦的25个春秋，怀着一片赤诚之心为山东省的马铃薯产业发展孜孜以求、发光发热。

孙慧生对待工作认真负责、一丝不苟，与同事相处严于律己、宽以待人，从不争名夺利。1999年，山东省农业科学院申报的"脱毒良薯繁殖与推广"项目获国家科技进步奖三等奖，她主动让位给参与项目的年轻科技人员，节己厚人，不专其利，大家也备受鼓舞，工作热情高涨。她满怀热情帮助青年科技人员提高业务水平，在她的悉心帮助与培养下，研究室中部分青年人已能独立主持国家或省部级课题或自然科学基金项目。尽管课题组人员少，任务重，但是她也积极鼓励和支持青年科技人员求学深造，已有两名青年科技人员完成了研究生阶段的学习和论文答辩，并顺利取得了学位。

孙慧生热爱农民，对于农民的来信都会及时认真地回复，从未耽搁，不知疲倦。特别是对来访的农民，她深刻理解农民千里迢迢到山东省农业科学院来寻求优良品种、技术的迫切心情，不管在多忙的情况下，她都会放下工作，耐心热情地接待他们，不厌其烦地为来访者讲解栽培技术细节，以至于经常都过了下班时间，尽己所能地让农民满意而归。她经常挤出时间到乡镇给农民讲课，在讲课中灵活运用农民的语言，深入浅出讲明道理，提高了农民科学技术水平。她也经常到农村的田间地头结合现场给农民传授栽培技术及病害的识别和防治技术。20多年来，孙慧生先生的足迹踏遍了山东省所有集中种植马铃薯的乡镇和村庄。提起"孙慧生"这个名字，真可谓家喻户晓、众口称赞。山东省马铃薯新品种的推广、脱毒种薯的普及、播种面积和产量的增长，孙慧生和她所带领的课题组是功不可没的。她无止境地奉献，也得到了无数的"回报"。老百姓一次次的马铃薯大丰收后，都会兴致勃勃地将所收获的大土豆送给她。有一次，肥城县郭新村的一位农民的马铃薯丰收了，就迫不及待地冒雨背着一袋大土豆送来，雨水淋湿了这位淳朴农民的衣服，使孙慧生备受感动。

🖋 不畏艰难，勇于探索，开创中国马铃薯育种先河

马铃薯是高营养的粮菜兼用作物，虽然中国是世界马铃薯生产大国，但中华人民共和国成立初期却没有自己育成的品种。生产上栽培的主要品种是由日本引入的"男爵"，该品种极易感染病毒病、晚疫病而严重退化减产。黑龙江省是全国重要的种薯生产基地，每年要向中原和南方各省调运大量种薯。如果黑龙江省没有好的品种和种薯，必将直接影响中南部省份的马铃薯生产。孙慧生认识到，要从根本上解决马铃薯低产、病害等问题，必须培育出适合我国种植的高产抗病品种。她和同事们决心全身心投入到马铃薯的新品种选育事业中。当时，在配制杂交组合和杂交操作方面既没有资料可查，又无方法可循，只能自己从零开始探索。说干就干，孙慧生一开始在试验地里做了上百个杂交组合，授粉几千朵花，可到头来，杂交过的花几乎全部落光，只剩下光秃秃的花柄。经过多次的失败和探索，她终于发现了失败的根本原因。父本雄性不育或有效花粉率太低，不能完成授粉受精过程，这是内因。外因是马铃薯对杂交要求一定的气候条件（温度、湿度等），只有满足了这些条件，授粉后才能坐果，最终获得杂交种子。原因找到后，问题顺利解决，成功杂交并获得了

一批批的杂交种子。多少个日日夜夜的辛酸，终于化作甜蜜的泪水。

　　杂交只是育种工作的第一步，面对成千上万的杂交后代，如何择优筛选又是一道难关。通过大量的试验、调查，终于摸索出马铃薯育种的途径。她发现，早熟杂交实生苗结薯早但生长势弱，如用常规大田移栽方法成活率低、生长势弱，大量的早熟后代被淘汰或损失掉，因此她提出了直接播种于营养钵中一次收获选择的有效方法。为了掌握早熟和晚熟杂交实生苗植株生长动态上的差别，便于筛选早熟类型杂交实生苗，她早起晚归地在试验田中借助手电筒对实生苗长相、形态变化进行详细观察和验证，终于发现晚熟苗有明显的就眠运动，即天黑时整个植株叶片上竖，天放亮时叶片又平展开，而早熟类型的植株则无这种就眠运动，从而为从植株形态上鉴别、筛选早熟品种提供了简便准确的方法。此外，她还进行了上千份杂交实生苗与其无性系间主要性状的相关性分析，掌握了各杂交世代的选择标准。

　　功夫不负有心人，十几年的心血终于结出了丰硕的成果。孙慧生于20世纪60年代育出了抗病高产马铃薯系列品种。其中克新1号不仅抗病、抗旱、适应性广，且增产潜力大，推广到全国20多个省、市，1978年获全国科学大会奖，1987年获国家发明奖二等奖。40多年过去了，至今仍在全国各地广泛种植，仅内蒙古自治区西部（如乌兰察布盟等）就有500多万亩，占当地马铃薯播种面积的90%以上，其他地区如山东、河南、安徽、江苏、浙江、广东、河北、宁夏等省、自治区也有一定的种植面积。主持育成的克新2号、克新3号和克新4号曾获全国科学大会奖和省科技进步奖。对光照不敏感的克新3号已是广东、福建等地冬种马铃薯地区出口创汇的主要品种。克新4号是我国育成的第一个早熟品种，在全国大部分地区推广，曾为山东、河南、安徽、江苏和浙江等省市的主栽品种。

与此同时，孙慧生通过长期的育种实践，于1976年独自编写了我国第一本《马铃薯育种与良种繁育》专著。受当时批判个人名利影响，该书未能以孙慧生为作者署名，改以黑龙江省克山农业科学研究所作为主编，由农业出版社出版发行。该书中提出许多新论点和方法，如马铃薯抗病毒育种的重点应以蚜虫传播的非持久性马铃薯Y病毒和持久性卷叶病毒为主；根据育种目标选择亲本、配制杂交组合的一些原则、提高杂交坐果率的技术、杂交后代的选择依据等，为全国相继开展的马铃薯育种提供了宝贵的成功经验。

踏上新征程，强攻马铃薯病毒退化难关

1979年，孙慧生研究员调回阔别25年的家乡山东。当时山东以及中原地区马铃薯生产面临的主要问题是种薯感染病毒退化。退化种薯长出的植株变矮，叶片皱缩或卷曲，块茎（薯块）变小，产量大幅度下降，失去种用价值。由黑龙江等北部省份调入的种薯，在山东省每种一季，产量就以30%左右的速度递减。这种由病毒导致的种薯退化现象，长期阻碍着山东省马铃薯的发展。农民需要的种薯，每年都要大量从高纬度、高海拔地区调运。调来的种薯或品种不对路，或晚疫病等病害严重造成大量种薯腐烂，损失惨重。看到这种局面，孙慧生寝食不安，决心攻克这一难题。她吸取了国内外的先进经验，与课题组的同事们在选

育抗病毒品种的同时，又在极其简陋的设备条件下开展了茎尖组织培养脱除病毒的研究。

她与同事们俯首于解剖镜下，一点一点地剥离，剥离出上千个只有0.1～0.2毫米似针尖大小的茎尖，接种于特有的培养基上培养，两个多月后部分茎尖发育成小苗。为了检验这些小苗是否脱掉病毒，她还要种上10多种、数百盆指示植物对"脱毒苗"进行检测，以筛选出不带任何病毒的小苗。几经曲折，她于1983年获得了真正脱毒的试管苗，有了脱毒试管苗，又着手研究试管苗的快速繁殖技术。通过努力，研究出了一整套快繁技术体系。该体系利用茎切段方法，可使一株脱毒苗在一年内繁殖几百万株。

经过鉴定筛选，脱毒苗终于生产出了不带任何病毒的微型薯原原种，大的像蚕豆，小的像黄豆。不但在山东是独创，在全国也开辟了先河。对这些有极大增产潜力的微型薯，广大农民开始并不认同。为了推广微型薯及其栽培技术，孙慧生跑遍了山东省马铃薯主产区，手把手地教给农民如何种植，如何管理。现在微型薯的增产效果已使广大农民深信不疑。

但马铃薯脱毒后并不是一劳永逸的。无病毒的微型薯利用常规的方法栽培，还会再度感染病毒导致退化。为解决这个难题，孙慧生连续3年在马铃薯田里调查了传毒介体蚜虫的发生规律，最后提出了避免或延缓脱毒马铃薯退化的技术措施。她提出，微型薯必须在蚜虫发生之前，即早于大田一个月播种和收获，从而总结提出一套以脱毒微型薯为基础的三级种薯繁育体系，使种薯退化严重的山东省农民能够自己生产高质量的种薯。这一体系对广大中原地区的种薯生产也有推广价值。为了进一步提高微型薯的产量，她主持研究了"微型薯无土栽培工厂化生产技术及种薯生产体系"，该项技术已通过鉴定，处于国内领先，达到国际先进水平，获得山东省科技进步奖二等奖。

20多年过去了，她不但解决了山东省的马铃薯病毒退化和种薯生产问题，在春秋二季作地区的马铃薯品种选育中，她提出了要选育对日照反应为中性的品种，并与课题组的同事们育成了一批适于山东省马铃薯二季作栽培的品种。其中，鲁马铃薯1号获山东省科技进步奖二等奖，使山东省的马铃薯面积增加了一倍多，马铃薯平均单产位于全国之首。

自尊、自信，为马铃薯事业不停拼搏

1984年，孙慧生作为中国专家赴国际马铃薯中心（International Potato Center，简称CIP，在秘鲁首都利马）进行合作研究。开始时，国外有关专家对她的到来并不以为意。在接下来的工作和交谈中，她以丰富的专业知识与经验赢得了对方的信任，争取了合作研究的主动权。在CIP期间，她惜时如金，工作时间与外国专家一起搞研究，业余时间则起早贪黑查阅和翻译资料，撰写论文。回国前，应CIP的邀请，她向10多个国家的40余位专家作了"Potato Breeding in China（中国的马铃薯育种）"的学术报告，并登载于"中心"出版的《通讯》刊物中，促进了各国对中国马铃薯研究和生产的了解。回国时，她带回了一批马铃薯种质资源、20多本专业书刊和几十篇重要文献，4套经她翻译成中文的有关马铃薯病毒检测、快繁技术等幻灯片，并复制了80余份供国内同行参考。同时撰写了近40万字的马铃薯遗传育种讲义，在南方马铃薯中心举办的培训班上全面、系统讲述了马铃薯育种理论和方法，介绍了国际先进技术与研究进展，培养了年轻一代专业技术人员。

她先后发表论文30余篇，著作5部，其中《中国马铃薯栽培学》是目前唯一极具参考价值的马铃薯栽培学专著，孙慧生参与编写了资源、品种选育、种薯繁育部分，并对全书50多万字进行了统稿定稿（原为3位统稿人，其他两位病故）。她主持编写的中国第一本《马铃薯育种学》由中国农业出版社出版，该书充分反映了中国马铃薯育种的历史，特别是自"六五"至"九五"参加国家马铃薯攻关项目各科研单位的成果，以及作者多年的实践积累和国外的许多先进技术。该书的撰写和出版，对从事马铃薯育种的科技工作者、农业生产者和农业院校师生都有参考价值。

淡泊名利，全身心投入马铃薯事业

孙慧生长期从事马铃薯种质资源、遗传育种和组织培养脱毒技术等多项研究，曾主持国家攻关子专题4项和省部级项目（课题）12项。主持育成马铃薯品种克新1号至7号、鲁马铃薯1号至3号和双丰4号等12个不同特性和用途的马铃薯品种，引种鉴定推广了鲁引1号。其中克新1号、克新2号、克新3号和克新4号4个品种在多个省份推广，被国家农作物品种审定委员会审定为国家级品种，这些品种已推广至全国20多个省市。鲁引1号占山东省马铃薯总播种面积（260万亩）的90％以上，在河南、安徽、江苏和浙江等省也有大面积种植，全国最大年种植面积达到1 000万亩。孙慧生育成的马铃薯品种之多，推广面积之大，提高马铃薯单产增加农民效益之显著，在马铃薯科技界是少有的，对中国的马铃薯生产做出了突出贡献。

孙慧生工作上的成就，也获得了许多成果和荣誉，她先后获得了国家发明奖二等奖、国家科技进步奖三等奖、省部级二等奖等10项成果奖励。于1987年、1994年连续2次被评为山东省专业技术拔尖人才（每期5年）；1988年享受政府特殊津贴；1998年被评为富民兴鲁先进个人，获得富民兴鲁奖章；多次被评为省三八红旗手、三八红旗标兵、山东省农业科学院先进工作者、模范共产党员等。她曾为中国作物学会第五届理事会理事兼第三届马铃薯专业委员会主任委员，热心于学会工作，1988年被评为中国作物学会第五届理事会学会先进工作者。

面对这些荣誉，孙慧生经常说："荣誉是属于集体的，它只能说明过去，现在还必须从零开始。"她就是这样一个普通而又不平凡的人，在生活上没有追求，在事业上永不满足。科研之路漫漫，求索之心益坚，永远从零开始，无怨无悔地为祖国马铃薯事业奉献终身。

（作者：蔬菜研究所马铃薯育种与栽培创新团队）

　　何启伟，1940年12月生，男，汉族，山东济南人，中共党员，研究员。1963年7月毕业于莱阳农学院果树蔬菜专业，获得农学学士学位。全国先进工作者，山东省农业科学院蔬菜研究所所长。我国著名的蔬菜遗传育种与栽培专家，主持萝卜雄性不育系选育全国协作攻关课题、山东名产蔬菜、山东新型日光温室蔬菜系统技术工程、无公害蔬菜生产关键技术等十几项国家和省重大课题的研究，主持育成了萝卜、大白菜品种20多个。获国家和省级奖励成果15项，其中国家发明奖二等奖1项（第2位）、国家科学技术进步奖二等奖1项（第1位）、山东省科技进步奖一等奖2项（第1位）、山东省科技进步奖二等奖1项（第1位）。发表论文100多篇，出版著作10余部（主编）。

遵循"学习、实践、创新、奉献"的格言，在蔬菜科研上不断攀登

1963年7月我毕业于莱阳农学院果树蔬菜专业，同年8月分配到山东省农业科学院蔬菜研究所工作。50年的蔬菜科研生涯，我在党的关怀、培养下，同志们的支持帮助下，自己遵循"学习、实践、创新、奉献"的格言，为蔬菜科研和蔬菜产业发展做出了一些贡献。成绩和贡献的取得，首先归功于党的领导，归功于同志们的共同奋斗，而自己只是尽了应尽的责任。

谦虚谨慎，刻苦学习是事业成功的钥匙

回顾50年的工作历程，也是虚心向领导、向群众、向同行、向实践、向书本不断刻苦学习的历程。虽然在大学学习中以优异成绩毕业，但一到工作实践上就显得知识面不足，因此工作中必须刻苦全面学习。

要使课题取得突破性进展，必须善于学习。我从事蔬菜科研是从开展萝卜优势育种开始的。1963—1970年，主要工作是进行萝卜地方品种资源的整理，同时开展了杂种优势育种研究。1974

年，我下放回到蔬菜研究所后，着手进行萝卜自交不亲和系和雄性不育系的研究。可是，由于在学校时蔬菜专业使用的遗传学课本，只有基本的遗传学知识，远不如作物学专业的系统学习。因此当萝卜的遗传育种工作深入展开时根本不够用。于是我到图书馆借书、借资料日夜攻读，同时到中国科学院遗传发育所、西北农学院等单位去请教。及时总结学习心得，与工作实践结合，逐渐打开了研究课题的大门：1975年发现了青圆脆萝卜雄性不育源，1978年育成了77-01A雄性不育系和保持系。正是因为有了这些工作成绩，1979—1988年主持了全国科研协作项目，深入研究并明确了中国萝卜雄性不育系的遗传机制，研究并确认了中国萝卜雄性不育系和保持系的基因型，从而使该项研究取得了重大突破，获得了1989年国家发明奖二等奖。这项研究成果的取得是刻苦学习的结果。

向书本学习和向实践学习不可偏废。书本是前人实践知识的结晶，是人类进步的阶梯，要获取知识必须注重向书本学习。在20世纪60—70年代，我曾经是院图书馆和资料室的常客。80年代以来，随着经济条件的改善，买书和订刊物成了我的爱好，目前藏书达千余册，并在看书、查资料过程中养成了记笔记的习惯，这个习惯使我终身受益。在1978年主编《山东蔬菜栽培》一书时，我曾翻过国内当时出版的大多数蔬菜书籍，认真订正各类数据，避免以讹传讹。

在注重向书本学习的同时，我没有忽视在实践中学习。事实证明，只要认真投入地参加实践，并善于观察和思考，就可以学到很多书本上学不到的知识，而这些知识是进行科研工作必不可少的。在50年的科研实践中，最使我难以忘怀的是1969年、

1976—1978年先后4年的菜区驻点，同菜农一起整地、播种、施肥、浇水，虚心做学生，认真求教，使我了解并掌握了各种主要蔬菜栽培季节、栽培技术和存在的问题。4年的菜区实践学习，使我学到了大学4年没有学到的丰富知识，为开展蔬菜科研打下了坚实的基础，可以说是终身受益。

坚持活到老，学到老。知识是无穷尽的，学习是无止境的。就像敬爱的周恩来总理说的"人要活到老，学到老"，他一如既往地践行，是我们的光辉榜样。光阴似箭、岁月飞逝，自己由青年、中年进入老年，一直在认真实践周总理的教导。1997年，省科委正式立项，由我主持"山东新型日光温室蔬菜系统技术工程研究与开发"重点项目。该项目涉及多个学科和专业，在项目实施、总结报奖和出版专著过程中，我虚心向土肥、植保、农业工程等专业的年轻同志请教，认真听取他们的意见，从而提高了综合研究的决策水平和学术水平，带领项目组取得了优异成绩。2000年以后，我带的博士研究生要做分子生物学方面的研究课题，除了向分子生物学方面的专家请教之外，自己也认真学习这方面的知识，了解国内外分子生物学方面的研究进展，力争不当门外汉。坚持"活到老，学到老"，既是工作的需要，也应成为人生进步的一条准则。

"实践出真知"，这句话不会过时

毛主席"实践出真知"的教导和胡福明同志"实践是检验真理的唯一标准"的名言，不仅适用于社会科学，同样也适用于自然科学。"实践出真知"这句至理名言没有过时，依然是指导我们开展科学研究工作的行动指南。

在科研实践中发现问题和解决问题。学习书本知识，学习别人的实践经验，目的是用于指挥科研实践，以求在科研实践中发现问题并解决问题，以取得研究成果。如前所述，在开展萝卜雄性不育系选育的工作中，在学习和了解有关植物雄性不育系的基本知识后，1975年春季，我花了整整3天的时间在萝卜繁种田中，一株株仔细查看，终于发现了3株青圆脆萝卜的雄性不育株，随即写出选育方案，当季就做了105个测交组合以筛选保持系，由此取得了研究的突破。1982年，我已调院科研处工作，但仍念念不忘萝卜育种研究，在试验田收获调查期间，我总是抽空就去田间。有一天在收获萝卜皮色遗传规律研究试验材料时，无意中在绿皮×红皮杂交组合的自交2代材料中，发现了细毛根颜色发红的单株（细毛根红色表明萝卜肉质为红色），由此受到启发，设计开展了心里美类型萝卜杂交起源的研究。在业余指导莱州市农业科学院蔬菜种苗研究所开展大白菜优势育种的研究中，在大白菜育种材料鉴定选择的关键时刻，我总是抽出时间参加现场调查和选种，同时安排好下一步研究方案，支持和协助他们先后育成并大面积推广了丰抗系列、西白系列大白菜优良一代杂种。

田间试验仍然是出应用研究成果的第一战场。在长期的蔬菜育种、栽培研究中，我十分重视田间试验，积极参加试验田的管理，全身心地进行田间试验调查。1963—1986年，一年中约有70%的时间是在田间或下乡调研。在萝卜、番茄育种研究中，花期授粉、杂交是亲自操作，3—5月温室里温度高达30℃以上，几乎天天汗流浃背却乐在其中。试验田播种、定植、管理、选种都是靠上去干，年轻同志和临时工做助手。这些年先后育成了20多个萝卜、大白菜、番茄新品种，对育种材料和育成品种在各个生育阶段的长相都了如指掌。1987年任副所长以来，虽然行政管理工作缠身，但关键时期仍然去参加田间试验调查和选种。

为了提高研究水平，缩短育种周期，提高育种效率，我积极倡导生物技术等高新技术与常规技术的结合，并主持组建了"山东省设施蔬菜生物学重点实验室"。但是，我依然认为田间试验是出应用研究成果的第一战场，田间试验和实践不可忽视和削弱，在我主持蔬菜研究所工作的6年间，争取的经费和创收的收入，主要用在了建温室、大棚和改善田间试验设施方面。

群众的实践是最伟大的实践。在长期的下乡驻点和调研过程中，使我深深体会到群众是真正的英雄这个真理，认识到千百万群众的实践是最伟大的实践，是推进蔬菜产业发展的不竭动力，近20年山东省蔬菜产业的迅猛发展充分证实了这一点。作为一名科技工作者，必须尊重群众、尊重群众经验，从群众的实践中汲取营养，才能适应形势的需求，发挥自己的作用。进入21世纪后，我体会最深的是日光温室蔬菜生产的兴起和发展。日光温室蔬菜生产方式是辽南农民创建的，是山东省苍山、寿光农民引进和创新的；日光温室黄瓜越冬栽培亩产超过3万千克的高产纪录是寿光农民创造的。目前，山东省日光温室蔬菜面积已达300多万亩，200多万人从事日光温室蔬菜的生产管理，而我们从事日光温室蔬菜栽培技术研究和推广的项目组成员才几十人，我们要取得该项目研究的进展，必须认真总结群众的经验和教训。我们正是在广泛调研的基础上开展研究工作的，并且将研究结果及时在群众那里示范，接受群众实践的检验，从而获得了成功。

创新是科研工作者的天职

在农业科研工作中，选育新品种是在老品种基础之上的创新；开展栽培技术研究，是在克服栽培技术难题，提高栽培管理水平上的创新。总之，要出研究成果，核心是创新。所以，科研工作者的工作，必须立足于创新和着手去创新，创新是科研工作者的天职。根据自己多年的实践，认为要取得创新的研究成果，须注重做到以下几点。

树立明确的研究目标。明确的研究目标是取得创新研究成果的前提。而明确的研究目标必须建立在对该领域研究进展、生产状况和市场需求进行周到细致的调查了解的基础上，再进行科学的分析和前瞻，经反复讨论研究加以确定。课题主持人有责任承担此重任，课题组成员也应积极参与，以便把明确的研究目标贯穿该项课题研究的始终。由于科研、生产、市场状况也在不断发展和变化，在课题实施中对研究目标难免有适当调整和修正。但是，一般情况下，研究目标一旦确定则不宜变动，须持之以恒。我们在萝卜育种历程中，先后经历了高产育种、优质育种、雄性不育系育种、生态型育种等不同育种目标和阶段，基本上都获得了预期的研究成果。

认真搞好试验设计和实施方案。农业科研周期长，受环境因素的影响大，要取得预期的研究成果，光有明确的研究目标还远远不够，还必须经过反复地调研、讨论、分析，力求理顺研究思路，采取可行的技术路线，认真制定科学、合理可行的试验设计和实施方案。有人说："一个好的试验设计和实施方案，等于取得了50%以上的成功。"我非常赞成这个观点。在萝卜育种研究中，1964—1994年，每年的试验设计和实施方案，都是在课题组充分讨论研究的基础上，由我执笔撰写。在试验设计和实施方案中，除了有明确的育种目标、育种材料种植计划、调查内容等外，还配合育种目标，就萝卜雄性不育性遗传规律、萝卜的光合生理、营养和水分生理、品质指标遗传力、皮色遗传规律等方面的研究进行设计，并根据调查数据及时撰写论文，在品种育成的同时，育种方法和应用基础理论研究也取得了进展，从而促进了育种水平的提高，丰富了品种创新的内容。

全身心地投入课题研究之中。科研工作是创造性劳动，农业科研工作十分艰苦。我在多年的科研实践中深深体会到：要取得创新性研究成果，必须热爱所从事的事业，全身心地投入到工作中。否则，将难以取得成效。我记得，1963年9月我刚到本院不久，听过一位知名专家的报告，他讲道："一个成熟的科研工作者的标志，是在他回家的路上或闲暇时间，还在思考着他所研究的课题。"这句话使我深受教育和启发，我认为这应该是全身心投入科研工作的客观标志。在科研工作中，只有干一行、爱一行，全身心投入，才能使自己在研究工作的过程中善于观察问题、思考问题，才会在机遇到来时将它抓住，从而取得科学研究课题的进展和突破，获得创新性研究成果。

🖋 奉献精神是不断攀登的动力

作为一名科技工作者，既然立志从事科研事业，探索未知的世界，理应树立为国家、为人民奉献的精神，才能在科研实践中，不怕苦累，耐住寂寞，潜心研究，求实求是，不断攀登。

　　强烈的事业心是树立奉献精神的基础。我出身农村，青少年时期有一段痛苦经历。回顾我的人生历程，深深感到自己是在党和政府的培养下，在人民的哺育下成长起来的。自己在那样差的家庭条件下，能够顺利完成小学、中学、大学的学业，并被分配到省级农业科研岗位上工作已是很不容易，非常知足。作为一名科技工作者，应当为社会、为人民、为国家做出自己的贡献，实现自己的人生价值。因此，从我进入山东省农业科学院大门的那一天起，就立下了这个志向。"事业心强，工作积极主动"，是当时领导和同志们的共同评价。领导安排干什么，就努力去熟悉它、热爱它、干好它。几十年来，我虽然更换过不少次工作岗位和研究方向，但我都做到了这一点。我热爱农业科研事业，倾心农业科研事业，决定奉献一生，我认为这是正确的选择。

　　勤奋工作、不计较名利是奉献精神的体现。勤奋是做人的美德。我认为，勤奋更是科技工作者应当具备的品质；只有勤动脑又勤动手，才会做出创新性研究成果。同时，待人处世要诚恳，不斤斤计较得失和名利，才会有和谐的人际环境。在我的人生历程中，养成了勤奋、诚恳、乐于助人的品格，也养成了晚上和节假日加班的工作习惯。在田间试验中总是亲自动手；在收集整理资料、撰写计划、论文、报告中，至今仍然是亲自撰写，从不假手于人；对年轻同志的文章总是认真审阅、修改；对农民朋友来访总是热情接待；对省内外同行、朋友托付的事情总是尽力尽责、有头有尾。正是由于多少年来勤奋、诚恳和乐于助人，也赢得了同志、同行和朋友们的赞赏与支持。我认为，配合紧密、协调一致的科研协作是取得重大科研成果的重要条件。"中国萝卜核—胞质雄性不育系的选育及利用"获得国家发明奖二等奖，是全国同行精诚合作的范例；"山东新型日光温室蔬菜系统技术工程研究与开发"，获国家科技进步奖二等奖，这是省"三农"联手、全省同行大协作的成果。我自己则是尽力而为做了应该做的工作。

荣誉并不是追求的目标。我获得了不少荣誉，得到了不少奖励。可是，在我立志从事蔬菜科研的20世纪60年代，头脑中根本没有这些目标。1977—1978年，我花了7个月的时间主编《山东蔬菜栽培》一书，当时根本没想到要署名，要出版了，出版社才提出写书署名。1988—1989年，我组织申请鉴定和申报"中国萝卜核—胞质雄性不育系选育及应用"发明奖，争的是第一完成单位。考虑到工作的便利性，我主动将第一完成人让给了别人。获发明奖之后，"优质型萝卜杂种一代鲁萝卜1号及其选育方法"在申报省科技进步奖时，考虑到课题组老同志晋职称需要，又主动退居第二位，等等。总之，我总觉得荣誉和奖励是党和人民给的，不是要的，也不是争来的。荣誉和奖励是党和政府对个人工作的评价和认可，并不是追求的目标。而且，荣誉和奖励只能说明过去，而今后依然应该不骄不躁，从零开始，继续奋斗，努力尽责。

　　张焕家，1936年8月生，男，汉族，山东荏平人，中共党员，研究员。1956年毕业于济南农校果树蔬菜专业，1957年从山东省农业厅调至山东省农业科学研究所。50余年专心从事大白菜育种和推广研究。在实践中积累了大白菜一代杂交种"多、快、好、省"的选育技术，育成、认定和审定大白菜一代杂种40多个，其中经国家（省）审定品种19个，为我国的大白菜杂交育种做出巨大贡献。获得省（部）级以上科技成果奖8项，其中国家科技进步奖三等奖2项（第1位）、农牧渔业部技术改进奖二等奖1项（第1位）、山东省科技进步奖二等奖1项（第1位）。先后荣获"山东省劳动模范""省级拔尖人才""国家有突出贡献的中青年专家""全国先进工作者"等荣誉称号。

我的大白菜育种之路

中华人民共和国成立初期，我国的农业科研工作刚刚起步，我有幸参加了全国农作物地方品种大收集、保存、利用研究工作，并由此被山东极丰富的大白菜品种资源所深深吸引，进而对大白菜研究情有独钟。

🖋 创造出利用自交系育种及其配套制种技术

1959年，我有机会到山东大白菜名特产地——胶县驻点，通过和农民群众同吃、同住、同劳动，深入学习了胶州大白菜的整套栽培技术，收获极大。60年代初，由于农业大变动，宝贵的大白菜地方品种资源陷入了混杂退化、病害日趋严重、产量低而不稳的混乱局面。当时全国掀起了大搞提纯复壮技术研究的热潮，主要采用自交、母系、集团选择等方法来提高其种性，然而收效甚微。1962—1964年，我尝试性地对大白菜不同类型进行品种间杂交一代性状观察研究，并将杂种一代性状的组配规律作了初步总结。试验表明，大白菜与其他农作物一样，杂种优势非常明显。在研究探索取得初步成效的关键时期，不料被抽调搞"四清"及"文化大革命"运动，研究实验被迫中断，耽搁了宝贵的6年时光。1971年春，我从蔬菜研究所下放至淄博市农业科学研究所，当年秋季引进日本大白菜一代杂种（F_1）试种，结果使我大开眼界，受到极大启发，并且暗下决心，一定要以最快的速度培育出中国自己的优良大白菜一代杂种。

1972年"大白菜杂种一代优势利用"正式立题，经过3年的努力，至1975年终于掌握了自交系纯化技术和选系标准，以及组配遗传规律，并创造出一套利用自交系育种及其配套制种技术的大白菜一代杂种（F_1）多、快、好、省的育种新途径。自交系育种可以不受亲和指数的限制，只要符合育种标准，无论是自交亲和系或自交不亲和系，都可以利用。这样就大大提高了自交系的入选范围；同时与配套的制种技术相结合，既提高了一代杂种的采种量，一般亩产量在50～100千克，也保证了自交系的制种质量，纯度达95%以上。由于育种目标明确，技术路线对头，从而加快了育种速度。1975年首先育成胶东合抱叶数型的山东1号、山东2号和叠抱类型的山东3号、山东4号4个品种。经1976年试种，1977年山东1号、山东2号在烟台示范一举成功，种植面积达6 000亩，占总面积的90%以上，烟台也成为了山东省第一个实现大白菜一代杂种化的城市，当年在此召开了全省现场会。此阶段的研究成果为山东省大白菜一代杂种化奠定了基础。由于大白菜F_1整齐一致、优质、高产、抗病，受到各地农民群众的极大欢迎。当时有的农民编了顺口溜来赞颂大白菜F_1，福山县东北关生产队队员们风趣地说：农民分菜不需过秤，只要数一数棵数就行了。以此为契机，到1983年先后育成了类型不同、熟性在70～90天的系列品种18个，优良自交系40余个。

靠市场推广科研成果，反过来又促进了育种进程

大白菜新品种相继育成，但其繁育工作远远滞后，严重供不应求，农民群众争相购买新品种而挤破门窗的事时有发生。为了让这些科研成果迅速转化为生产力，更好地满足各地群众的需求，我们乘改革开放的东风先行一步，在国内率先采取有偿技术转让方式，来加快新品种繁育推广的步伐。1982—1984年，先后将山东2号、山东4号、山东5号、山东6号、山东7号、鲁白1号、鲁白3号、鲁白6号8个品种进行了有偿转让（每个品种转让费5万元，高出当时全国平均转让价1倍多），产生了积极而深远的影响。1985年又在技术转让的基础上更进一步，以山东省农业科学院蔬菜研究所白菜课题组为龙头，将8个转让点组织起来，创建了我国第一个大白菜科研、生产联合体——"山东大白菜良种服务中心"，下设8个办事处，集科研、良繁、销售、推广于一体，有效地促进了大白菜良种的繁育和推广，良种遍布全国各地。据1984年5省18个点材料统计，大白菜F_1较当地品种平均增产30%以上，甚至成倍、数倍增产，平均亩增3 000千克，取得了极显著的社会和经济效益。10余年来"山东大白菜良种服务中心"靠市场推广了科研成果，反过来又促进了育种的进程，形成了农业科研推广的良性循环。

从零开始，选育抗病品种

几十年的育种经历使我深深认识到影响大白菜生产的最大障

碍是病害，病毒病是主要的为害。1968年、1975年、1977年、1983年、1988年、1992年，病毒病在山东乃至我国北方地区都对大白菜生产造成毁灭性的为害。国家科委自1983年立题，组织了10省（市）的10个科研单位、大专院校的专家，对大白菜进行以抗病毒病为主的抗病育种协作攻关研究，我有幸参加，且"七五"项目中被农业部推选为专题组长。但当时对我而言，困难重重、压力很大。因为经过对我们以往选育的所有育种材料进行病毒源接种鉴定，并未得到一份抗病材料，表明山东地方品种资源中不存在病毒病抗原；同时发现病毒病在不同品种上的症状也表现不同；最根本的是通过研究表明，病毒病的抗性在F_1中不呈显性。因此，要育成一个抗病毒病的一代杂种，必须双亲均具有良好的抗性。上述情况表明我们的抗病育种工作必须从头起步，时间紧迫。从零开始，谈何容易？

1986年，我们首先从我国西北部干旱地区引进抗病毒病的一代杂种新二包头和北$22 \times 21F_1$，实施连续自交分离、抗性接种鉴定，同时进行配合力测定的立体选择法。1989年育成叠抱类型的高抗病毒病具有三抗特性的鲁白10号和鲁白11号，这两个品种在"九五"期间被国家科委列入重点推广项目。紧接着从1990年开始，对山东特有的合抱叶数型福山包头进行病毒病的抗性转育研究，到1994年选出高抗病毒病的$94-29F_1$新组合，合抱型三抗品种育成，又一次取得意想不到的突破性进展。不但选出了一大批合抱型的三抗育种材料，同时育成了春季专用三抗品种——春冠。在合抱型病毒病抗性转育取得明显进展的同时，1993年又开始了夏季专用品种的病毒病抗性转育研究，1997年育成夏季专用新品种——夏翠、夏白。经过"六五""七五""八五"10多年的奋力拼搏，我们先后育成叠抱、直筒、合抱不同类型、不同熟期，春、夏、秋三抗品种的育种材料20余份，育成三抗品种攻关1、攻关2、攻关3、攻关4号，长丰1、长丰2、长丰3号，长乐，高抗1、高抗2、高抗3号，春冠、夏白等新品种，并推向市场。从此，我国的大白菜生产实现了优质、高产、稳产的目标。

转眼间，我从事大白菜育种工作已50余年。在我们持之以恒的艰苦努力下，山东省大白菜良种科研、推广工作取得了较大的成效，先后育成优质、高产、具有双抗、三抗优良大白菜一代杂种50余个，选出优良自交系60余个，其中经省、国家品种审定委员会审（认）定品种15个；山东2号、山东3号1979年获省科学大会奖；山东4号、山东5号1981年获省、部优秀科技成果二等、三等奖；冠291自交不亲和系1982年获省、部技术改进二等奖；山东、北京、青岛早、中、晚熟配套一代杂种（山东列首位）1985年获国家科技进步奖三等奖；早熟结球白菜新品种——鲁白六号1990年获省科技进步奖二等奖；大白菜系列品种的繁育与推广1993年和1995年分别获省星火一等奖和国家科技进步奖三等奖；编著的《山东大白菜杂交育种及栽培》一书1992年获省科协优秀论文（著作）二等奖。山东大白菜良种服务中心成立20年来推广自己选育的新、老品种，总销量达372万千克（不包括社会繁种量），占领了中国大白菜的种子市场，为我国实现大白菜一代杂种化做出了突出贡献。

回顾走过的道路，我为大白菜科研、推广工作倾注了毕生精力，取得了一些成绩，但党和政府却给了我莫大的荣誉，先后被授予全国先进工作者、国家有突出贡献的中青年专家、山东省劳动模范、山东省农业劳动模范、山东省拔尖人才等荣誉称号，并享受国务院政府特殊津贴。现虽已至耄耋，但正逢中华民族复兴之际，在习近平新时代中国特色社会主义思想的指引下，我壮心不已，仍决心洒余热于大白菜良种的科研、推广事业，并对我国大白菜领域全面参与国际竞争充满信心！

　　孙小镭，1956年生，女，汉族，山东沂水人，中共党员，研究员。1982年1月毕业于山东农学院（现山东农业大学），分配到蔬菜研究所从事黄瓜育种工作，长期专注黄瓜遗传育种与栽培技术研究。育成不同类型、适合不同季节栽培的黄瓜品种20余个，均获得省级审定认定。其中1个品种获得山东省科技进步奖一等奖，6个品种分别获得山东省科技进步奖二等奖3项。通过对黄瓜遗传育种、生理栽培的研究，在省级以上刊物发表科技论文70余篇，主编《瓜类蔬菜保护地栽培技术》《黄瓜》等著作4部，参编《山东蔬菜》等著作5部。

务农感悟

俗话说人生四大幸事："久旱逢甘露，他乡遇故知，洞房花烛夜，金榜题名时"。对年轻人来说，金榜题名时应该是最值得高兴的事，尤其对我们那个年代的年轻人。20世纪50—60年代出生的人上小学中学时遇上"文化大革命"没能好好学习，中学毕业后又赶上上山下乡或去工厂，又没有机会再继续上学。

踏上学农路，逐步树立学农务农爱农思想

1977年恢复高考，在百分之一的考取率条件下能被大学录取，该是多么大的幸事。这等好事落在我的头上，按理说我应该十分高兴才对，可对我来说，收到大学录取通知书的那一时刻却怎么也高兴不起来，甚至见人都不好意思跟人说这件事，只因为我被山东农学院蔬菜专业录取，这是我没有想到的，甚至从来都不知道有这样一个专业。说实在的，我并不满意，只是因为它带有一个农字。我出生在济南市一个干部家庭，算是城市里生城市里长。虽然作为知识青年上山下乡锻炼过2年多，但对农业、农业科学、农村、农民并没有太多的了解。又受世俗的影响，认为农村就是落后、脏乱的代名词，农民就是没文化、粗俗的代表。学农务农就是没出息，低人一等。当年我所在的工厂召集所有被

录取的考生开通报会，通报所有考取人员的录取情况，听到自己是被农业院校录取的，真有种毫无颜面的感觉。因为1977年是恢复高考的第一次招生，不仅考生的文化程度参差不齐，录取工作也不规范，基本不按考生志愿录取。我没填报过农业院校志愿，至今我也不知道当年的录取分数线是多少，自己高考考了多少分，就这样稀里糊涂地被山东农学院录取了。

关于是不是上这个学自己与家人还经历了一番争论。我的想法是放弃，再复习半年重考，可母亲不同意。当时我在济南国棉二厂当纺织工人，纺织工是很辛苦的工作，人跟着机器跑，机器不停人不停，上班8小时除了吃饭半小时，其余时间全在机器上。另外，当时的轮班制不像现在，干8小时歇24小时，那时是干8小时只歇16小时。工厂离家又远，天天挤公交车上班，常常是一半身体在车内，一半身体在车外，车开上一两站后，人才能被挤进车里。由于车少人多，每天来回上下班在路上就要花费三四个小时，复习功课只能挤睡觉的时间。有时候上夜班，开着机器人都能睡着了，边睡边接线头，不小心手一下碰到飞速旋转的滚筒上，立马就擦出血泡。当时考大学不仅复习功课的时间少，还没有复习资料，更没有辅导班。我记得当时我们几个报考的工友，复习功课就怕被人说是不安心工作、不务正业，所以不敢对别人讲自己要考大学，更不敢为复习功课请假，学习的事总是藏着掖着。我们车间有一位老工人，是山东省劳动模范，是我们的学习榜样，她悄悄找我的一位考友谈话，劝她不要参加考试，以免让领导认为不安心工作，影响个人进步。当年高考路上的困难由此可见一斑。正因为如此，母亲坚决反对我放弃这次上学机会，她总是开导我，"你工作太辛苦了，没有时间学习，下次再考，不一定就能考上，再说考上也不一定是理想的学校。退一步说，学农就算不是你理想专业，也比在工厂干活轻松呀"。我家有个邻居，老家是莱阳的，对莱阳农学院有一些印象，给我讲述了一些有关农学院的知识，以及上农学院的好处。为了不让年已六七十岁的父母再为自己担忧，抱着试试看的想法，1978年3月3日，我迈进了山东农学院的大门。

人虽进了校门，但心却一直想着随时卷铺盖回家。入校后才知道全班32个同学中超过80%在报考志愿书中没有填报这个专业。这个现象不仅在蔬菜专业有，在其他专业也有，是一个普遍问题。针对这一情况，学校对新生进行了各方面的思想教育。随着教育的深入、学习的开展，我逐渐对学校、对所学专业有了一些新的认识，想放弃这次学习机会的思想也逐渐消失。因为是恢复高考后第一届学生，一旦进入校园，对知识的渴望、学习的热情便极大地迸发出来，同学们的学习热情十分高涨，从早到晚到处都可看到读书的身影，用如饥似渴来形容当时大学生的学习精神一点也不为过。大家你追我赶，没有时间让你徘徊犹豫，很快我就被融入汲取知识奋发学习的洪流之中。

我是50年代出生的人，毕竟是生在新社会长在红旗下的一代人。一出生就受党的教育，家庭的教育，满脑子都是上学在学校里要努力学习、艰苦朴素、团结同学、争当先进等。光阴似箭，4年的大学生活眨眼间就过去了。回望自己走过的学习历程，取得了每学期考试都是全优的成绩，德智体得到了全面的发展，没有辜负时代，没有辜负社会，没有辜负家庭。1982年1月我毕业后直接分配到山东最高农业科研机构——山东省农业科学院蔬菜研究所工作。

向老同志学习，尽职尽责做好本职工作

离开校门，几乎没有休息，我就踏进了山东省农业科学院蔬菜研究所的大门。当时蔬菜研究所设有育种研究室、栽培研究室、马铃薯研究室、植保研究室、化验室、资料室这样几个研究部门。因为在学校里跟着蒋宪明先生搞马铃薯脱毒快繁研究，我很喜欢这项工作，心想能把我分配到马铃薯研究室就好了。但那个年代强调个人服从组织，做什么工作是没有挑选和商量的，根本没有表达个人意愿的机会。报到当天我就被分配到育种研究室，跟着邬树桐老师做黄瓜育种工作。没想到这一干就是35年。

想法是想法，工作是工作，既然从事了这份职业就要尽职尽责。平凡人的工作总是平淡的。记得我是1月到课题组的，正好赶上一年工作的开始。学习黄瓜育种，先从种子催芽开始学习，邬老师教得很仔细，因为种子样数多，所以用培养皿催芽。催芽的步骤是：事先培养皿要洗干净，晾干，然后铺上滤纸，放上种子，在培养皿上做标记，用60℃温水浸泡种子，4～6个小时后将水倒掉，培养皿放入温箱30℃催芽。上百份种子这样一份份做下来要半天时间。工作很简单，但很麻烦，可这是我从事农业科研的第一步。这第一步做什么事不重要，重要的是要学习养成一种严谨的科研态度。

20世纪80年代初，科研条件与现在相比还是比较艰苦的，尤其是出差。那时没有公车，都是乘公交车赶往长途汽车站或火车站。那时的车速都很慢，长途汽车一小时四五十千米，省内到临沂出差要七八个小时。火车一小时六七十千米，去趟北京也要七八个小时。最困难的是到乡下出差，要去村镇连公交车也没有了，只能借助自行车，晚上住在乡下，那里的宾馆就像大车店。令我印象深刻的一次出差是1983年春天，我一个人去掖县检查制种基地，由于是第一次去，人地都不熟悉，到了掖县我就请了一位当地的同学陪我同行，当时她已有五六个月的身孕，但她没有推辞，我们每人借一辆自行车，骑着就上路了。掖县是丘陵地带，没有平路，上坡我们就推着车走，下坡时就骑行，晚上回不了县城，我们就在路边一个小店住下了。所谓客房就是几间平房小屋，屋门的两边各放一张床，屋里除了两张床其他什么都没有，窗户上没窗帘，甚至连张纸都没糊。晚上啥也干不了，我俩靠在床头聊天，正聊着突然一张可怕的脸贴在了窗玻璃上，那人瞪着眼向屋里张望，吓得我俩惊叫起来，那人听到叫声也吓一跳，立刻消失了。这一晚我们可睡不着了，用床单和枕巾把门窗挡起来，提心吊胆熬了一夜。当时的害怕只是担心有坏人，事后感到更大的害怕是因为让身怀有孕的同学挺着大肚子陪我骑车爬高下坡，颠簸一天，假如半路出现个意外，我都无法交代。只怪当时我们都年轻，只知道完成工作，不知道这其中的厉害。

如今每当早上7点多钟出门，看到马路上穿梭不息的人流，其中多数是上学的孩子和送孩子上学的家长，有的步行，有的骑车。看到这一幕不禁让我想起儿子上学的时候，从上学前班开始到初中毕业，都是孩子自己走或骑车上学，我没有接送过。唯一一次是在1995年夏天，儿子10岁上小学四年级的时候，这天学校要期末考试，所以不能迟到，更不能不去。早上儿子出门时天阴得厉害，很可能要下大雨，我像往常一样还是让他一个人带上雨衣骑车上学去。我家离儿子上学的学校有10多里（1里=500米）路，骑车要40分钟。儿子走后我越想越不放心，立即也骑上车子跟在他后面。出门不多时雨就开始下起来，而且越下越大。儿子并不知道我在后面跟着，当我们走到山大南路的时候，路上的积水已经没过了脚脖子，由于地势是南高北低，水流速度很快，逆流骑行看了让人头脑发晕，我都有些害怕，看看前面身材矮小的儿子，一点也没有害怕仍然奋力前行。我的眼泪和着雨水流了下来，就这样一直跟着，看着孩子安全进了校门我才往回走，这时桑园路上已经积了很深的水，深的地方已经没到膝盖，根本无法骑行。每每想起这事我就感到内疚，埋怨自己当时为什么不打辆车送孩子去学校。事情虽然过去很多年，但我每当想起这件事都不能原谅自己。

有些事现在的年轻人可能无法理解，但那就是当年的真实。多数人的从业经历肯定是工作波澜无奇，生活平平淡淡，但对事业的那份敬爱就体现在这点点滴滴当中。

转变观念，做科研不能只为完成任务

从20世纪80年代初至90年代末，我从事黄瓜育种已有十几年时间，工作中虽然也取得了一些成绩，但总感觉没有大的进展。追其原因有三点。

一是单纯完成任务思想严重。自1978年全国科技大会之后。我国的科研工作逐步走向正轨。1983年国家科委首次组织五大蔬菜作物抗病育种（大白菜、甘蓝、黄瓜、番茄、辣椒）联合攻关项目。全国参加黄瓜科技攻关的研究单位有5家（中国农业科学院蔬菜花卉研究所、天津市农业科学院蔬菜研究所、广东省农业科学院园艺所、山东省农业科学院蔬菜研究所、黑龙江省农业科学院园艺所），联合攻关的优势是目标明确，任务统一，相互协作。通过项目的实施，使我们学到了很多育种新技术，确实提高了我们的科研水平。不足的一面是，主动创新的意识没有树立起来。由于自己的思想认识不足，课题组人手又少，遂将工作重点放在单纯完成任务上了，结题时只要按任务指标提交几份抗病材料，几个组合，几个育成品种，几篇论文，就算交差了，下一阶段有课题有经费就行了。

二是育种材料没特点。山东省黄瓜资源丰富，由于资源研究与育种研究分在两个研究室，彼此没有相关。育种工作中又轻视了对种质资源的深入挖掘研究。抗病材料的筛选仅局限在已有的材料中进行，且仅作任务书上列出的研究内容，任务书没有的就不作或少作，这就导致育成的材料难免是一堆泛泛的东西，没有自己的特点。

三是育成品种同质化。东西好不好市场说了算。从1983年开始国家立项作"六五"科技攻关项目，每5年为一阶段，到"九五"我们都一直在项目组内。可以说项目搞得红红火火，但育成品种在生产上应用却火不起来。如果说品种不好，但抗性、产量、品质各个方面都达标，也通过了品种审定，却不能广泛应用，究其原因主要是品种的同质化。市场上已有的东西，后来者必须更优更强，有特点才能挤进市场，否则就得不到市场的认可。

通过对过去工作经验的总结、教训的汲取，我对工作重点进行了调整。一方面努力完成承担的国家项目，另一方面从基础开始，狠抓黄瓜种质资源的搜集、整理、鉴定、利用。例如，新泰密刺黄瓜为我国著名地方品种，以耐寒和抗枯萎病著称，在设施黄瓜栽培中占主导地位近20年。我们就从这个品种入手，到它的原产地山东新泰挖掘收集资源，进行种植观察，整理分析，找出其缺点是雌花的数量对光温敏感，当夜温超过17℃、日照超过10小时雌花显著减少、不抗叶部病害、瓜条黄绿斑驳、商品性欠佳。针对这些问题进行有目标的改造。我们运用雌性系高效育种技术，将雌性基因转入新泰密刺的高代纯化株系，在转育过程中，同时利用3种病害（枯萎病、霜霉病、白粉病）苗期复合接种高压筛选技术提高其后代的抗病性，最终育成了一批密刺黄瓜雌性系。其代表MC2065聚合了新泰密刺耐寒、抗枯萎病及雌性强、果皮深绿、抗白粉病、霜霉病的特点，克服了新泰密刺固有的三大缺陷，提高了商品品质，实现了密刺型雌性系种质创新的重大突破，获得国家植物新品种保护权。利用这批创新自交系，针对日光温室越冬品种耐低温弱光差、遇低温瓜条发黄和化瓜严重、植株早衰等问题育成了多个专用品种。共同特点是：耐低温弱光，高产稳产。其中鲁蔬869在多点越冬栽培生产试验中，表现高抗白粉病，兼抗其他3种病害，平均亩产达到11 550.6千克，较对照品种增产19%，在生产中得到广泛应用，2012年获得山东省科技进步奖一等奖。

不要轻言放弃，成功就在再坚持一下的努力之中

21世纪初国家经济还不是太强大，投入农业科研中的经费还不太充足，时常有僧多粥少的情况，即便是1个几万元的项目也会引来多家竞争。虽然争取科研项目的目的不是为了要经费，但没有经费绝对搞不了科研。因此争取研究项目，获得较多的科研

经费仍然是多数科研人员投入较多精力的原因。毫无例外我也遇到了这样的窘境。2007年农业部招标中波合作研究项目，要求必须有波方对接单位才能入选。但是我又不愿意放弃这个开展国际交流、拓展研究领域的机会。怎样抓住这个机会，寻找一个波兰合作单位成了问题的关键。于是我就各方打听，看有没有去过波兰或与波兰有联系的人，不幸在我认识的人中未能找到。因为波兰不是发达国家，去那里学习研究的人比较少。但我没死心，又在网上寻找，终于在网上查到辽宁省经济林研究所的一位赵老师刚从波兰访问回国，我就与他联系并说明我的用意，没想到赵老师很热情，并推荐我与波兰波兹南农业大学的Roman Holubowicz教授联系，并告知Roman教授的联系方式。我如获至宝，立即联系了Roman教授。说来也巧Roman教授过两天就要到北京来，相约在北京见面，当面讨论合作事宜。农业部中波合作项目申请之事办到这个分上真算是柳暗花明又一村啊。

接下来事情进展得就比较顺利了。我们如约在北京见到Roman教授，没想到他对中国的蔬菜很感兴趣，曾经到过山东，他的中文讲得也很好，我们的交流很顺畅，就合作研究的内容进行了讨论，在6个方面达成一致：①农业生物资源的交流；②相互访问；③人员培训；④共同从事科研工作；⑤学术资料和出版物的交流；⑥其他学术交流。之后我们代表山东省农业科学院蔬菜研究所，Roman教授代表波兰波兹南农业大学签了协议。有了这份协议，我们顺利争取到农业部的研究项目。这个项目持续了5年，共获得27万元项目经费。经费虽然不多，但项目带来的效益却非一般能比，总结起来在以下几方面颇有收获：一是从波兰引进加工黄瓜种质资源32份，其中27份送交国家种质库。我国虽然黄瓜资源丰富，但适合腌制酸黄瓜的加工型黄瓜资源贫乏，中波合作项目的开展丰富了我国的资源类型。二是育成适合加工用黄瓜新品种。利用自交、回交育种技术对引进材料进行改造，使强雌特性、抗病特性与国内材料结合，培育出商品性适合国际市场，农艺性状适合国内环境的优质、高产出口加工的黄瓜新品种两个。新品种的适应性较引进品种显著提高，并兼有长势旺、雌性强、坐果好、抗叶部病害等特点。三是深入科技交流方面，在项目执行期间双方共有11人次互访。我们邀请Roman教授到山东省农业科学院和山东农业大学做了题为"波兰的农业和园艺生产"的学术报告。我们访问波兰期间与波兹南生命科学大学及育种公司相关人员以"山东蔬菜的发展历史及现状"为题交流了我国蔬菜生产情况。通过交流增进了相互的了解和友谊，还进行了技术考察，通过对波兰的访问，使我们对波兰的农业、蔬菜生产、科研教学有了进一步的了解，并感受到波兰人民的友好及波兰的发展。波兰专家通过对山东农业的考察也对我国蔬菜的科研教学及生产有了深入、实际的了解，并深切感受到中国人民的友好及中国蔬菜的丰富多彩。四是开展人才培养。根据双方签署的协议，2007年10月、2008年10月我们先后派出2名科研人员到波兰波兹南生命科学大学种子科学系专业攻读硕士研究生学位，通过一年的学习，均顺利取得波兹南生命科学大学植物育种及种子科学技术硕士学位。五是产生连锁效应。在中波合作育种项目研究的基础上，2007年底我们成功申请到农业部948项目"欧美型加工黄瓜关键技术引进创新及产业化开发"。该项目经费90万元，执行期3年，在当时这已经算是经费很多的项目了。2个项目相互补充促进，使加工酸黄瓜育种在山东有了长足的发展。

　　通过中波合作育种项目的申报、执行，我深有感触的一点是作科学研究或其他事情，认准方向一定要坚持。做事之前就认为是不可能的思想是自己束缚自己的一条绳索。"只有想不到，没有做不到"这句话，不光在别人身上灵验，有时在自己身上也会闪光，就看自己尽力了没有。

　　我学农、务农、到爱农的一段心历路程，从一开始的不情愿到以后主动投身到这份事业，是一段不断自我学习、自我改变、自我提高的过程，只有开始没有终结。

　　王立铭，1938年11月生，男，汉族，中共党员，研究员。1962年7月毕业于山东农业大学畜牧专业。1962年10月在新疆生产建设兵团农垦科学院参加工作。1991年4月调入山东省农业科学院畜牧兽医研究所。曾历任新疆农垦科学院畜牧兽医研究所所长、山东省农业科学院畜牧兽医研究所所长。长期从事羊的繁殖与育种研究，先后主持国家和省（部）级重大研究项目14项，获国家科技进步奖一、三等奖各1项、省（部）级科技进步奖一、二等奖9项。首批享受国务院政府特殊津贴；先后被授予山东省专业技术拔尖人才、中青年有突出贡献专家等荣誉称号。

踔厉奋发 勇攀科学高峰

1999年10月1日，为庆祝建国50周年，中华全国总工会组织包括香港、澳门同胞在内的全国先进模范赴京观光游览，我作为先进模范代表团山东省分团的一员，有幸参加了本次庆祝活动。与先进模范们一起登上了天安门观礼台，亲眼目睹了庄严的升国旗仪式，9月30日还应邀赴人民大会堂共进晚宴及欣赏艺术家们精彩表演，深受鼓舞，终生难忘……一直激励着我在农业科研的战场上，在羊繁殖技术与育种研究领域不忘初心，砥砺前行。

40多年的科学研究工作，我先后主持国家和省（部）级重大研究项目，经历过风沙雨雪洗礼，尝尽了酸甜苦辣，遭遇屡次失败，摔倒了爬起来继续前行！也经历了科研过程中黎明前的黑暗、抓住了科研求索的灵光一现、取得了技术突破和创新。党和国家给予的荣誉、组织的培养关怀、科研团队的支持，激励自己在农业科研事业中坚持创新，不畏艰辛，奋力向前，无私奉献。

1962年10月我在山东农业大学大学毕业后，毅然响应党"到祖国最需要的地方去，到大西北新疆屯垦戍边"的召唤，踏上开赴乌鲁木齐的绿皮列车，历时3天4夜方才到达目的地，稍作停留即到石河子新疆农垦科学院报到。除"文革"期间单位解散在兵团农场4年外，20多年一直在科研一线从事羊的繁殖、育种科学研究工作。

立下军令状，攻克绵羊冻精技术难关

　　澳大利亚是世界著名的生产优质细毛羊国家，长期处于国际羊毛市场的垄断地位。20世纪70年代初，我国为发展细毛羊业，解决毛纺工业优质毛纺原料的紧缺问题，从澳大利亚引入20只澳美种公羊，当时每只羊花了1.5万元人民币，分别饲养在新疆和吉林等地，后来不慎失火被烧死2只，实际仅存养18只。为促进我国绵羊的改良和新品种培育，就要加强绵羊精液冷冻技术的研究与应用。

　　家畜精液冷冻是畜牧业生产的一项重大技术革新。它与常温精液相比，有独特优点：可长期保存和远距离运输；能更充分利用优良种畜，加速良种化进程；可大大节省饲养费用，降低生产成本。发达国家对绵羊精液冷冻技术的研究已进行了30多年，虽也取得一定成果，但因受胎率低和不稳定，无法在生产实践中应用，仍处于实验研究阶段。

　　1974年，时任国务院生产领导小组组长的王震将军，力荐新疆生产建设兵团开展绵羊冷冻精液的研究工作。当年秋，受将军嘱托，我自告奋勇牵头组成了项目攻关小组，在极其简陋的条件下，接下了这一光荣而艰巨的任务，一干就是15个春秋。历经千辛万苦，尝尽了苦辣酸甜，克服了重重困难，不惧一次次失败，终于攻克了技术难关，取得重大突破，使绵羊精液冷冻技术研究与应用居国内领先地位，跨入世界先进行列。

　　自力更生，艰苦创业。"文革"期间，新疆农垦科学院遭到严重破坏，曾一度被撤销解散。我接下军令状之际，单位刚恢复不久，问题多多：一是两少，即人手少（仅有3人），技术力量奇缺；二是资金少，只筹措到人民币5 000元，缺口很大；三是五无，即无实验室、无试验基点、无先进仪器设备、无资料可查阅参考、无交通工具。新疆地域辽阔，工作期间须经常往返于单位与试验基点之间，困难重重。

面对这种情况，我们一不等，二不靠，自力更生，艰苦奋斗，因陋就简，土法上马。无外汇购买液氮机和液氮罐（当时我国没有，只能进口），就到千里外的克拉玛依油田拉干冰作冷源，首次大胆尝试用普通暖水瓶代替贮藏罐，并从制氧厂生产过程中的副产品获取液氮；无法得到试验需要的进口试剂，果断全部采用国产药品作试剂；没有实验种羊，就借用某农场的种羊作试验，亲自骑自行车去取回试验样品，每日往返30余千米，冒酷暑，斗严寒，风雨无阻，历时半个多月。

为实地查清用绵羊冻精授精的受胎（3个发情周期）情况，就驻在试验点附近的废弃母猪产房里，四处透风，条件极为简陋，硬坚持了45天，直到试验结束。

百折不挠，勇往直前。在试验最初的两年里，羊精液冷冻后，精子活力还不错，但受胎率却很低，只有16%。后来用研究筛选出的较好稀释保护液配方后，母羊情期受胎率提升至40%，但离国家攻关计划指标还低5%，无法在实际生产中应用。此后试图通过改进稀释保护液配方、牵拉子宫颈深部授精等多种措施，结果受胎率非但未提高，反而下降至30%。面对重重困难，我们不气馁、不动摇，认真分析查找原因，制定新的技术路线，继续奋战。

科研工作中，经常是试验任务重，时间紧迫，人手不足，无暇回家，连续9个中秋节都是在试验基点度过，不能与家人一起吃团圆饭。

经常出差是我的工作常态，家务及照料孩子的重担只能落到老伴一人身上，她既要工作，又得忙家务，劳身劳心，令我倍感内疚。曾有一次，两个孩子同时患了重感冒，持续高烧不退，不思饮食，老伴异常焦急，盼我能回家一起看护，可当时我正在试验点上做重要试验，脱不开身。此时多亏本所的两位年轻同事自愿请缨，与老伴一起呵护关照，使孩子得以康复。

夯实基础，以才智应对挑战。知识就是力量，科技是第一生产力。绵羊精液冷冻技术的研究，属于边沿学科，涉及多种学科，需要掌握生物学、物理学、化学以及生殖生理学及动物营养学等多方面知识，同时还需具有较高的外语水平，及时了解、掌握国内外的研究状况、进展及趋势，不断修改研究方案。我非常注重学习和知识更新，不断充电。为寻找理想的绵羊精液冷冻稀释保护液，系统学习了生物化学、有机化学、无机化学及血液保存技术等；为提高精液品质和母羊受胎效果，潜心钻研动物营养学；为探索实施深部输精，去医院拜妇产科医生为师；为研制深部输精器，就请教钳工师傅；依仗长期积累的基础理论知识，每当灵感来临之时，及时捕捉并牢牢抓住，继而使研究有重大突破，为攻克难关起到关键作用。

论文发表引起国际同行专家、学者高度关注。该项研究以动物生理生化等基础理论为基础，由稀释保护液配方研制入手，在揭示营养与繁殖的密切关系同时，探讨母羊的排卵规律，研究深部输精和输精器研制，制定了国家《绵羊冷冻精液》（DB15/T 1769—2019）及《绵羊冷冻精液技术操作规程》。《绵羊精液冷冻技术研究》《提高绵羊冷冻精液受胎率的研究》《绵羊冷冻精液品质评定的研究——用电子显微镜和生物化学的方法》《绵羊鲜精和冻精超微结构的初步观察》等研究论文先后在《中国农业科学》《畜牧兽医学报》《新疆农业科学》等期刊发表。其中《提高绵羊冷冻精液受胎率的研究》一文于1981年8月公开发表后，引起国内外学者高度关注，不到一个月，先后有澳大利亚、美国和苏联等国同行专家（包括世界动物繁殖界的学者、教授，如澳大利亚的萨拉蒙、美国的福特及苏联的米罗万诺夫等）相继来信表示祝贺，其中萨拉蒙还索要影印件。

创新是科学研究的灵魂

对中国特色社会主义经济建设，我一贯坚持实事求是的原则，从长期实践和切身体验中总结出来的"不唯上、不唯书、只唯实，交换、比较、反复"，不仅是一种工作方法，也是老一辈革命家留给后人的宝贵精神财富。对于农业科研工作来说，同样要有遵循科研规律的态度，敢于质疑权威的闯劲、勇于探索创新的韧劲。

国外对绵羊冷冻精液的研究起步较早，也取得了一定成效，但进展缓慢，虽经30余年努力，受胎率低（情期受胎率徘徊在30%左右）且不稳定，无法应用于生产。

黎曼敢于怀疑欧几里得几何的第五公设，终于创立了黎曼几何。面对国外研究水平的天花板，国内技术的需求，以及很多行业内专家的怀疑和信心的缺失，我和团队的科研人员紧紧牵牢"创新"的牛鼻子，带着对"情期受胎率徘徊在30%左右"的怀疑、打破"受胎率30%纪录"的信心，坚持创新—实践—再创新，将创新贯穿于整个科研活动的始终，不断突破自我，历时15个春秋，一步一个脚印、一步一个台阶，不断取得新进展，终获硕果。

1980年，绵羊的冷冻精液情期受胎率在全国率先突破50%大关。又经过几年的不懈努力，研制出综合配套技术，最终将绵羊冻精的情期受胎率提高到67.2%，居国内领先，达到国际先进水平。截至1988年底，累计在新疆、陕西和甘肃等省（区）共冷配母羊18.84万只，母羊平均情期产羔率为52%，使优异种公羊的利用率提高30%~50%，净毛率提高10%，毛长增加1~2厘米，年增收2 887万元，累计增收上亿元。该项研究总体水平居国内领先，达到世界先进水平。"绵羊精液冷冻技术研究与推广应用"成果，于1989年荣获国家科学技进步奖三等奖。

探索从未停止，超越永无止境

作为运动员有一句话叫"纪录就是用来打破的"。作为动物繁殖与育种研究领域的科学家，我也深信"科学研究永无止境"。

近20年来，国内外养羊业发生了很大变化：一是绵羊由毛用转为毛肉兼用或肉毛兼用，将羊肉生产摆到主导地位，形成了"肉主毛从"的生产格局。二是肉羊生产特别是肥羔肉产业化，羊肉蛋白质含量高、脂肪少，肉质细嫩可口，备受国内外市场青睐。而肥羔生产周期短、周转快、成本低经济效益好，肥羔生产一直呈上升趋势。三是由自然放牧转向现代化生产，育种与杂交利用并重，采取先进科技手段，利用杂交优势，提高养羊生产水平。引进国外优质肉羊品种与本地品种进行杂交，培育新品种又进入了我的研究课题。

杜泊绵羊（Dorper sheep）原产于南非，属肉用品种，肉质细嫩可口，被世界誉为"钻石级肉用羊"。板皮厚且面积大，是上等皮革原料。具有很强的适应性，既耐热又抗寒，耐粗饲，特别对低品质牧草、秸秆等有较高的利用率，放牧舍饲皆宜。生长发育快，产肉力高。3～4月龄断奶羔羊体重可达36千克，胴体重16千克，特别适合绵羊肥羔生产。

小尾寒羊及湖羊是我国最著名的地方绵羊良种，具有高繁殖力、母羊产后前期泌乳力好、羔羊生长较快等特点，但产肉性能低下，产肉量少，且毛粗质差，经济效益不理想。

引入南非杜泊绵羊冷冻胚胎，通过胚胎移植技术进而获得纯种南非杜泊绵羊。用其作父本，与小尾寒羊（作母本）进行杂交，然后采用先进育种方法和技术，最终培育出我国自己的肉用绵羊新品种。对我国养羊业特别是肉羊产业发展，改善人民生活，提高经济效益，针对性强，有重要现实意义和应用价值。

1998年，我受聘任山东省农业科学院肉羊研究中心技术总监，全面负责中心的技术工作。2000年末专门组建了肉羊引进与繁育课题组。课题组成人员以本院畜牧兽医研究所的技术人员为主，特邀协作单位新疆农垦科学院畜牧兽医所羊的两位繁殖专家参加，于2001年秋，由我主持将从南非引入含有3个种公羊血统的杜泊绵羊冷冻胚胎，进行了移植，获得良好效果：受体羊36小时同期发情率95.35%，移植成功率达44.6%，居国内领先水平。

羊的胚胎移植，无论鲜胚或冷冻胚胎的成功率一直不高或不稳定，存在着发情率低、同期发情率差、移植成功率不高等技术瓶颈。为突破瓶颈，把握关键技术，在认真剖析国内外成功经验与失败原因的基础上，取其精华，弃其糟粕，制定有针对性的解决方案、措施：严格受体选择，挑选2～5岁、健康无生殖疾患的经产纯种小尾寒羊；科学喂养受体羊，确保全价营养，控制体重，保持中等体膘；选择秋季为移植时间，因为季节会影响移植效果，秋季最好，夏季最差；植入胚胎数也影响受胎效果，移双胚比移单胚可提高移植成功率18.3%，但不节省胚胎；采用先进移植技术，借助腹腔内窥镜，精准移植；细心管护移植后的受体羊，初期注意补充碳水化合物，促使胚胎着床，后期重视蛋白质的供给，以利于胎儿发育。

2002年在国内首次获得优质纯种杜泊绵羊，表现非常突出，如耐粗饲，抗逆性强，既耐热、又抗寒，生长发育快（如001号公羊周岁体重高达105千克）。同年春，时任山东省委书记张高丽视察山东省农业科学院肉羊中心，当看到冻胚移植生下的优质杜泊羊群时连声称赞说："好，好，长得和猪一样！"

在此基础上，承担了省良种工程，主持制定了小尾寒羊与杜泊绵羊进行杂交育种的《肉羊新品系培育》方案，制定了以小尾寒羊为母本与杜泊绵羊作父本，进行杂交，同时采用分子遗传标记育种法的技术路线，可大大缩短育种时间，加速育种进程。

抓住灵感大胆试、大胆闯，勇创新路，攀登科学高峰

1928年英国人弗莱明（A.Fleming）在培养葡萄球菌的平板培养皿中发现，在污染的青霉菌周围没有葡萄球菌生长，形成一个无菌圈，后来人们称这种现象为抑菌圈。他认为这是由于青霉

菌分泌一种能够杀死葡萄球菌或阻止葡萄球菌生长的物质所致，他把这种物质称为青霉素。正如发现青霉菌的弗莱明一样，科研工作要注重细节，善于思考，有创新思维的意识，更要抓住灵感的一刹那。

正当研究停滞不前、一筹莫展之际，1978年秋的一天，我正在整理试验材料，突然联想到一个普通自然现象，即在严冬时节，水满缸时会结冰将缸冻破，但半缸水时不会破裂。由此顿时开窍，在精液冷冻前，用高渗稀释保护液稀释，可使精细胞内的水分适当脱出，减少冰晶的形成，对精子有良好保护作用。

1982年夏，我出差在外地正在刮胡子时，思考近期在精液冷冻前预冷平衡时，为什么出现精子大片聚集死亡？当即产生了灵感：在液态状态下，应以等渗稀释保护液稀释才是科学合理的，如用高渗稀释液稀释，则势必导致精细胞脱水死亡。后来果断由一次稀释改为两次稀释法，很好地解决了这一难题。

经过反复试验，采用2次稀释法，精液冷冻前先用Ⅰ等渗稀释液稀释，预冷平衡；临冻时再用Ⅱ高渗稀释液稀释并立即冷冻。羊的原精渗透压为356毫摩尔/千克，即是等渗稀释液的渗透压，而Ⅱ液的适宜渗透压为1 800～2 100毫摩尔/千克。据此便研制出稀释保护液新配方，将冻精的受胎率提升到一个崭新水平。新研制出的87-2号液的情期受胎率达到67.2%，比原9-2号液提高了2.26%，已接近常温鲜精的授精效果，居国际领先水平。

灵感的产生，不是空中楼阁、天外飞仙，不是无源之水、无本之木，必须具备扎实的理论与丰富的专业知识，建立在长期的科学研究之上，且有一双慧眼，善于洞察分析事物，透过现象看本质，及时抓住，不断试验探索。只有不断学习积累知识，勇于实践，筑牢根基，开阔眼界，方能发现并充分挖掘其科研创新的潜能，实现新突破。

搞好团队建设，凝心聚力，激发出最大的创新动力和智慧。

一个人的力量是有限的，团队的力量却是无穷的，"一个人走得快，一群人走得远"。

干好一件事，就要建立一支有信仰、有情怀、有担当、团结奋进的科研团队及其崇尚的团队精神。把自己的命运和祖国的需要紧密结合起来，有强烈的爱国心、责任感；不畏艰难、吃苦耐劳、执行力坚决；不计个人得失，凡事出以公心；团结奋进，勇往直前。试验初期单位刚恢复，科研人员严重不足，试验小组仅由3人组成，随着单位发展壮大和试验研究的深度及广度不断发展，技术力量也逐渐得到加强和补充，整个团队发展到共有科技人员16名，包括新疆农垦科学院8名、石河子大学2名、中国科学院新疆化学研究所2名、兵团农（牧）场4名。其中大学本科及以上学历14名，其他2名；高级职称12名，其中研究员（教授）4名，助理研究员2名。年龄结构合理，多数在40～50岁，30岁以下占少数。

凝聚团队力量，分工协作。弘扬大协作精神，团结合作，发挥各自优势，明确分工，各司其职，奋力攻关。针对重大问题或核心技术、长期停滞不前的瓶颈难题，与有关单位及时沟通，集中人力物力，通力合作，是攻坚克难的捷径所在。在具体工作中，基础理论研究与石河子大学合作；精细胞超微结构病理学与生理生化研究，与中国科学院新疆化学所合作；有关深部输精技术及其输精器研制，与石河子医学院、新疆农垦科学院农机所等单位协作完成；羊的授精计划、方案具体实施由兵团有关农

（牧）团场承担。

学科带头人（领军者）应具有极强的事业心和责任感。榜样的力量是无穷的！要以身作则，率先垂范。不搞门户之见，不论资排辈，来者可敬，后生可畏，知人善任，人无完人，用其所长，取长补短；做团结的楷模，胸怀大度，海纳百川，调动每个人的积极性，充分发挥集体的力量和智慧。我率领团队积极投入到"中国美利奴（新疆军垦型）繁育体系建立"又一重大科研课题工作。利用仅有的5只进口种公羊，成功建立起它们的精子库，充分利用其优良基因，确保育种计划顺利实施。尽管在最早由国外引入的优异种公羊，因年龄太大先后死亡或淘汰，仍能用其保存多年甚至长达20多年的冷冻精液，继续给母羊授精获得它们的后代，从中挑选出其理想"继承者"，为新品种育成起到了决定性作用。将绵羊精液冷冻技术成果广泛推广应用于绵羊改良，最大限度地发挥优秀种公羊改良效果，促使优质羊群的数量迅速扩大，有力推动了该繁育体系的建立。

该项目的成功实施，使中国美利奴羊良种由1.6万只发展为6.9万只，细特毛产量由年产86吨，增加到1 220吨，年均增收6 000余万元，4年累计增收2.4亿多元。"中国美利奴（新疆军垦型）繁育体系"成果，于1991年荣获国家科技进步奖一等奖。

深入一线，掌握第一手资料，是科研成败的基础和必备条件。

马克思《资本论》第一卷法文版序言和跋中讲到"在科学上没有平坦的大道，只有不畏劳苦沿着陡峭山路攀登的人，才有希望达到光辉的顶点"。

坚持实践第一的观点，深入畜牧业生产第一线，掌握第一手资料，践行严、细、实，唯精唯一，才能及时发现问题和解决问题，避免走弯路或误入歧途，确保科学研究不断取得新进展、新突破。面对绵羊冻精情期受胎率已达40%多的骄人成绩，又研制出更优的稀释保护液配方，还实施了深部输精技术，但试验结果受胎率非但未有提高，反而急剧降低（仅有25%），这意想不到的情况，让我冒出了一身冷汗，食不思夜不眠，束手无策。后来让当事人实地重复了其整个操作过程，终于找出了症结所在：擦拭和清洗开膣器用的生理盐水，未用天平称量，氯化钠用量（过量）是随意抓取配制而成，由于生理盐水不生理，精子遇到高渗溶液而致死。为准确挑出发情母羊，求得试验数据可靠，我起早贪黑深入生产一线，亲赴试情点现场，协助搞好授精工作。当遇到雷雨风雪天气，不惧泥泞寒冷，步行十余里，坚持不间断。

多年的实践揭示，下雨天授精母羊易受孕。鉴于羊是短日照动物，其繁殖季节在秋季，昼短夜长。此现象并非偶然，乃自然规律使然。下雨期间母羊发情较多且集中，越是下雨天越应耐心细致地实施授精工作，万不可潦草从事。

吃水不忘挖井人，无私奉献感党恩

饮水思源，铭记掘井人。雨露滋润禾苗壮，万物生长靠太阳。没有党的关怀、培养和人民群众的养育支持，我这个在旧社会食不果腹、衣不遮体的农民儿子，就不会有如此美好的今天。树高千丈也忘不了根，党和人民的恩情比山高，深似海，令人终生难忘。

新疆地域辽阔，加之试验点多而分散，交通是个大问题。为确保项目按计划顺利实施，时任院党委程书记克服半个月不坐小车的不便，主动让出小车供我们项目组做试验用；在院财力严重不足的情况下，硬是筹集8 000多元资金，申购了"东海摩托"（带斗可坐3人），解决了交通工具缺乏的燃眉之急。

1982年全国绵羊冻精研究协作组，在新疆农垦举行现场冻精制作和受胎中间试验。为获取一个好结果，一方面要赶在试验前能研制出更优的稀释保护液配方，另一方面又得承担兵团的绵羊良繁授精计划，时间紧迫，人手不足。针对该情况，兵团当即从有关师团抽调了10名技术骨干，驰援项目组，最终中试夺魁。院领导的鼎力支持和全院职工的关怀重视，激励了我们知难而上的决心和毅力，为项目的胜利完成打下了坚实的基础。

在国家从站起来、富起来，到强起来的伟大历程中，我们农科人坚决维护党的核心地位，坚决以习近平新时代中国特色社会主义思想为指导，铭记于心，落实于行。让我们弘扬以"创新、实干、自强、奉献"的新时代农科精神，全面学习深入领悟认真贯彻党的二十大精神，立足新发展阶段，促进农业高质量发展。

　　张秀美，1956年10月生，女，汉族，江苏丰县人，中共党员，研究员。历任山东省农业科学院家禽研究所研究室主任、副所长，畜牧兽医研究所所长。

　　从事家禽疫病诊断与防治技术研究40年，主持完成多项国家、省部级重大科研项目，获国家科技进步奖二等奖1项，山东省科技进步奖一等奖1项，二等奖2项，山东省科技进步奖三等奖6项。在省级以上刊物和学术会议上主笔发表论文120余篇，主编、参编养禽和禽病专著17部。享受国务院政府特殊津贴。中共十六大代表。

我与强院共奋进

作为一名在山东省农业科学院工作了30多年的老科技工作者，亲自参与了山东省农业科学院家禽研究所、畜牧兽医研究所的建设和发展，亲眼目睹了山东省农业科学院40年来发生的巨大变化。自己能为强院建设贡献微薄力量，内心感到莫大的自豪和荣幸。在这里，我将自己的一些工作经历与大家分享。

白手起家，建立家禽病理实验室

我是1982年1月11日来山东省农业科学院家禽研究所报到。家禽研究所的前身是省农业厅试验鸡场，1978年归属于山东省农业科学院，成立家禽研究所。建所初期的研究所存栏有10多个品种20多万只蛋鸡，主要是以养禽生产为主，研究基础差，科研人员少。80年代初的实验室诊断技术很落后，几乎就是靠一把剪子两只眼。我一开始的工作就是跟着有经验的老师傅学习解剖诊断，每天都要在病鸡舍解剖上百只的病死鸡，但是遇到复杂病情，仅靠解剖很难准确诊断，有时会延误治疗时机。于是，我提出了筹建病理诊断实验室的想法，以进一步提升临床诊断水平。所领导非常支持，当时就决定将新办公大楼的一层用于建立实验室，并给我分配了助手。拿着这一大串钥匙，激动的同时，也感到责任的重大。暗下决心，决不辜负所领导和大家的信任，一定努力把工作干好。仅仅半年的时间，病理实验室从无到有，每一件仪器设备都是自己亲自购置、安装、调试。期间邀请市立四院的病理专家来所指导，去扬州农学院拜全国著名兽医病理学教授朱坤熹先生为师。每天既要去病鸡舍收集病料，整理病理标本，又要赶制病例切片，写诊断报告，忙得不可开交。但看到标本橱里一排排罕见的家禽病理标本和一张张五颜六色的病理切片时，感觉一切辛苦和付出都那么值得。家禽研究所的禽病诊断技术和水平也从此有了质的飞跃。20世纪80年代末期，"鸡住白细胞原虫病"和"鸡传染性法氏囊病"在省内多个养鸡场暴发，起初大家都搞不清楚是什么病，更没有任何防控措施，我们研究室利用病理学诊断技术及时进行确诊，并给出有效防控措施，给养鸡业挽回了巨大的经济损失。现在的禽病研究室已经发展成为"山东省家禽疫病诊断中心"，拥有博士、硕士研究生30余名。

敢为人先，建立全国第一个SPF鸡群

1983年初，家禽研究所禽病研究室正式成立，朱果任主任，我是5名成员之一。研究室成立后，承担的第一个课题是与中国农业科学院哈尔滨兽医研究所（以下简称哈兽研）合作的"无双白（白痢、白血病）鸡群的建立"，在哈兽研专家的指导下，项目取得了非常好的结果。一直以来，中国无人进行SPF鸡的研究，我国的生物制品全部用普通鸡胚生产，我们的科学研究也只能用普通鸡做实验动物。我们的国产疫苗无法与国外产品竞争，科研成果不能在国际杂志上发表。在"无双白"鸡群建立成功的基础上，我们申请了山东省科委"六五"攻关课题"SPF鸡群建立及维持的研究"，获得科研经费8万元，由于经费少，没有条

件建新鸡舍，我们就将办公楼四层的4间房子改造成百级净化的鸡舍。朱果主任带领我们多次跑农业部寻求支持，后来，我们的决心和行动感动了科教司的王静兰老师，是她出面联系了美国康奈尔大学的张先光教授，帮助我们从美国引进了第一批SPF鸡种蛋。我们如获至宝，日夜轮流值班看护孵化器。但由于长时间的运输，种蛋孵化率极低，180枚蛋仅孵出了22只小鸡。当时的我们心里那个失望，真是没法形容。好在我们没有气馁，很快又通过国家进出口检验检疫总局，从英国Horton家禽研究所引进了第二批360枚SPF种蛋，这次孵出了280多只小鸡。对于SPF鸡的饲养我们既没有经验，也没有资料可参考，好在我们都是养鸡出身，对鸡的饲养管理过程很熟悉，但SPF鸡饲养的关键技术除了鸡舍的空气无菌过滤外，确保饲料、饮水的无菌是大问题。我们先后探讨了高压锅消毒、钴-60照射消毒、紫外线消毒、臭氧消毒和酸化剂消毒等多种方法，最后筛选出的医用消毒柜多层饲料消毒法和酸化剂饮水消毒法，经济实用效果好，一直沿用至今。我们像呵护自己的孩子一样照看着鸡苗，生怕出现一点点差错。那时我们课题组多是女同志，孩子刚满3个月就送到所里的托儿所，忘记喂奶，丢在托儿所没时间去接，都是常事。但每天看到苗壮成长的鸡苗，听到小鸡叽叽喳喳地叫声，再苦再累心里也高兴。那段时间里，全所职工都给予我们全力以赴的支持和鼓励，老所长史文兴更是一天一次地询问鸡群状况，与我们一起研究对策。正是领导的重视，全所上下的同心同德，才有了后来我们SPF鸡事业的发展，山东省农业科学院家禽研究所和我们的研究团队也因此永远载入了中国SPF鸡研究的历史史册。1986年，"中国SPF鸡群建立与维持"项目获得省科技进步奖二等奖，

1987年，获得国家科技进步奖三等奖。省委书记姜春云、院党委书记阎连春亲自来家禽研究所视察鸡群并进行工作指导。有了上级领导的支持，同行专家的肯定，我们的信心就更足了。紧接着，我们在家禽研究所院内相继建立了SPF鸡B舍和C舍，饲养规模很快扩大到了1 000多只。1990年，山东省农业科学院又在东郊给我们划出40余亩地，批准建设更高标准的SPF鸡舍。1990年10月，我去美国俄勒冈州立大学做访问学者一年，回国后，号称亚洲最大的"无特定病原（SPF）种鸡场"已经建成，饲养规模达到了3 000多只。当时的国家科委主任宋健亲自给鸡场剪彩。我们的SPF鸡种蛋源源不断运往全国各大专院校、研究单位和生物制品厂，给国家节约了大量的外汇，中国的疫苗制品也结束了用普通鸡胚生产的历史。

🖋 服务生产，省内率先研制家禽灭活疫苗

1994—2001年，我担任禽病研究室主任和副所长期间，课题研究、SPF鸡生产加上疫苗开发，禽病研究室十几个人整天忙得团团转。当时我们承担的"SPF鸡新城疫油乳剂灭活苗的研究和应用""鸡新城疫—传支—产蛋下降综合征三联油乳剂灭活苗的研究"，每个项目的科研经费仅有几千元，但由于疫苗剂型有创新，研制出的油乳剂灭活疫苗是省内第一家，免疫效果和免疫期都远远优于传统的活疫苗，很受养殖场（户）的欢迎，产品供不应求，经济和社会效益都非常显著。两项成果都获得了省科技进步奖三等奖。2000年前后，禽流感在国内大面积暴发，我们快速研发出禽流感灭活疫苗，挽救了数以万计的鸡群，为山东省养鸡业的健康发展做出了积极贡献。

转换角色，平衡好全所与自身科研工作关系

2001年3月，由于工作需要，我调任畜牧兽医研究所担任所长。当时的畜牧兽医研究所研究基础比较薄弱，每年研究经费不足200万元，也没有省级重点实验室。我的工作重心和精力自然转向了全所科研事业的发展上。加强基础条件建设是畜牧兽医研究所长期发展的第一要务，所属饮马泉农场一直闲置没有充分利用。首先，所领导班子统一认识，决定在饮马泉农场建立畜牧科技示范园，以提升畜牧兽医研究所科研示范能力。在院各级领导的大力支持下，我们先后争取到了国家发改委和省财政厅的"科研基础条件建设"项目。2003年，投资3 000余万元的山东畜牧科技示范园在饮马泉农场正式建成挂牌，示范园区内建有实验种猪场、种羊场、种兔场和奶牛场，承担着国家发改委和山东省科技厅、农业厅多个科研项目。我们的兴牛乳业、黑头杜泊绵羊、鲁农1号猪配套系、鲁烟白猪新品种等试验研究都是在这里完成，并获得多项国家、省部级奖励。当时的省委书记张高丽亲自来科技示范园考察指导工作，给予了我们高度评价。紧接着，我们又多方筹集资金，争取省重点实验室的立项和建设。2006年，"山东省畜禽繁育重点实验室"顺利通过专家验收。从此，畜牧兽医研究所有了省级重点实验室研究平台，这标志着我们的研究条件和研究水平又上新台阶。有了梧桐树，凤凰自然来。重点实验室建成以后，我们陆续从南京农业大学、中国农业大学、浙江大学、山东农业大学、青岛农业大学等高校引进了30余名硕士、博士研究生，我们的科研人员也陆续走出国门开展学术交流及合作研究。随着科研队伍的逐渐发展壮大，科研项目也在逐年增多，在全所科技人员的共同努力下，科研经费由原来每年不足200万

元增加到2 000余万元。国家农业产业技术体系岗位科学家4个，试验站2个，山东省畜禽良种工程的生猪、肉牛、肉羊体系首席也都是由家禽研究所专家担任。这在当时全国省级研究所内是非常少见的。2010年和2011年家禽研究所连续两年获得国家科技进步奖二等奖，这对于我们全所科技人员是莫大的鼓舞和鞭策。

百忙之中，我也抽出时间建立了自己的家禽团队，先后主持了科技部、农业部，国家自然基金以及山东省科技攻关等重大科研项目，科研成果分别在2007年、2009年获得省科技进步奖三等奖和二等奖。2012年3月，我卸任所长，一如既往做好自己的科研工作，重点转向培养年轻人科研创新能力，各项研究课题顺利交接。今天，我们的禽病科研团队有博士研究生3人、硕士研究生3人，承担有国家肉鸡产业技术体系综合试验站、科技部、农业部等重大科研任务。多年的工作实践使我深刻体会到：事业是一代代传承的，没有传承，就没有成功。一个人可能走得很快，但一群人才能走得更远，这就是团队的力量。

退而不休，继续发挥余热

退休以后，角色转变，发挥自己的专业特长。作为院老科技工作者协会副会长，积极参加协会组织的各项活动，在山东电视台12369直播间，对话《养禽场生物安全与科学用药》，在线听众达38万人。组织院老科协专家到潍坊、东营等地企业进行技术培训和指导。近年来，在企业与行业协会举办的各类大型研讨和培训会上，主讲家禽疫病流行防控专题30余场次，到养殖现场技术指导更是日常工作的一部分。另外，组织行业内专家，主编主审了《笼养肉鸡40天》《肉鸭疫病防治》《蛋鸡疾病诊治图谱》等专著，分别在2021年和2022年由山东科学技术出版社出版发行。

作为省农业专家顾问团畜牧分团成员，积极履行职责，主动承担调研任务，撰写的"畜牧业如何与金融、信息、物流等产业融合发展""笼养肉鸡的现状及发展趋势分析"等调研报告，为省政府和行业主管部门领导决策提供了及时信息与强力支持。

为践行习近平总书记"推动产学研深度融合，实现科技同产业无缝对接"的指示，自退休以来，一直受聘担任新希望六和集团禽产业首席科学家，参与集团发展决策，指导集团禽产业健康稳定发展。组织建立了新希望六和动保研发中心，几年时间，中心实验室由原来的2人发展到现在的76人。成立总公司中心实验室1个，分公司卫星实验室55个。目前动保中心承担全集团1 000万头猪和3亿只家禽的疾病检测和动保服务，自行研发的检测试剂每年为公司创收1 500余万元。在我的纽带作用下，新希望六和集团领导也多次来山东省农业科学院和畜牧兽医研究所进行技术交流与合作洽谈，并共建了"山东省家禽疫病检测实验室"，双方关系发展良好。

回顾40年在山东省农业科学院的工作历程，自己每前进一步，取得的每一点成绩，都离不开山东省农业科学院各级领导的关心支持和同事们的无私奉献。山东省农业科学院是我事业的基站，是我实现人生梦想的舞台。"给农业插上科技的翅膀"是习近平总书记2013年到山东省农业科学院视察时作出的重要指示，也是对我们科技人员最大的鼓舞和激励。有生之年，我愿继续为山东省农业科学院的发展做出自己力所能及的贡献。同时，希望我们山东省农业科学院发展越来越好！

　　武英，1956年12月生，女，汉族，中共党员，研究员。长期从事猪育种、饲养管理等技术的研究与开发。山东省农业良种工程猪育种项目首席专家；享受国务院政府特殊津贴；山东省有突出贡献的中青年专家；国家现代生猪产业技术体系岗位科学家。

　　主持完成"863"、支撑计划、跨越计划、转基因育种，省良种工程等国家与省部级重大课题30余项，获省部科技奖励20余项。"鲁农1号配套系、鲁烟白猪新品种培育与应用"2009年获省科技进步奖一等奖，2010获国家科技进步奖二等奖。在核心期刊发表论文160余篇，主持出版编著17部，获批国家和地方标准7件，授权专利20余项。先后荣获"全国巾帼建功标兵""省先进工作者""新世纪新十年学会领军人物"等荣誉称号。

在猪圈与实验室里书写青春华章

在举国上下共同庆祝中国共产党第二十次代表大会胜利召开之际，我们要感恩英明伟大的中国共产党！世界上没有哪个政党像中国共产党这样伟大，建党一百年、建国七十年。人口从4亿到14亿，从一穷二白走向温饱，达到小康！科技强大、国防强大、政治清明、经济腾飞、文化复兴。在中国共产党的英明领导下，短短几十年中华民族真正地成为屹立东方的大国，令全世界刮目！作为一名共产党员为之感动，为之骄傲，更要为之奉献！

✍ 不负韶华，在学习和实干中成长

每每回想到自己的工作经历，总是情不自禁地感慨自己的幸运。1977年恢复高考很荣幸地被山东农学院录取，在畜牧专业就学。1982年1月分配到山东省农业科学院畜牧兽医研究所工作，进而分到养猪研究室。我欣慰！因为毕业前在山东省农业科学院试验猪场实习时，就住在饮马泉猪场的门卫的房子里，麦秆打地铺，每天一早走着到西猪场（三宿舍旁边）实习。毕业后全班42名同学只有我一人回到了这里。

去养猪研究室报到的情形还历历在目。徐锡良主任见面就问："你会不会骑自行车？"我回答"会。"当时徐主任就把研究室里一辆"白鹤牌"公用旧自行车给我,说:"猪场比较远,你以后就骑着这辆车去猪场上班吧"。尽管这车浑身作响,我却心中暗喜:"月工资40多元,要自己买辆自行车的话不知道要积攒多久呢"。就这辆白鹤牌自行车伴随我天天去猪场,风风雨雨,磕磕碰碰。多少年,陪我完成了一批又一批的饲养试验和无数次的样本采集。只是不记得这辆劳苦功高的自行车是什么时间退休了。

很幸运,工作后就先后参加了徐锡良主任、俞宽钟厅长主持的两项省级重大研究课题。20世纪70年代末到80年代利用引进猪种巴克夏、约克夏、杜、长、汉、施格、皮特兰等与本地猪杂交试验,以期筛选适合当地饲养条件的杂交猪种。经10余年的多批次配合力测定,筛选出56个杂交组合,为90年代以后陆续开展的新品种、配套系培育奠定了坚实的种质资源和育种技术基础。期间,老一辈专家和师长严谨求实的科研态度,实干苦干的工作作风,给我树立了学习的榜样。

那个年代业余生活单调。尤其是80年代,很少的家庭有电视,更没有电脑、手机等,就是座机电话一个单位也没有几部。通信设施简陋,远途的联系主要靠信件,有急事到邮电局拍电报或打长途电话。尽管如此,青年人积极向上、一展抱负的精神状态却是高昂的!求知、奋进、拼搏、责任是时代的主旋律。工作认真负责、争先恐后,不怕吃苦受累,没有怨言。对待科研课题一丝不苟,干中学、学中干,从不气馁。遇到科研难题时,就是跑图书馆借阅图书,从院里所里有限的杂志图书中寻找答案。晚饭后办公楼上10点多常常是灯火通明,大家要么看书学习,要么在实验室忙碌。日积月累、脚踏实地地学习专业理论知识、总结科研经验，为争取科研项目、独立承担试验任务打好基础。

记得1987年，我申请到第一个青年基金项目"猪精液冷冻技术研究"4万元。当时还参加了两项省级课题，基金项目多半要穿插开展或加班加点地去做。该项目特点是每周2~3次采精，冷冻、解冻环节复杂，精子活力检测一般连续检测72小时以上。晚上做试验的时间会很晚，孩子还小就只能带着他到实验室，年幼的孩子常常在实验室里等我。

1990年到了项目攻关阶段，但遇到一些难题。得知广西畜牧研究所这方面技术先进，就带着问题与李运臣老师经北京辗转去了广西畜牧研究所学习请教。孩子刚上小学一年级，那时没有什么通信方式，一去12天，渺无音讯。他们父子去火车站接站时，我把久未见面的儿子搂进怀里着实地哭了一场，那是第一次离开他这么长时间，牵挂不已。经过不懈地努力，最终在猪精液冷冻、解冻技术方面创新性突出，部分技术达到国际先进水平。该成果于1992年获省科技进步二等奖。

回顾这个项目的过程，感觉还是挺佩服自己的。一个女同志几年的时间里，试验过程的每一个环节几乎都是亲手完成。尤其是给300千克左右的大公猪徒手采精，着实恐惧，它若不配合，一嘴巴就重重伤到自己，至于脏臭那都不是事了。中间和扩大试验阶段多半是在莱芜的苗山、杨庄和孙故事猪场进行。场里的工人负责观测母猪发情情况，一有消息带上液氮罐就往莱芜赶，唯恐错过最佳输精时间。

"九五计划"开始，山东省"三〇工程"动植物育种重大专项启动，由俞宽钟厅长主持。在之前研究基础上，生猪育种进入更加扎实推进时期。本人主持"瘦肉猪配套系饲养新技术研究"子项目，针对配套系猪具有地方黑猪适应性抗逆性强、耐粗饲和肉品质好和外种猪生长速度快瘦肉率高的种质特性，以及商品猪生长发育规律，利用经典的全粪尿收集法和先进的大肠瘘管收集食糜体外消化相结合的技术，进行了多批次的断奶仔猪、生长育肥猪的消化实验，研究了仔猪到出栏不同生长阶段对蛋白质、能量等营养物质的消化吸收规律，创新性地推出了三阶段饲养方案和系列优化饲料配方。依据繁殖母猪配种期、怀孕前期、怀孕后期、围产期、哺乳期等生殖生理需要，开展了分阶段调控能量和蛋白质水平及相应的精粗饲料合理配比、饲喂量设计等研究。既满足猪生长生产的营养需要，又减少了饲料的浪费。形成了系列营养水平及相应的饲料配方和饲养新技术操作规程，在生产中大面积示范推广，促进了养猪技术的升级，为节粮型养猪奠定了坚实的理论和技术基础。2000年获得省科技进步奖二等奖。

2001年，省科技厅下达了"山东省农业良种工程"，我有幸主持"优质肉猪配套系培育研究"重大专项，历经17年。期间，科研经费逐年递增，研究条件不断改善。如项目在省内首次引进了美国奥斯本"全自动种猪性能测定系统"、PIGLOG105活体瘦肉率测定仪和BLUP育种软件及计算机育种技术，不仅把科研人员从繁重的人工测定工作中解放出来，更是显著提升了选种准确性和创新了育种技术体系。作为首席主持，我倍感责任重大，使命光荣。决心不辜负政府、单位和同行的信任。畜牧兽医研究所牵头，联合山东农业大学、青岛农业大学、省畜牧站、莱芜、烟台、济宁等多个地市畜牧局及猪场，组建30余人的科研团队，开展联合攻关。率领团队优化"产学研"相结合的研发模式，创新研究思路、集成性能和基因测定、遗传评估、早期选种等育种新技术，利用烟台黑猪、莱芜黑猪和引进的大白猪、长白猪、杜洛克猪培育出了"鲁烟白猪"新品种和"鲁农1号猪配套系"。创建了无应激敏感基因配套系父系鲁育大白猪和杜洛克猪核心育种群，实现常规育种与分子标记技术的有机结合。其育种技术跻身于猪育种的国际先进水平。培育出的新品种和配套系高繁突出，母猪年比社会生产群平均多提供7头，比规模猪场多5头左右。抗病力强，混养条件下母系种猪发病率比外种母猪显著降低，用药少，饲养成本低、效益显著。建立了新品种和配套系亲本猪选育、扩繁制种、商品生产的繁育体系；集成了安全生产的配套新技术；创建了"研、产、加、销"优质猪肉生产模式。建立了产品质量溯源的技术体系，为安全放心肉提供了信息和技术支撑，推动了产业的健康发展。为我国生猪种业的持续高效发展提供了技术支撑和奠定了理论基础。

回顾多少年里带领团队奔波在济南、莱芜、烟台、济宁等十余个地市的猪场。一批批一茬茬的试验猪，交错着、穿插着进行性能测定、配合力试验，从出生仔猪到长大配种、育肥屠宰，肉品质分析，永远在称重、测量、统计分析，团队里参加研究的郭建凤、王诚、成建国、王继英、呼红梅为代表的年轻研究生博士生，他们都是70、80后，不怕脏不怕苦，埋头实干，令我感动。轻盈身材靓丽的容貌被不透气的隔离服裹得严严实实，脚下总是踏着沉重的大胶鞋，就这样在寒暑更替中，或在猪圈或在实验室里书写青春华章。把发展我国生猪种业贡献绵薄之力的朴素感情，以寄情如梭的岁月，不忘初心，不辱使命。圆满完成了一项项研究任务。利用引进和地方猪双重遗传资源培育出的新品种和配套系，于2007年通过国家审定。先后获省科技进步奖一等奖和国家科技进步奖二等奖。期间同步对新品种的饲养配套技术进行研究，获省科技进步奖三等奖3项。

一分耕耘一分收获！完成一个大项目，积累了研究经验，丰富了育种理论，带出了一支队伍。夯实了承担"863""支撑计划""国家自然科学基金""农业部跨越计划""国家生猪产业技术体系"等国家重大项目的底气和机会。我们的研究成果得到了全国同行的肯定，知名度不断提高。为此，院里所里都及时地给予了认可和表彰鼓励，先后批准享受国务院政府特殊津贴，院、省直机关优秀共产党员、省三八红旗手、全国巾帼建功标兵、山东省突贡专家等荣誉称号。

🖌 科研和生活条件持续改善，显著提高工作效率和研究水平

科研条件进一步改善，科研经费的不断增量投入，2001年全所到位科研经费不足300万元，到2011年末已经增长到3 000万元以上。猪场自动化智能化饲养与测定设施设备的更新减轻了科研人员的劳动强度，提高了试验数据收集效率和精准性。重点实验室的建立，先进的研究手段，实现了宏观微观并举的深入研究，加速了认知和进展。如生物技术、全基因组学的应用，生命的密码被不断破解，论文水平、成果档次都上了大台阶。

反观20世纪80年代，却是一支铅笔一摞纸，去完成原始资料的收集、统计、分析。

生活条件的改善解除科研人员的后顾之忧，获得感和幸福感

日益提升，为潜心学术研究提供了保障。

我们那一批人，像李运臣老师、肖传禄所长、韩秀臣师傅等10多家都住在畜牧兽医研究所内靠南院墙的简易平房。我住了8年，1991年分楼房后成建国主任接着住。共用一个水龙头、一个露天厕所，厨房的墙角里经常会发现有刺猬和老鼠。房子前面紧挨着水沟，夏、秋季节长满深深的草丛，经常有蛇出来，这是最最恐惧的！只有我和孩子时，晚上经常吓得不敢入睡，非常担心哪个时刻蛇沿着缝隙溜进屋里。

还有难以忘记的8·26大洪水，记得雨下了整整一个白天，房顶漏雨厉害，睡觉前把所有的盆盆罐罐用来接水，直到12点才睡下。凌晨1点多给孩子把尿时，一看拖鞋及床下东西都在水上漂着，用纸扎的顶棚浸透后成一个水柱往下流，在地面的水上泛起小水花，孩子睡眼蒙眬地说了声"趵突泉"，屋外是一片汪洋。之后家里所有的电器都漏电。

自90年代以来住房条件慢慢得到改善，生活越来越好，幸福感、获得感越来越强。

说到出行，总会联想到那年去广西学习的情形。济南到南宁没有直达火车，必须从北京走。光是北京到南宁用了38小时，从南宁回来在上海换乘。漫长的旅途中，车上人满为患，南腔北调，吃喝拉撒睡，整个是乌烟瘴气。可进入21世纪后，发生了天壤之变，每次坐在那飞驰的高铁上都会感慨万分。放眼我们国家农业科技的腾飞日新月异，信息工程、基因工程、全基因组育种技术等已经悄无声息地融入到生猪种业的研发中，推动着猪肉生产与消费大国向着世界强国迈进的步伐。中国科技的发展了不起，中国共产党实在是太伟大了！

我们的科技创新工作正如奔驰的高速车……

科研取得了进展，生活中却也有些许遗憾和愧疚

孩子是满1岁入的幼儿园，工作忙加上不会照顾孩子，小时候特别容易生病。每天都提心吊胆，有时中午还带着药到幼儿园给孩子喂上。猪场里的工作时间不好控制，没早没晚。下午接孩子时一般都过了放学时间，无数次只剩他一个时，老师就把孩子寄存在传达室，每次赶到幼儿园，看到一个孤孤单单的小孩眼巴巴期待的神情，心里就非常的愧疚。

那是孩子4岁时，还在简易平房住，晚秋的一天早上5点多钟，我就要到实验室准备肉质测定，爱人出差了，只好把熟睡的孩子关在家里。房门没锁，孩子醒来看不到妈妈，就光着屁股跑出来找，边哭边跑，被肖所长家的嫂子听到了，用床单给包起来，然后在楼下大喊。我才知道孩子睡醒了。

孩子在读小学期间是脖子上挂钥匙自己回家。好像是三年级的时候，住在三宿舍楼房。冬天里没有暖气，厨房生着蜂窝煤炉子，比较暖和，孩子放学后自己就在吃饭的圆桌上写作业，写着写着睡着了，身体一歪，一只手摁地，正好压在炉子旁边睡觉的猫身上，把他的一个指头咬了一口。不巧的是，那天和我爱人下班都很晚，孩子只好自己去卫生室要求打疫苗，大夫说没有疫苗，敷上碘酒就回家了。我们下班后当晚去了历城防疫站打上疫苗。每每想起来就默默地感谢孩子从不埋怨这个不称职的妈妈，可自己却感觉对不起孩子。欣慰的是儿子学习很努力，考上山东

大学软件学院，他上大学后，我的科研任务也越来越重，就各忙各的了。有时想若孩子考不上大学，自己可能会自责一辈子。

🖋 工作体会

人才队伍和团队精神是科研创新的基础。几十年的科研生涯，让我深深体会到：每攻克一道难题、取得一项突破到获得一次创新性成果都离不开强大的团队力量。80—90年代，由山东省农业厅俞宽钟副厅长组织全省教学科研、行业管理、技术推广、养猪生产与加工等30多个单位200多人的产学研人才队伍，利用国外引进的瘦肉型猪种开展杂交试验，改良地方猪存在的生长速度慢、产肉量低的不足，先后筛选出50多个适宜不同地区环境的杂交组合，极大地缓解了当时猪肉供不应求的矛盾。进入市场经济的新世纪里，仍然需要大团队的联合攻关。鲁农1号猪配套系和鲁烟白猪新品种的成功培育也充分证明了这一点。

科学研究就是不断对自然现象的解释和揭秘。解读事物内在的微观的规律，就必须从宏观入手，先掌握外在表观性状，然后发问，为什么是这样而不是那样？想要作答，就必须掌握第一手资料。鲁烟白猪新品种是以烟台黑猪为育种素材培育而成的，要改良烟台黑猪生长速度和产肉量，还要保持原有的高繁和肉质优的特性，就要用引进的长白猪、施格猪等作父系开展杂交，并对各自后代猪进行多批次的生长速度、肉品质及繁育等表观性状进行系统测定，通过测定数据分析其内在差异发生的规律，进而确定适宜的父系种猪。这就要全过程亲手设计与实施，并动手测定记录、总结分析和优化。测定结果的差异性便是提出问题和研究的关键，最终达到了解它，掌握它，甚至改造它，让它向着人类的需要变化或进化。

居安思危，砥砺前行。习近平总书记多次强调"科技是第一生产力"，并于2020年11月12日在浦东开发区开放30周年庆祝大会上指出，"科学技术从来没有像今天这样深刻影响着国家前途命运，深刻影响着人民生活福祉。"我个人认为，当今每一位科研人员在享受改革开放大成果、大福利的同时要放眼全球，居安思危，和平是相对的。清醒地认识到，我们还有很多方面需要不断创新和赶超，唯有国家的强大、自身的强大才可以不受任何势力的牵制！

我们是农业大国，人口大国，但人均资源却远远低于美国、加拿大等发达国家。习近平总书记在2021年中央农村工作会议上强调，"保障好初级产品供给是一个重大战略性问题，中国人的饭碗任何时候都要牢牢端在自己手中，饭碗主要装中国粮"，同时在中央经济会议上指出，"决不能在吃饭这一基本生存问题上让别人卡住我们的脖子。"推及畜禽种业，发展仍然滞后，距离完全打破国外垄断还任重道远。

几十年的科研生涯不仅收获了成果和荣誉，更是收获了院所、团队，国内同行的很多关爱和友情。以上是自己科研工作的大体经历和体会，平淡无奇。因所处历史时期和社会背景不同，肩负的使命、面临的挑战、工作风格亦不同。但有一点是相同的，那就是像习近平总书记说的"青春总是与梦想相伴"，希望年轻的科研人员梦想成真！

王生雨，1953年10月生，男，汉族，山东兖州人，中共党员，研究员，享受国务院政府特殊津贴专家。1979年毕业于山东农学院畜牧兽医专业，同年分配到山东省农业科学院家禽研究所工作。从事家禽科学研究与技术推广40余年，2013年10月退休。主持（参与）省部级科研课题11项。获厅局级以上科技奖励13项，其中山东省科技进步奖二等奖（首位）2项。获专利8项。主笔撰写研究论文127篇。主编科技、科普著作21部。荣获中国畜牧行业先进工作者、第四届全国优秀农业科技工作者和山东省农业科学院改革开放40周年"科技功臣"。

在生产实践中立题并快速
转化成果形成生产力

十年磨炼如一日，夯实基础技术精

1979年11月，听从组织安排，我到家禽研究所试验场实习。实习一年后又安排在试验场工作，直到1989年。

这十年里，我一直从事一线生产技术工作：制订生产计划，实施鸡群周转、鸡群配种、鸡群调群、鸡的断喙、免疫等工作。十年的磨炼，无论是断喙或是免疫技术等都夯实了基础，同时又针对生产中的疑难问题做了许多试验研究，如开放式鸡舍南北设计、鸡群产蛋鸡及抗病观察、无羽鸡研究（分课题——无羽鸡主羽脱换规律观察）、肉种鸡（矮脚白罗克肉鸡）笼养试验、肉鸡与蛋鸡杂交、红壳蛋鸡与白壳蛋鸡杂交等；也进行过人工授精输精有关试验，如输精深度、输精量、输精时间及公母鸡交配性行为观察，鸡的抗精子不育试验，27个品种品系保存、生产性能及生理生化试验，染色体带型、组型观察及品种的开发应用等，特别是染色体带型、组型的观察，专家认为达到国际先进水平，并获得山东省农业科学院科技进步奖。这些研究论文在世界家禽大会（荷兰）、中国家禽研究会、中国繁殖研究会上进行交流并刊入论文集。

生产中，我不断总结经验并主编了《蛋鸡生产新技术》《肉鸡生产新技术》等十几部科普书籍。自费订阅《中国畜牧杂志》《中国家禽》《饲料研究》《当代畜牧》等多家杂志，活学活用地用于指导生产并发挥作用。我经常向所领导汇报研究思路和工作想法，大部分获得支持和采纳，如祖代场肉种鸡笼养问题、鸡群的科学组成问题、人工授精种公鸡饲养饲料营养调配问题、产蛋鸡生产期采取低蛋白质问题等。以上问题虽然不能呈报成果，但被生产所利用，发挥了应有作用。

这十年间，家禽研究所课题经费少，全所的开支主要靠试验场的创收。根据院所精神，在所级及中层领导的大力支持下，我承包经营了试验场。制定严格的管理和防疫制度，完善试验场员工饲养承包奖罚办法，使经济效益创出历史最高（年收入达到80多万元）。工作中，严格执行各项规章制度和防疫制度，改造防疫设施；风雨雪天气，我日夜守候在场内，确保鸡场鸡群安全、免受损失；勇于承担，不惧报复，奖罚分明，员工积极性得到充分发挥。就这样，试验场的业绩不断创出历史最高水平。由此，我感到只要付出、一心为试验场着想，就有成绩、就有回报，就能得到大家的认可。这十年虽然漫长，但我学到不少书本上没有学到的知识和技能，真正学到并体现出饲养员最纯朴的不怕脏不怕累的精神，是非常值得珍惜的时光。

学习是成长的基础，试验观察是寻找课题的窗口

1981年初，我年龄偏大，虽已定婚期，但面对到北京市农

林科学院畜牧兽研究所学习人工授精的机会，我深觉机会来之不易，于是耐心做好双方父母的工作，毫不犹豫推迟婚期。同年12月，妻子孕产，坐月子期间，因老人年龄偏大，无法照顾，我只好一边在家伺候月子，一边进行试验。此时，为了探明人工最佳受精时间和授精方法，我克服困难仍决定在鸡舍里搞试验，进行"鸡的性行为"观察。每天早晨在天亮之前提着一个水壶到鸡舍做试验，妻子却在最需要营养时天天三顿吃面条、鸡蛋，直到每天晚上鸡群进窝我才回家。这样一回两回也就罢了，时间一长，妻子很不理解，我一边将自己的收获记录在案，一边尽量安抚妻子，照顾其身体。据此研究，我发表了两篇国际论文，也为鸡的人工授精研究课题打下基础。

从生产实践中选立课题，尽早解决人工授精技术难题

20世纪80年代初，我国刚开始机械化养鸡，但基本上是商品蛋鸡笼养，种鸡人工授精技术比较薄弱，国内非常缺乏这方面技术。当时，北京农业大学、北京农林科学院畜牧兽医研究所试验场的受精率很少超过90%，只是在实验室进行部分研究，如精液稀释、精液保存等，还缺乏整套人工授精配套技术研究。我们所的"人工授精技术研究及应用"是自选课题，没有经费，给试验工作带来难度。因我在试验场负责生产技术工作，便结合生产开展试验，获得的成果使所有蛋鸡人工受精率都得到很大提高。蛋鸡笼养人工授精技术的应用，可节约大量土地、减少种公鸡配种量，也节省饲料。该研究成果应用推广的同时也在全国培训了

大批人工授精技术人员，我在山东省内烟台、淄博、济南20万蛋鸡场亲自培训指导种鸡人工授精技术，1988年已向全国27个省（区、市）推广。在院所支持下，我与家禽研究会秘书长协同配合上海科教电影制片厂，在山东大中型种鸡企业摄制完成家鸡人工授精技术影片。由于人工授精技术的研究及应用经济效益和社会效益十分显著，院里同意该自选课题申报成果，专家一致认为该研究达到国内先进水平，获得山东省科技进步奖二等奖。

全力把科研成果快速转化为生产力

经验证明，研究课题与企业合作，采取边研究边推广方式，科技成果就能迅速转化为生产力。我主持的几项研究课题，基本上都是与企业合作，这便于成果的开发。如鸡人工授精技术推广至全国27个省（区、市），肉种鸡笼养技术推广至11个省（市），商品肉鸡高效技术及应用在全国40%以上面上推广、山东省面上推广60%以上，鸡饲料配方研究及应用推广至7个省（市），肉种鸭旱养技术研究及应用在全国95%以上的肉种鸭企业推广应用。这些研究有的获得山东省科技进步奖，有的获得山东省农业科学院、山东省教育厅、地市科技进步奖。这些成果100%转化为生产力。以上成果还有几项直到现在仍在应用，产生出巨大的经济效益和社会效益。获得发明专利3项、实用新型专利5项。

积极撰写科普丛书，如《中国养鸡学》《中国水禽学》《蛋鸡生产》《肉鸡生产》《肉鸭生产技术》等专著21部，其中《中国养鸡学》获得山东省教委科技著作一等奖。发表研究论文127

篇，其中国际学术交流刊入论文集、学报级4篇，其他发表在《中国家禽》《中国畜牧杂志》《山东家禽》等杂志上。曾被聘任和现任中国家禽研究会理事、中国畜牧工程分会副理事长兼副秘书长、中国家禽协会副秘书长、山东畜牧兽医协会畜牧工程专业委员会副主任兼秘书长、中国畜牧业协会白羽肉鸭工作委员会副主席兼秘书长等。获得荣誉有1992年家禽研究所上报国务院政府特殊津贴专家，2004年被评为全国先进科技工作者，获中国农业工程学会畜牧工程分会突出贡献奖等。

综上，自己事业上虽然做出一点成绩，但与同事们相比还相差很远，还要学习老前辈和年轻人科研上的敬业精神，愿年轻专家为院所科研事业激发出创新思维、凝聚起奋进力量、勇攀科学高峰，以更大作为开创强院建设新局面。

　　王泮清，1933年1月生，男，汉族，高级工程师。1961年8月毕业于吉林工业大学拖拉机设计专业，同年9月分配到山东省农业机械厅设计室工作，1962年7月调入山东省农业机械研究所（以下简称农机所）工作。曾任全国拖拉机标准委员会委员、山东农机学会第三届理事会理事、拖拉机专业委员会主任、学习委员会委员。长期从事农业动力机械、农用运输机械及相关农业机械技术研究与产品开发工作，先后参与组织和实施了农业机械部（现为农业农村部农业机械化管理司）"工农型手扶拖拉机全国适应性试验（山东试点）"项目、泰山-25旱地型拖拉机的设计与试验、泰山-50型轮式拖拉机改进等项目，主持设计的0.75T级（ZJT12 08型）四轮农用运输车，获得山东省经委优秀新产品三等奖。

雄关漫道

——侧忆农机所拖拉机专业的创建与成长历程

1962年8月我从山东省机械工业厅调来后不久，所里接到2个拖拉机方面的课题，一个是农业机械部下达的"工农-7型手扶拖拉机适应性试验"，另一个是参与山东省机械工业厅组织的"6马力（铁马-6）小四轮拖拉机的测绘设计与试制"（该课题归农机所动力研究室主持）。这2个课题拉开了农机所拖拉机研究的序幕。

✒ 由两个课题始创拖拉机专业

1962年下半年，山东省机械工业经过调整，已经具备了研制拖拉机的能力，同时农机所动力研究室发动机和拖拉机专业的人才也已齐全，除两位室主任外，都是刚毕业不久的大学生。这批人虽然缺乏实践经验，但他们颇具使命感，有创业激情，肯学习，能吃苦，勇于实践，更有领导的精心组织，大胆放手使用，所以工作很快就开展起来了。

因为刚建队不久，农机所连常规拖拉机试验也未曾做过，更谈不上仪器设备了。"适应性试验"连拖拉机手也没有，一切从零开始。于是兵分两路，一面去上海诚孚铁工厂和上海拖拉机厂学习195柴油机和手扶拖拉机底盘方面的知识；一面招驾驶员，进行培训，同时邀请上海两厂各派一位工人师傅参与试验工作。

试验班子组成后，面临的又一难题是试验仪器设备的落实。农业机械部虽然拨给了足够的试验经费，但需要的仪器设备买不到。因当时国内没有设备厂家，而进口是万万不可能的，只好按农业机械部提供的研制厂家在全国一个个地去找，即便找到了，他们也不敢把试制样品直接卖给我们，因为这是部里的项目，还得找农业机械部各级相关领导去批。领导出差我们就在北京等，我们还曾到北京以外的地方去追领导批准。我们频繁出入农业机械部各级领导的办公室，不解决问题，决不放弃。当时农业机械部对山东的农机事业非常支持，只要说是山东农业机械研究所（初次接触一般说是省机械厅的），就会受到热情接待。因为当时山东农机所的部分成果在部里已经小有影响，同时，山东是国家在农机方面拨款最多的省份之一，也是农机生产大省，在全国农机行业有举足轻重的地位。

经过一番努力，在全国4个试点（北京、河南、四川、山东）中，我们首先拿到了江苏省启东机械厂试制的当时国内最先进的水力测功器，上海仪表厂试制的量缸表（内径4米等一批设备，又去机械厅拉来了展览会上的两个龙门刨床的床面子（这也是当时的高精尖产品），作为测功器的底座，加上部分自己设计制造的设备，初步建起了农机所的内燃机实验室。拖拉机整机试验的设备更是依靠自己设计制造。我们比较追求正规、完美，当时的试验条件也是全国4个试点中最好的，连济南轻骑摩托车厂发动机样机的研制试验，也是在农机所实验室进行的。

按农业机械部规定的"工农-7型手扶拖拉机试验大纲"和

"试验方法",全体试验站工作人员经过两年多艰苦卓绝的努力,4台手扶拖拉机,每台都完成了累计3 000小时的各种田间作业和各单项试验任务,为该手扶拖拉机在山东省乃至全国的推广创出了路子,积累了经验。

这里还值得一提的是,我们还为手扶拖拉机设计配套了适合旱地作业的多种农机具。如单铧犁曾在上海、北京各种会议期间参加过表演和评比,1964年部里召开的一次手扶拖拉机配套机具会上,作耕地试验评比时,各省配套犁的生产率均是1亩/小时左右,而农机所配套犁的效率比它们高出几乎一倍。尤其是我们的机组只需在地的两头各有一位拖拉机手做转弯操作,尽管是长200米以上的地块,中间也不用机手操作,独领风骚,获得特别好评。

1962年下半年,农机所接到的另一个拖拉机课题是"参与6马力(铁马-6)拖拉机的测绘设计与试制"。

当时山东决定研制小四轮拖拉机的消息一经传出,全国农机行业为之哗然,上至当时的农业机械部、部分省(市),甚至农机所部分领导和科技人员,持怀疑态度的大有人在,持反对态度的人也不少,更有人站出来,公开反对。今天对于没有亲身经历这件事的人来说,是多么不可思议,所以这里稍费点笔墨。

当时决定研制小四轮拖拉机的目的很明确,在经过三年困难时期之后,农村畜力严重不足。希望6马力小四轮拖拉机能拉单铧犁耕地,顶一头牛用,生产队能买得起。当时虽然上海拖拉机厂已经小批量生产工农-7手扶拖拉机,但对于北方旱地作业时稳定性、操作性、适应性,不如四轮拖拉机,尤其经常发生翻车事故,安全隐患比较大。所以在北方旱地作业时,小四轮具有明显的优越性，跑运输的优越性更明显。

省机械厅决定研制6马力小四轮拖拉机，除省内有相当的工业设备作基础外，其次就是山东工业的人才优势，而人才优势就是技术优势。首先省厅的多位领导是有实践经验的企业管理者，有济南柴油机厂、潍坊柴油机厂、莱芜动力机械厂等厂的厂长，还有曾在这些厂工作过的技术科长、设备科长、实验室主任和一大批从各厂调来的基层干部。这些人绝大部分是新中国企业的开创者，具体就厅技术处而言，就有5位工程师，这些人都是创业型的干部，敢为人先，就是这批人造就了山东拖拉机工业的基础和发展，以至于在20世纪60—70年代形成了山东省每个地区都有一个柴油机厂和拖拉机厂的格局，成为名副其实的农业机械生产大省。

6马力小四轮拖拉机测绘之前，农机所对其进行了发动机的台架试验及拖拉机的性能试验和田间牵引试验，从此产生了农机所的第一条拖拉机牵引试验曲线。

6马力小四轮拖拉机的样机是由意大利引进的，而配套的单缸风冷柴油机是英国生产的。机型比较先进，测绘设计工作是在公私合营潍坊华丰机器厂进行的，省机械厅集中了包括农机所在内的省内有关专家和工程技术人员，并由省机械厅领导和几位工程师坐镇指导、督促。从1962年底准备，1963年正式开展工作，边测绘边试制，到1964年底，大约两年的时间，就做出了样机。1965年初开始试验，包括3 000小时的田间各种生产试验，到1966年底就生产了200多台拖拉机。

华丰机器厂和山东拖拉机厂都上了部分零部件的加工生产线，1966年又把6马力提高到8马力（后面专述），后因山拖会战泰山-25拖拉机，1970年终止生产。

6马力小四轮这个项目，以当时的条件来分析，确实存在很多技术难题。首先发动机是185F单缸风冷立式高速风冷柴油机，为铸铁缸套外包铸铝合金散热片，由于铸铁和铝的膨胀系数不一致，怎样保证两种金属牢固结合实现良好的热力传导，达到良好的散热效果是关键。当时国内各单位都没做过，而华丰机器厂更没做过，因为该厂是生产12马力WD1140单缸卧式柴油机的，它的一个飞轮就顶2~3台185F柴油机的重量。后来这种复合材料缸套的技术难关被顺利攻下，从未发生过两种金属材料脱离现象，铝合金机身、气缸盖的铸造也取得圆满成功。再是185F柴油机的各种零件的精度要比WD1140柴油机高很多，须重新研制，没有任何一种现成的配件可选用，这对整个山东省的工业基础又是一个考验。经过努力，最后试制出的样机，各方面的性能指标均达标，有的专家教授评价说，185F的声音像弹琴一样，听起来是一种享受。

6马力小四轮拖拉机底盘的试制以德州机床厂为主，也是一个全新的过程，和185F柴油机一样，每个零部件均需新试制，但还是在1964年底装出了两台样机，并于1965年初投入3 000小时长期使用试验。试验证明，拖拉机的性能和可靠性良好，唯一的缺陷是发动机功率偏小，一般耕深不超过15厘米，不能完全满足时刻变化的农业生产要求。但代替一头牛的要求达到了（牛的一般耕深在10厘米左右，比牛耕深不少）。

1965年下半年，农机所又接到了省机械厅"6马力拖拉机改进设计"的课题。具体要求是185F柴油机功率由6马力提高到8马力，同时做某些结构和材料上的改进，提高牵引力。

185F柴油机的改进设计与试制由潍坊华丰机器厂承担。改进设计的结果是：复合材料的缸套、铝合金的缸盖和机身改为铸铁材料，提高了转速，功率达到了8马力，节约了材料，改进了工艺，降低了成本。

底盘的改进，在农机所完成设计方案后，去山东拖拉机厂进行零部件试制。在总体设计上加大了轮距和轴，加大了轮胎，提高了地隙。零部件设计增加了前桥强度，改进了转向器（该转向器后来被工程机械等小型车辆广泛采用），增加了末端传动，加大传动系齿轮模数，提高了离合器的扭矩储备等。经过改进设计的拖拉机于1966年上半年完成试制，其性能达到了设计的要求。华丰和山拖厂都上了主要件的专用加工线，达到批量生产。

经过工农-7手扶拖拉机和6（8）马力拖拉机的研制工作，农业机械部和同行业认可了农机所在拖拉机行业的地位。首先通知农机所派员参加了农业机械部1963—1965年引进的日本中小型拖拉机的南北方试点试验，1965年又将试验用的部分小型拖拉机和动力农具集中农机所作样机。通过对这些样机进行深入的分析、学习，我们受到很大的启发，为后来小型拖拉机的设计积累了宝贵的资料。

6（8）马力小四轮拖拉机的研制与改进，让我们提高了业务能力，锻炼了队伍，建立了拖拉机科研工作的基础；而工农-7手扶拖拉机的适应性试验，则使我们从封闭中走向全国，加强了与全国同行业间的联系与交流，开辟了专业的信息渠道。总之，这两个项目为以后研究和独立设计打下了基础。

研制泰山-12型拖拉机

值得特别一提的，全所职工为之骄傲的莫过于泰山-12拖拉机的成功研制，至今大批量生产40余年不衰。

所谓"冰冻三尺，非一日之寒"，在泰山-12研制之前也作了不少准备。例如参加农业机械部引进日本样机的试验和后来部分样机集中农机所，给我们提供了样机，我们还设计制造了铁轮的12马力小四轮拖拉机，为泰山-12拖拉机研制探索了路子，积累了经验。

泰山-12拖拉机的设计有它独特的设计思路，走的是"民本"思想的路子，对它的要求归纳起来是："动力长腿"。1965年，山东省的卧式195柴油机已经批量生产，取代12马力WD1140柴油机，成为农村的主要动力机型。所以省机械厅要求以卧式195柴油机为动力，设计出适合山东省这一特点的拖拉机。好使、好修、好造。使用部门提出，出了故障所谓"三锤子，两斧子"就能修好的理念，适合农民的使用水平。制造工艺要求适合县级农机修造厂。在上述要求中，没提到"高、精、尖"之类的口号，也没有和国内外的指标相对比。其实适合我国农村购买力和农民使用水平，总之适合我国的国情就是最大的先进，就是我国的先进。

泰山-12拖拉机最初设计时，并非只有现在的传统的发动机前置的这一种机型，还有一种发动机前置、有前轮减震器的机型，这种机型也有过批量生产，它比较适合运输作业，当然也可以进行农田作业。

泰山-12拖拉机的试制是在农机所试制工厂进行的，当时的试制工厂曾是铸、锻、车、铣、刨、磨、镗等冷热加工能力俱全，也是人才济济，不但试制了泰山-12样机，而且还进行过批量生产之后，其他各厂才陆续投入生产。1972年还试制出两种100马力四轮驱动拖拉机。

用现在的观念讲，泰山-12拖拉机是农机所具有完全自主知识产权的机型，农机所还多次组织全省、全国的图样统一和标定工作，这种统一和改进是在不断发展和变化中进行的，所以会有不断的提高。1998年我们又把六挡变速箱改进为九挡，更加提高了拖拉机的机动性和经济性，后来还改进为18马力，进一步提高了拖拉机的性能。

从联合到自主开发大、中功率拖拉机新产品

我们不仅自主设计了小型四轮拖拉机，还参加了某些拖拉机的联合设计及改进工作，如泰山-25型拖拉机的变型设计。1968年前后山东省先后有济南农具厂（现为济南客车厂）、青岛农业机械厂（现为青岛拖拉机厂）、莱阳拖拉机修配厂（现为烟台汽车制造厂）等试制了东方红-20型拖拉机，该机型是以洛阳拖拉机研究所为主，于1966年设计的典型水田拖拉机，装290型柴油机（18马力，2 000转/分钟）。1968年农机所代表山东省机械工业厅和济南农具厂一起参加洛阳拖拉机研究所召集的东方红-20拖拉机整图工作。由我们山东代表进行旱地型变型设计，由于事先准备工作比较充分，水改旱的变型结果是：配套动力。按省机械厅的要求，改装295柴油机功率由18马力提高到25马力，即后来山东省各厂生产的泰山-25拖拉机。底盘方面：改进了离合器，提高了传动系齿轮的强度，增加轮距和轴距，提高地隙，同

时也提高了牵引力。

1970年作为山东省重点会战工程之一，山东拖拉机厂上马了该机型，同时进行批量生产的厂家还有青岛拖拉机厂。

莱阳拖拉机修配厂一直按东方红-20型生产，配即墨农机厂生产的290型柴油机。

山东省在20世纪60—70年代批量生产的泰山-50型拖拉机也是采用洛阳拖拉机研究所为主设计的东方红-50的图样，到1972年山东省济南农具厂、昌潍拖拉机厂和张店拖拉机厂都试制出样机。但三厂装的虽都是495柴油机，也不完全相同，同时各厂又对部分图样分别作了改动，影响了通用性，所以农机所按省机械厅的指示，进行了认真的统一图样工作，同时装上山东省生产的495型柴油机，并代表山东省与济南农具厂一起参加了1972年由农业机械部组织的在江苏清江拖拉机厂进行的全国统一图样工作。由于柴油机和其他部分零件与外省稍有不同，但还是达到了全省统一，方便了协作配套件的生产。

1974年由农机所和洛阳拖拉机研究所等省内外生产50马力拖拉机的各厂家，在济南农具厂进行50马力四轮驱动拖拉机的设计。在50马力的基础上，传动部分为适应四轮驱动的需要作了改进，新设计了前驱动桥、液压转向及全封闭驾驶室等，后来也投入批量生产。

1973年农机所和洛阳拖拉机研究所联合设计100马力（即泰山-100s）拖拉机。这个项目是山东省首先提出的，经过调研、国外进口样机的结构分析、方案论证、方案会审，到1974年上半年完成了图样设计。因为这是大马力拖拉机，所以比较慎重，当时首轮样机称为科研样机。样机的方案有两个，虽然都是四个轮子一般大，传动和提升系统也一样，但转向方式不同，一个是折腰转向，另一个是前轮转向。虽然是两种样机，但通用化程度很高，经试验对比，最后选定折腰转向的机型。

图样设计先后在洛阳和农机所进行，试制任务由农机所试制工厂承担，这是农机所试制工厂继12马力铁轮拖拉机、泰山-12拖拉机和独轮拖拉机后试制的第四种拖拉机。记得总装时，车间太小，还砸去半面墙。这时的试制工厂无论技术力量和设备，比起生产泰山-12时，又有了相当大的提高。更可贵的是全所职工的热情也很高，上至书记、所长，下至炊事员都给予热情支持。试车那天外厂的同行也来支持，济南农具厂还无偿赠送了我们稀缺板材。

1975年农机所的拖拉机专业已经得到了长足的发展，开创了一个新时期，此时早已具备了开发小四轮拖拉机的能力，泰山-12已经在省内外得到广泛的推广，同时也具备了开发大中马力拖拉机的能力。经过10余年的磨炼，我们已具备了拖拉机方面的各类专业人才，如总体设计、传动、行走转向、液压提升、拖拉机试验等方面，这批人才已在各自领域具有相当的造诣，是难得的"工匠"型技术人才，不但能文（搞设计），还能武（亲自动手，"武艺"高出专业人才），不但表现在拖拉机方面，在其他领域也可涉及。如某厂油压机行程减小只能停产，我们的人员提出添机油，一句话恢复了生产。经县市专家两年修不好的拖拉机，我们只一锤子就解决了问题。国内联合设计的30～40马力轮式拖拉机，经数家单位连续12年的试制试验没能过关，我们只给它改动了一个齿轮的参数，就解决了问题。类似的例子很多，不胜枚举。另外我们的技术人员，对拖拉机的操作技术也是相当高的，毫不逊色于专业拖拉机手，所以某些场合只要我们亲自操作，总能获得满意的效果。

在拖拉机试验手段方面，农机所也建起了室内室外的实验设施，我们的室外试验跑道是全国仅有的3个试验跑道之一，其他两个都在部属单位，只有我们是省级单位，经过鉴定得到了各级领导单位和专家的认可。

经过多年的创业，在全国拖拉机行业组织和行业会议上有了我们的一席之地，成为拖拉机行业的一员。同时我们与国内拖拉机研究所和大、中、小拖拉机厂有了信息沟通渠道，建立了相互信赖、和谐的人际关系，开始互相往来、交流经验、互通信息。在20世纪60年代，我们几乎拥有全国的拖拉机图样，无疑为科研提供了极大的帮助。

1976年也是丰收的一年，先是山东拖拉机厂试制出了我们设计的75马力轮式拖拉机，与德州拖拉机厂联合设计的75马力履带拖拉机也试制出样机。

1978年北京国际农业展览会给拖拉机行业带来了新的信息，乘着刚刚起步的改革开放的春风，全国拖拉机行业为之振奋，又掀起一轮研制新产品的高潮。

1979年农机所又接到了两个拖拉机新课题，一个是为昌潍拖拉机厂设计65马力轮式拖拉机，发动机用潍坊发动机厂与英国联合设计的4100型柴油机。另一个课题是为潍坊拖拉机厂设计15马力轮式拖拉机，发动机设计与底盘设计同步进行。

65马力轮式拖拉机设计是农机所第一个有偿合同项目，虽然当时改革开放已经开始，但也闹得满城风雨。

在65马力轮式拖拉机设计之前，走访了国内有关大中型拖拉机厂和科研机构，收集到大批资料，包括测绘的北京国际农业展览会的部分国外样机的图样，因此设计采用了一些新结构新材料来提高整机的水平。方案论证得到省内外专家和使用部门的好评。经过三年的工作，由方案设计、图样绘制，到试制和3 000小时的田间多项试验，于1982年进行了省级鉴定，农业机械部、省内外到会专家与各级领导、国内大中拖拉机厂的代表给予高度评价，顺利通过鉴定。

1979年农机所另一个拖拉机项目是为潍坊拖拉机厂设计15马力轮式拖拉机，该机型的配套发动机和底盘同步进行设计，开发工作的难度较大，工作量也较大。作为当时小四轮的设计方案，各项指标在国内还是比较先进的。经过努力和一系列的工作，试制出样机，进行了整机性能试验，各项指标达到了设计任务书的要求。1987年2月，省机械厅在潍坊召开了农机所和全省各拖拉机厂关于16～20马力拖拉机研讨会，可以说是1979年小四轮项目的继续。新的时期，各单位又提出了新的要求，总之是要求水平更高。1987年6月由农机所制订的设计方案已经完成，并在潍坊召开了方案论证会，经过6天的充分论证，各厂代表和专家肯定了农机所的设计方案，一致认为方案先进，随后由农机所绘制了零部件图样，1988年由潍坊拖拉机厂和荣城拖拉机厂试制出样机。

1988年我们还为乳山机械厂设计了8马力手扶拖拉机，并进行了批量生产。

开拓农用运输车研究

1985年以后，农用三轮运输车在南方兴起，山东省先是临沂、青州，后来诸城、聊城等各厂家，甚至连省三线军工厂都上马生产，但生产厂家主要以小企业和乡镇企业为主。这种车型起先装185柴油机后来装195柴油机，经济实用，搞中短途运输收益很高。随着改革开放的深入，农民的致富热情高涨，这种机型销路很好，一度出现供不应求的局面。但生产了两年以后，问题也就暴露出来了，首先各厂三轮车的零部件不能互换，大部分厂家没有正规图样，质量不能保证，性能也不能满足使用要求，更没有可遵守的标准。在这种情况下，应各厂的一致要求，省机械厅于1987年5月在青州召开了全省农用三轮运输车工作会议，与会厂家热情很高，一致要求农机所领导全省农用三轮车的行业工作。会议确定如下内容：完善结构，保证性能，统一主要件图样，贯彻图标；制定省行业标准，由农机所组织性能试验。这些项目都很好地逐一得到落实，只是行业组织领导工作，后来由省机械厅农机公司接手。由于农机所的工作，使得农用三轮车的生产步入正轨，逐渐得以发展壮大。我们设计的三轮车变速箱被安徽等省市测绘，进行批量生产。

1986—1987年，农机所为威海拖拉机配件厂设计了0.5T级四轮农用运输车，这个机型的特点是：0.5T级四轮农用车为国内首创；整体机架吊装发动机的结构，为全国农用车行业普遍采用，成为经典结构。该车型也得到了批量生产。

1989年为诸城车辆厂（即福田诸城汽车厂）设计了1T级的农用四轮运输车，成为福田汽车的第一代产品，曾投入批量生产。

后记

本文所述，为计划经济体制下的科研的经历，本着往者不谏，不作事后诸葛亮的想法，对每个项目的成败得失未作评述，这也是我个人评述不了的。因为过去的那个年代，太多政治活动的干预，现在若用改革开放的眼光评述，会和历史事实大相径庭，局外人很难看到庐山真面目，还是别越俎代庖，让亲历者各自品味自己的那份酸甜苦辣和成败得失吧。

本人虽是唯一在我所第一研究室（原为动力研究室）工作时间最长的人，但只是普通一员，对室内的每个课题并不都了如指掌，只是瞎子摸象式地回顾了某些记得起的主要项目研制过程，仁者见仁，智者见智，疏漏、讹错甚至偏见难免万一，请同仁们更正。

刘竹三，1937年11月生，男，汉族，中共党员，研究员。1964年7月毕业于济南工学院农机专业，同年8月到山东省农业机械研究所（简称农机所，现为山东省农业机械科学研究院）工作。1998年1月退休。长期从事农机具技术研究与产品开发、科研管理及行政管理工作。1972—1974年，主持5T-450、5T-800脱粒机等项目研究、设计及试制试验，其中5T-450气流清选脱粒机结构属国内首创，该成果获1978年山东省科学大会奖；1983年担任所长，积极推进内部改革，为提升技术创新、经济创收和适应市场能力做出了突出贡献。曾荣获省机械工业厅党组"优秀共产党员""山东机械专业技术拔尖人才"等称号。

心中的"农机人"烙印

"农机人"三个字，在数万个汉字中是极平凡的三个字，但与我却结下了不解之缘，深深地刻在我的心中。

进入大学被分配到农机制造专业，是第一次接触到"农机"这两个字的组合，虽然也听到有人说农机专业不好，但自己心中没有引起什么反应，因为那时对专业不了解，而且认为不管学什么专业，只要能学到知识、学到技术就行，再者认为所学专业与将来工作不一定就相同。但毕业后分配到农机所工作，"农机"两个字就时时不离左右了，尤其是同农机所的"农机人"经过一段时间近距离的接触，亲眼目睹了"农机人"战天斗地的创业精神，亲身感受到"农机人"团结奉献的工作态度，"农机""农机人"在心中的分量渐渐加重起来。随着时间的推移，每天同"农机人"一同工作，一同生活，暗暗地觉得了"农机""农机人"的可爱，并不由自主地融到这个集体中，渐渐地离不开这里，心想能作为农机所"农机人"的一员，也很欣慰和自豪。

看"农机人"在工作

济南的夏天很闷热，尤其到了晚上，一丝风都没有，树叶一动不动，像睡熟了。已是晚上11点多钟了，市民三三两两仍坐在室外用力地摇着芭蕉扇。此时"农机人"正坐在研究室的灯光下，面前一块图板，图板上一把丁字尺和一支木质的三棱比例尺，手里的铅笔在图纸上不停地画着，为了不使汗水湿了图纸，用一张纸垫着手臂，这张纸还要常换。那时没有电风扇更没有空调，全所仅有的一台台式电风扇归试验室管理用。这一幕幕是建所初期"农机人"工作的镜头。现在条件变了，明亮宽敞的办公室，冬天有暖气，夏天有风扇和空调，设计广泛采用CAD技术，使设计工作做到既快又好。

科研与生产相结合

科技人员深入工厂、农村搞设计、做试验，做既有理论又有实践经验的科研人才，这也是农机所"农机人"的优良传统。那时要求技术人员带着被子到协作工厂搞课题，实行"三结合"，同厂里的职工一样。他们与工人共同研究工艺路线，共同顶班进行试制，突击进行安装、调试和试车，尤其是季节性很强的机具，为赶季节，加班加点是经常的，而且是自愿的，从来不计个人报酬。

对样机进行试验是科研工作的重要环节。他们不厌其烦、反复细致、一丝不苟地进行测试，以得到可靠的数据。进行田间的耕作、整地、种植、收获等作业时，课题组的"农机人"有的驾驶拖拉机，有的操作农机具，有的在田间随机组来回奔跑测量数据。那时测试手段还比较落后，没有遥测仪器，传感器测得的数据只有通过线路传到随机组行走的测试汽车中。工作一段时间后，无论是驾驶拖拉机的，操作农机具的，还是干其他工作的，他们的脸都成了"好看"的花脸，大家互相看看，却开心地笑着，一点都不觉得难看。有时试验室、工厂、农场的同志也参加试验，他们虽然未参加课题组，绝不会以客人、旁观者和参观者的身份出现，而总是共同参与，各负其责进行试验。建所初期的几年，试验经常在农场进行，劳累了一天的"农机人"吃完晚饭后，有的闭目养神，有的谈论着当天的试验情况，拉着计算尺，算着数据，讨论着明天怎样工作，有的几个人坐在一起讲故事，说笑话，不时传出朗朗的笑声。

随着技术的进步，测试设备的现代化，田间试验的测试数据可以在负荷车中遥测到，再也不用随着机组在田间来回跑了。而且很多试验都进了试验室，可以在室内进行，数据直接输到计算机中，由计算机计算后打印出结果，既快捷又准确，从此，使用计算尺和手摇计算机成了历史。

"农机人"的传家宝

团结、务实、创新、奉献是"农机人"的传家宝，是"农机人"的优良传统，是几代"农机人"言传身教、坚持不懈的信念，也是50年来农机所从小到大，从条件简陋发展到设计手段和测试技术均处于先进水平的综合性农机科研单位的有力保证，也是今后谋求更大发展必须坚持和发扬的准则。条件差的时候需要这种精神，条件好了，要建设发展也离不开这种精神。我们的"农机人"一定能将这种精神发扬光大，在今后的工作中取得更大的成就。

回首往事，喜看未来，一生与"农机人"一起工作，一起生活，无怨无悔，欢乐幸福。

（左一为刘继元）

刘继元，1956年6月生，男，汉族，中共党员，研究员。1982年7月毕业于山东农业机械化学院农业机械设计与制造专业，2007年11月进入山东省农业机械研究所工作，曾任研发中心主任、山东理工大学外聘硕士研究生导师、山东省农业机械科学研究院机械专业首席专家，应用研究员。

长期从事收获机械、耕整地机械、播种机械等研发工作。主持国丰"4YQW-3穗茎兼收背负式玉米联合收获机"研制，获山东省农业科学院和山东省机械工业科技进步奖二等奖；作为副主编完成《两熟制粮食作物生产机械化技术》相关章节编写。获多项国家专利。曾获"全国农机系统先进科技工作者""山东省机械工业有突出贡献的科技专家"等荣誉称号。

我的科研历程

　　我生于1956年6月，1982年7月毕业于山东农业机械化学院农业机械设计与制造专业，2007年11月进入山东农业机械研究所（以下简称农机所）工作，曾任研发中心主任、山东理工大学外聘硕士研究生导师、山东省农业机械科学研究院机械专业首席专家，应用研究员，2016年6月退休。长期从事收获机械、耕整地机械、播种机械等研发工作。借着山东省农业科学院开展"我与强院共奋进——老专家谈学术成长史"活动的契机，我认真回顾了自己做农机科研工作的这三十几年，感慨颇多，追忆往昔岁月的同时，对于能够在自己的领域取得小小成绩而没有荒废青春年华感到欣慰。想借此以一个过来人的身份向大家介绍一下我的工作、科研经历，分享一下多年来的心得体会。

找准目标，勇担使命

　　我上学的时候有个老师讲：农机就是玻璃罩里的苍蝇，前途光明，出路不大。可我总觉得不管什么专业都有好和不好的时候，任何行当都是螺旋式上升的，关键还是要看自己能不能坚持住。对于有心人而言，不管什么专业，只要自己在这个专业干上十年，就是这方面的行家，在一个专业一直干下去，就会成为这个行当的专家，我们学这个的不干这个，又去干什么呢？不管遇到什么情况都不要轻易改变，一定要选择那些志存高远的单位，不要轻易就改变了自己的专业。当然这只适用于大多数人。

农机这个专业是农学学科下面的二级学科，叫农业工程学科。其实就是一个应用学科，许多都属于技术层面，包含涉农机所有专业，因此必须与企业相结合。要在这个专业干下去，就必须明白在这个专业里知道多少，周围的企业又处在什么水平。无论是作为一个科研人员还是作为一个科研单位必须知道，自己或者这个单位肩负着什么使命，如何才能实现这些使命？对于我们农机院来说，要完成这些使命需要什么样的人，如何使用这些人？人是第一位的。我们地处黄淮海，周围省、市我们的同类单位如何？我们要解决哪些问题，我们会肩负哪些责任？现在看，农业机械化的过程就是一个用机械化和智能化代替农业生产的一个过程，是随着农业及加工业变化而变化的专业。总之，每一个行当都是螺旋式上升的，每一个专业都有无限的前途。

坚定信念，当一个合格的工程师

我于1975年上山下乡，在农村待了3年，这3年改变了我的人生，既给我奠定了专业基础，也奠定了我的世界观，让我有了探索农机的愿望。1978年，从知青直接考入当时的山东农业机械化学院（现山东理工大学）农机设计与制造专业，毕业后分配到兖州农机所工作。2004年来到农机所工作，当时是被借调到院农装技术中心工作，2007年正式调入院里工作，直到2016年退休。我这一辈子干了30多年的农机科研，也算是一个合格的农机科研人员。我在上学的时候就觉得自己年龄偏大了，可能当不了科学家，但我有一个坚定的信念，我一定能够当一个合格的工程师。不会就学，没有学不会的东西，没有办不到的事，活到老，学到老。

1982年，国家刚开始改革开放，地方经济还是主要靠农业，当时市场上的拖拉机就一个泰山-25、一个上海-50是受老百姓欢迎的。我毕业后承担的第一个项目就是"泰山-25拖拉机技术保养规程研究"，主要负责化验分析和总结。我负责的第二个项目泰山-18机动喷雾机推广，到各个公社去组织植保服务队，再到各个村去谈植保业务承包，我负责技术，了解了泰山-18弥雾喷粉机点火触点积碳、老断等知识，这也给了我与基层接触的机会，大概一半以上的村支书我都认识。

1984年，当时还在兖州农机所工作，有一次所长跟我说："新义村的支书来所里，问能不能解决机械耙地的问题，农民一年到头养着几头甚至几十头牲口，就为了耙地"。于是我承担了这个研究任务，把南方的旋耕机引入，然后提速、换刀齿、加一个碎土轮，就成了后来的"驱动滚齿耙研究课题"。当时一个县都没几个人能搞齿轮设计，齿轮加工也是主要依靠精度比较低的设备，于是我就试着做出了第一台驱动滚齿耙的变速箱，去北农机学习了凿型齿，学着国外的整地机械加了一个可以调整位置的管子焊成的轮子，机器一下地就感觉很好，于是就有了后来的系列设计。

1986年，省里给了兖州农机所两台手扶拖拉机让我们试验，其实是分田到户后农机如何发展问题。于是我们就上书市委，提出我们要发展大拖拉机，避免小拖拉机占领市场，不让当时的农机公司和其他经营单位经营小拖拉机的意见。后来市里采纳了我们的意见，并给予大拖拉机补贴的政策。当时我们拥有3000多台大拖拉机，配套机械也都是与大中马力配套的，耕耙播种都能使用，避免了几千万元的损失。

1989年后我们开始办企业，开始也只是搞点经营，后来就买了个院子，做小型播种机。当时我们西面几个县，主要还是人摇耧播种小麦，这些小麦播种机起到了引导小麦机播的作用。再后来我们做滚齿耙、旋耕机等产品，做了一套旋耕机箱体生产线，从而保证了旋耕机的生产稳定性。其间我还做了拌和机、麦棉套播种机、24行播种机、平板拖车等。1996年以后我去乡镇挂职副镇长，在乡镇与我们农机所合作，研制了一种微耕机。

科企合作，研制新型农机

2004年来农机所以后，我承担的第一个项目就是海山的穗茎兼收玉米收获机，方案经过讨论后实施。2005年完成了两行机的试制，到地里一试，还行！2006年底我们又与海山签订了四行自走穗茎兼收的合同，这是我第一次设计直走机，2007年试制样机，功能很好，并且通过了推广鉴定。但也有个别地方不够理想，主要是我们对自走机还不够了解，国内还没形成气候，许多配套厂还没成型，致使后来该厂主要以生产两行机为主。现在想想，有些东西还是可以通过设计解决的，应该努力帮他们把四行机再搞一轮，把它搞好。

2008年我去五征研制三行背负机，它是小拖厂搞的，当时考虑了底部盘刀切碎，可惜这个机型没有继续生产，他们也只把它作为学习和培养人才的手段。我们也算帮五征搞起了农业机械这个板块，也带出了一批专业型人才。

　　2009年开始，单位任命我为技术中心主任，当时就我、荐世春和张华3个人，后来有了邸志峰、王小瑜等一批年轻人，慢慢发展成为了今天的田间作业技术装备研发中心。后来的十几年，我们相继研发出了三行穗茎兼收机，帮助国丰机械有限公司实现了自走机的转型，研制了三行自走机、四行自走机等。2015年，联合兖州玉丰机械制造有限公司开发了4YZ-2、4YZ-3、4YZ-4型自走式玉米联合收获机，承担了国家"十二五"科技支撑计划项目"4YZ-4型电液控制高端玉米收获机"的研制工作，不仅完成了机具的设计开发，还同时完成了对该公司的全面技术服务工作，对该公司的工艺、工装、技术路线、生产方式及技术和生产管理、供应链等进行了梳理。

退而不休，无私奉献

　　2016年6月，我到龄退休，工作需要继续在单位返聘。返聘后，带领研发中心的年轻职工，坚持完成了"十二五"国家科技支撑计划项目"粮食作物农机农艺关键技术集成研究与示范"，作为副主编参与完成《两熟制粮食作物生产机械化技术》一书的编撰和出版工作，参与"福田雷沃谷神4YZ-3Z、4YZ-4Z智能玉米收获机研制"并获省农业科学院科技进步奖二等奖，参与起草的《黄淮海小麦玉米全程机械化栽培技术规程》（DB37/T 3360—2018），经山东省技术监督局批准成为山东省地方标准。

　　2018年，返聘期结束后，我申请加入了山东省农业科学院老科协，带领山东省农业科学院退休的十余名专家也加入了老科协，积极参加山东省老科协助力企业创新行动、省科协助力创新志愿者联合会，开展助力创新工作。在沂水县源泉机械有限公司，带领团队为企业创新开展咨询服务，针对企业提出的四行机打捆联合收获机需求，反复调研、论证，提出了四行花生打捆联合收获机的基本技术方案，为企业的产品、技术创新工作提供帮助。在德州市武城芳华农业发展有限公司，针对企业创新需求，对企业产品创新工作提出了指导性意见，帮助企业实现产品、技术双升级。山东国丰机械有限公司是我们团队长期开展跟踪服务指导的试点企业，通过长期合作，帮助企业在收获机生产方面取得了显著经济效益，在行业内起到了较强的示范带动作用和影响力，赢得了企业的信赖和感激，山东省农业科学院授予该企业"山东省农业科学院老科协科技示范基地"，下一步还会借助院里"三个突破"的东风，继续考察帮扶农机企业，待条件成熟将其推选成为下一个科技示范基地。

科研历程的几点体会

老老实实做人，踏踏实实做事。把每一个事都当成自己的事，不把自己当外人，干一行爱一行，我学的农机，我喜欢农机，我就干农机，就因为干了这个专业，才选择了这个单位。不要因为这个单位的某个人，某件事，就要离开这个单位。人生的意义，其实就是收获成功的快乐。人生很短，不要等白了头再后悔就晚了，想做什么就做什么，别耽搁。

打好底子，练就一身好的基本功。做科研必须掌握科学的实验方法，适合农业的实验方法主要是田间小区实验、田间大区对比、田间正交试验等，不同的实验设计方法适用不同的情况。我在研究滚齿耙的时候学会了实验设计、方差分析和当时时兴的优化设计等，并正确地使用这种方法对机器进行了正交试验，同时要把数学用好，常用的分析方法有方差分析、回归分析、灰度分析、因子分析等。科学方法是做一名科研工作者的利器，必须融会贯通。我刚到农机所时，领导教会我们如何去做"土壤坚实度""碎土率""土壤含水率"的测定，用什么仪器，如何标定、如何取样、如何确定数值。我大学毕业不会"晒图"，没见过，后来工作时候学会了"描图""晒图""叠图"等。这些在当时都是基础知识。

保持创新精神，锻炼抗压能力。创新精神是一名科研工作者的灵魂，部件的研究是整机研究的基础，也是突破的关键。不断创新，探索新思路和新方法，创造性地开展工作，像莎士比亚说的"即使我身处果壳之中，我也把自己当无限空间之王"。我们正处在一个快速发展的时代，我们也要与时俱进，不与时俱进就会落伍，最后可能连渣都不剩。把科学与工程相结合，要在干中学，我们很少有机会做实验，一是缺钱，二是没时间，我们只能在给别人服务的同时，尝试着做些自己专业上需要做的事情，只有试过，才有把握。要站高一到两个层面想问题、看事情，不怕累、不怕苦，提高应对挫折的心理承受力，乐观、豁达很重要。

正确对待失败，严守科研道德。俗话说：失败是成功之母，失败赋予了成功真正的内涵，因为失败会促使自己去思考，会促使自己去查资料、会与同事讨论失败的原因和成功途径，从而使自己有所提升。一个人要有大目标，勇于担当责任，懒惰和名利是一切问题的祸根，人云亦云、遵循别人的意思将成为自己做事的障碍。诚信的品行、数据真实详尽是做一名合格的农机科研工作者的道德基础，坦荡、诚实、守信和严谨的作风才是我们应该遵循的。

以上就是我回顾几十年工作经历的一些心得体会，希望能够帮助到青年一代，若是能够在他们成长道路上起到一些帮助，使大家少走一点弯路，我就很满足了。

  李旭坤，1962年10月生，男，汉族，中共党员，研究员。1983年7月山东农业大学毕业后分配到山东省农药研究所（现山东省农药科学研究院）工作。

  主持或参加完成科研课题33项，7项填补国内空白，5项达到国内领先水平；获得科技奖励8项，其中中国石油和化工联合会科技进步奖一等奖1项，山东省科技进步奖二等奖2项；获得中国发明专利授权9项。2012年5月被授予"山东省优秀工程师"称号，2013年5月被授予"全国石油和化学工业先进工作者"称号，2016年11月被授予"山东省杰出工程师"称号。

绿色产品　毕生追求

1982—1983年，山东省农药研究所（以下简称农药所）自山东淄博搬迁到济南。在此期间，我和一批小伙伴离开校园陆续来到这个创业乐园，付出了泪水和汗水、也收获了经验教训和成功喜悦。40年来，从少年到白头，陪伴着农药所的建设、发展、提高，自己也成长为一名合格的农药行业尖兵，为我国绿色农药产品开发、农产品安全贡献了力量。

🖋 牢记导师教诲，坚守事业初心

农药所允许新员工自己选择工作岗位，我来到了自己最喜欢的农药合成岗位，师从农药化工专家、总工程师、国务院政府津贴获得者宋协阳先生。宋先生告诉我："我们单位由张店农药厂实验室组建而成，有自己的特色、更接地气。农药企业所急需的技术改造项目、山东省农业生产所急需的病虫草害防治产品，是我们农药所的两大研究任务。由于我们在开发新产品方面起步晚、基础条件薄弱，今后要更努力、下功夫。"宋先生还进一步鼓励我说："干农药难，正常情况下开发一个农药产品至少要3年小试、3年中试、2年投产。一个人要是一辈子能有3～4个产品投产，那就是成功的，看看你能做出几个？""我能做出几个？"

我在内心悄悄地问自己，也暗暗下定决心。一定要踏踏实实勤奋做事，争取自己参与研发的技术早日在企业实施、投产。

自力更生，创造条件开展研究工作

那时的农药所刚刚搬迁到济南，百废待兴。大家业余时间积极踊跃参加植树、修路、改花园、建操场等义务劳动，看着大院一天天变漂亮，我们每个人都乐滋滋地越干越带劲。

自己动手，丰衣足食，正式开始研究工作前，先要把实验室建起来。当时的第一代通风柜（实验台）是我们自己设计制作的，根据经验并参考兄弟单位的成品优化方案，画出图纸，请瓦工垒水泥台子、木工做密封橱柜、电工安装配电盘，通风柜就做好了！买上仪器设备，还有以前母校实验室里的"大碱缸"，清洗玻璃器皿特干净，也一并借鉴；搅拌棒还是用玻璃棒自己烧制的好用，角度合适、效果棒……

那时候撰写项目开题报告，调研查找资料，不像现在可以轻松、方便地上网查，而要去大学图书馆、省图书馆、国家专利局的北京馆或重庆馆实地查阅；现在买试剂，一个电话专业公司就送过来了，以前则要上门去买，不常用的药品可能需要出差购买；有时候需要量大、有危险性的，还得单位派车去外地采购……但是，因为那些"多出几个"的小目标，大家在艰苦的条件下却乐在其中！

发挥聪明才智，解决技术难题

在导师的悉心教导下，经过第一个项目的锻炼，我自1986年起就作为负责人组建课题组独立承担科研任务。到1995年共完成了当时山东省科委、化工厅等部门的5项计划课题，同时参与完成课题6项。

随着社会的发展，绿色农药理念深入人心。1996年，农药所首次研发"光学对映异构体"类手性农药，定向合成技术是一块硬骨头。我欣然接受了这项任务，带领课题组研发"S-氰戊菊酯（即高效氰戊菊酯，省计划）"。该项目技术上有一项要求，就是反应温度控制精度达到0.1℃，而当时常用的设备精度为1.0℃，高精度的市面上也采购不到。课题组联合山东大学、山东省化工研究所等单位合作者，自己动手、自主研发，以一台闲置的旧"色谱仪"为基础，成功开发出"综合温度控制仪"，控制范围-30～100℃，控制精度达到0.01℃。这一指标，在目前也是比较先进的。利用该仪器，课题组圆满完成研究任务，攻克了定向合成核心技术，用普通化工原料替代价格高昂的"手性试剂"，反应温度由-30～-20℃提高到-5℃左右，达到国内领先水平。类似的事情还有很多，一点一滴都记录着一个青年科研人员踏实的脚步。

农药所变强了，年轻人成长了

2013年农药所更名为山东省农药科学研究院，经过多年的建设发展，具备了很强的科研开发能力、工程化推广能力；陆续创设了新农药（包括生物农药）创制、绿色工艺技术、反应风险测控、反应装备开发、残留检测技术、药效检测技术、农药环境安全评价技术、产品化学技术等学科团队；连续承担国家

"十五""十一五""十二五""十三五""科技支撑计划"等任务；多次获得山东省"产学研合作创新突出贡献奖""全国技术市场金桥奖"，荣获"山东省化工科技先进集体"等称号；2015年底划归山东省农业科学院管理后，又一次迎来腾飞的机遇。

伴随着单位的变大变强，我也和同事们一起攻克了一道道科研难题，取得了多项高水平研究成果。主持完成了国家863计划课题"百草枯清洁生产新工艺及资源化技术开发"，关键技术经济指标优于国外先进水平，成果完成后产品的市场售价下降了50%，三废处理成本下降50%，创新性地提出了"工艺废水零排放"的构想，协调四家合作单位（承担研究、生产、设备等任务，参试人员百余人），组成新工艺开发、液膜处理、焚烧炉开发应用、生产性试验等攻关小组，首次在我国农药行业成功实现废水零排放，为行业技术进步起到了良好的推动作用；主持完成了"新型杀虫杀螨剂蚜灭多研究""50吨/年40%蚜灭多乳油中试"，获山东省科技进步奖二等奖；苹果绵蚜是国内外检验检疫对象，我国苹果产区缺乏有效的防治药品，在缺资料、缺样品、缺原料的困难条件下，带领课题组自力更生、潜心钻研，开发出蚜灭多这一防治苹果绵蚜的特效产品，填补了国内空白；课题组想农民所想、急农业所急，废寝忘食地工作，缩短了开发周期，从实验室小试、车间中试到工业化生产仅用了4年多的时间，该产品的投产，促进了胶东半岛、辽东半岛的果品出口，产生了良好的经济和社会效益；主持完成了国家农业成果转化基金项目"新型除草剂草铵膦生产性试验"；主持完成了国家重点研发计划项目子课题"手性草铵膦清洁化生产技术"研究任务；主持完成的"地亚农水法新工艺"，获山东省科技进步奖二等奖；主持研制国家新产品4项（二嗪磷原药及水乳剂、草铵膦原药及水剂）；参加完成了国家科技支撑计划项目2项（农药产业化关键技术开发、百草枯清洁生产新工艺），后者获中国石油和化工联合会科技进步奖一等奖；主持或参加完成了山东省计划其他课题10项：新型除草剂草铵膦的研制，新型农药创制及农药中间体研发，羟灭威小试、中试、强灭威水剂的研究，S-氰戊菊酯小试、中试，农药标准品制备研究，取代噁二嗪的研究，SD-501研制等；完成中国化工基金、济南市等计划项目14项（百草枯三废综合治理技术开发；微生物菌肥新产品的开发；转基因作物耐受除草剂草铵膦的研发；S-氰马乳油的研制、S-氰辛乳油的研制、安磺灵小试、中试及扩试；二甲氨基吡啶研制；增效磷的研制；氯代吡啶醇的研制；光活性菊酯的研制；熔融喷雾冷却造粒清洁生产新工艺；氯代氯甲基噻唑的清洁生产技术；新烟碱类农药中间体及系列产品生产技术等）。其中，获得山东省农业科学院技术发明奖一等奖2项、中国石油和化工联合会科技进步奖三等奖1项、济南市专利三等奖1项。

获得中国发明专利9项：一种草铵膦及其衍生物的制备方法；一种精草铵膦的制备方法；一种氨氰法生产百草枯的废水集成处理方法；一种氨氰法合成百草枯的方法；一种三唑与烟碱类种子处理剂及其制备方法；一种2-氯-5-氯甲基噻唑的分离精制方法；含百草枯二氯化物的片剂及其制备方法；一种3，5-二甲基苯甲酸的生产方法；N-1，N-3双取代的2，4-咪唑啉二酮及其制备方法与应用。

在农药研发的过程中，以生产和市场为导向，主持或参与完成的成果绝大多数在企业得到了实施，产生了很大的经济和社会效益，为农药行业技术进步做出了突出贡献。1991年5月被评为山东省人民政府机关优秀团员（1989—1990年度），1991年11月光荣地加入了中国共产党，2002年1月被评聘为工程技术研究员，2010年7月被聘为山东大学硕士研究生指导教师，2012年5月被授予"山东省优秀工程师"称号，2013年5月被授予"全国石油和化学工业先进工作者"称号，2016年11月被授予"山东省杰出工程师"称号。

正确认识科研管理，服务科研终不悔

1991年，单位安排我在紧抓业务工作的同时承担部分管理工作。在对管理工作的认识上，我经历了一个从服从安排、理解接受到主动做好的过程。因担心不懂管理会给单位带来损失，同时自己也无法全力开展专业工作，我一直顾虑重重。如何协调科研和管理之间的关系，我一直不知所措，后来我慢慢地理解了：研究所的科研管理工作带有服务性质，你不干、他不干，总得有人干，而且管理真的能出效益！技术人员搞管理有独特优势：懂专业、不当二传手，能够更好地为科研项目服务。

多年来，我参与了单位承担的国家科技支撑计划、863计划、农业成果转化资金、国家新产品，以及山东省、济南市等各级科技研发计划项目的申报工作，获得立项百余项；农药所与国内外数十家大学、研究院所、企业建立了长期的合作关系，单位成果转化率达到80%以上，我在其中付出了努力和汗水；在全国农药行业联盟、中小企业创新平台、山东省农药工程中心、重点实验室等20多个平台（机构）申报和建设工作中，留下了忙碌的身影；在化学农药创制，生物（微生物）农药研究，流体化学与微反应，农药全组分分析，农药登记理化性质、农药残留检测、环境检测，农药安全性评价，实验室GLP体系等新学科和管理体系建设中，我一马当先，拼搏奉献。

毛主席说过，世界上怕就怕"认真"二字，共产党就最讲认真。当我深入下去，越来越得心应手，工作也从被动到主动。这些年在大家的共同努力下，项目得以立项，成果成功转让，新的学科团队（实验室）组建成功，经费、转让费得以落实的时候，领导、同事们满意，自己也收获良多，获得的成就感跟做化学实验取得突破的成就感是一样的！

我为农药鼓与呼

多年的农药研发，全身心地投入，让我对"农药院"、对农药研发事业有了无法割舍的情怀；早些年，很多人热衷于当星期日工程师，可我从不羡慕别人，坚决不参与。我经常对家人说："单位又不是没工作、没项目。人的精力是有限的，一个技术人员老想个人挣钱的事，会不影响本职工作吗？反正我没那个想法"。

由于种种原因，社会上有人对农药产品、农药生产与使用产生误解。"污染""残留""高毒""毒韭菜""毒黄瓜"等这些词汇让人们谈虎色变。对此，作为农药人，我心急如焚，利用一切机会呼吁："农药生产产生的污染并不比其他化工产品（如医药）数量大、危害重，是可以通过加强管理、提高技术水平解决的，使用过程中的问题随着各种管理措施的落实，也能得到很好的控制"。"我国自20世纪80年代以来，先后禁用了46种高毒高风险农药，现存的4种也将于2024年9月彻底被淘汰"。"绿色农药是可信的，我们山东农药院研发的产品，有很多对哺乳动物毒性比食盐还低"。"农药不是毒药，是关系到食品、农产品安全、关系到国计民生的救灾物资"。

退休后我依然舍不得离开农药行业，受聘进入了山东省老科协农产品评估专家委员会，为山东省农产品安全出谋划策；作为审稿人参加了农业农村部组织的《中国农药典》编撰工作，为农药研发、生产和使用提供服务。

我们坚信，农药不是夕阳产业，有着广阔前景、美好的未来，"绿色产品"值得"农药人"毕生追求。

（作者：李旭坤、张利）

　　张亚平，1952年10月生，男，汉族，浙江湖州人，研究员，1978年毕业于安徽农学院蚕桑系，当年10月就职于山东省蚕业研究所。曾两度作为省和国家公派访问学者赴日本京都工艺纤维大学，进行家蚕人工饲料工厂化养蚕的合作研究。主持过国家"九四八"及省部级科研项目，在国内外省级以上刊物上发表论文50多篇，获得多项省级奖励。研制出适合我国蚕品种低成本稚、壮蚕人工饲料配方，制订了相应质量控制、加工、检测方法及饲育技术规范。饲料产品获国家四部委颁发的国家级重点新产品证书。

科研生涯的点滴体会

　　我是1978年从安徽农学院蚕桑系分配到山东省蚕业研究所工作，几十年来得到了许多老同志帮助支持和所领导的培养，取得了一定成绩。特别在家蚕营养生理及系列人工饲料研究领域，包括人才队伍、科研条件、新产品开发、科技成果推广应用等方面处国内领先水平，获多项成果奖励。所里注册成立了国内唯一蚕用饲料厂，家蚕人工饲料产品2005年获国家四部委颁发的"国家级重点新产品证书"，出口美国、加拿大、欧盟、以色列、新加坡、比利时等国；家蚕营养饲料畅销广西、江西、江苏、河南及山东省。共发表论文等50多篇，两次评为院级先进工作者，一次院推广先进个人，中央电视台7频道拍摄并播放过人工饲料育小蚕和蚕虫草两个专题片。两次赴日本合作研究，熟悉本学科或相关学科前沿发展、学术眼光敏锐，并具创新与集成的能力，与日本及国内知名大学及科研单位，保持密切协作交流关系。退休后继续为所里的研究出谋划策，为国内外学术交流、引进专家牵线搭桥，并为江苏、浙江、广西等地进行人工饲料养蚕提供技术指导，为一所一优项目出谋划策，为实现家蚕人工饲料工厂化智能化饲育目标做着不懈的努力。

十三载编辑《山东蚕业》，全心全意传播蚕业科学技术，甘为人做嫁衣

到所刚开始的工作是在情报资料室编辑科技期刊《山东蚕业》，该刊物1970年创刊，1978年起我从事并逐渐负责这项工作，这一做就是13年，修改过的稿件上千篇，为蚕业科普甘做嫁衣。20世纪80年代初，山东省蚕业生产开始迅速发展，根据当时生产需求，主持出版了32开彩封科普版和16开论文版，对促进山东省蚕业生产的发展和科技进步起到了积极作用。科普版每期发行量在10 000册以上，受到山东省蚕业科技工作者及蚕农的欢迎。为了编好刊物，年年到全省重点蚕区采访和组织专题报道，组织50多人的通讯员队伍，确保了稿源和质量。并很早采用了计算机输入排版等新技术，开设了日语学习版面，在经费不足的情况下，仍采用彩色照片封面，在内容上做到通俗易懂，栏目编排灵活多样，受到读者的欢迎，期刊曾经获得省编辑学会一等奖。

白手起家，创建国内领先的人工饲料技术研发平台

家蚕人工饲料饲养技术的出现是20世纪养蚕技术史上的一次重大革命，其意义在于：改变了几千年来养蚕必须依靠单纯的桑树来获得饲料，摆脱了季节与自然的约束，当时我国该项技术的研究与应用基本上是一片空白。1993—1996年我赴日本京都工艺纤维大学松原藤好教授处学习家蚕人工饲料工厂化无菌养蚕，这是当时最先进的养蚕技术，为了能多学习一点知识，经所里同

意，在大学自费多学了2年，在日本生活住宿费用全靠晚上打工获取，生活上勤俭节约，学习认真刻苦，抓住机会饲养了日本十几个品种，终于掌握了许多关键技术。学成归国后，这项研究当时并没有引起重视，一无课题经费，二无试验房屋与设备，三无任何辅助人员。在这种困难条件下，利用所化验室一台手工磨粉机，和所里极少经费的帮扶，开始人工饲料低成本配方国产化试验，经历了许多失败，最终取得成功。"九五"期间转机来自院科研处帮助，争取到了国家"九四八"项目，然后成立了新研究室，充实了研究人员。研究室成立后，除"九四八"项目外，在院、所及省丝绸公司科研处支持与帮助下，还承担了科技部成果转化及推广项目，省及市科技攻关，国家茧丝办、国家攻关子课题等项目，为深入开展研究创造了良好条件。研发出多个适合我国主要蚕品种用家蚕人工饲料配方，其饲育成效得到国内同行的一致认可。制订了饲料制作工艺流程、饲育技术规范等一系列配套技术标准。在最初一片空白的基础上，建立起我国最早的人工饲料实验室、生物技术实验室、无菌饲育室、饲料生产车间等500平方米，各种仪器设备近百件，固定资产百万元以上的人工饲料配套饲育设备。其中建立的万级净化标准无菌蚕室为国内首创，成为国内最完备的、具有开展家蚕营养生理研究、系列新家蚕人工饲料研制与开发能力的饲育技术研究平台。

家蚕人工饲料研究与推广，这条路其实走得并不平坦，限于当时国内农村劳动力低廉，养蚕科技水平低下，这种已经在20世纪80—90年代日本蚕业界广泛应用的技术，在我国并没有被看好，连大部分学者专家对此也持否认态度，认为不适合中国国情，确实当时这项技术在国内也是超前了许多年。是等待时机还是先行一步？我们觉得还是应该重点突破，积累起经验，为今后在我国大面积推广应用奠定牢固的基础。

20世纪90年代末，我们开始在莒县、诸城及惠民等地建立了示范推广基地，大胆开展了稚蚕人工饲料工厂化饲育的中试，时任山东省委书记吴官正还参观过莒县基地人工饲料养蚕，对我们也是一种极大鼓舞。在惠民基地由于部分桑园受到晚霜的危害，而无法如期饲养春蚕，会给蚕农和丝绸公司造成巨大损失，我们采用人工饲料，一次收蚁500张蚕种，养至3龄后分给农户用桑叶饲养，最终取得良好收成。这样的小蚕人工饲料育规模，国内至今尚无人突破。在广通集团蚕种公司、烟台原种场、沂水蚕种场等较大规模开展了日系原蚕稚蚕人工饲料育中试，取得了较好成绩，为今后大规模推广应用积累了宝贵的经验。在江苏、浙江、广东、广西等也进行了一定规模的中试。在中试过程中，时时刻刻坚守现场，一边亲手操作，一边讲解要领，确保能使中试正常实施。

主持开展了利用人工饲料育家蚕多用途研究，其中培育北虫草的试验最为成功，经过5年多上百次试验，出草率可达95%以上，已形成成熟技术体系，在国内也属首创。家蚕幼虫培育的北虫草，虫草素等含量高，其潜在的药用价值十分巨大。另外，利用人工饲料开发的科普蚕宝宝也是我们在国内首创的产品，十多年来一直在国内畅销。无菌蚕作为生物反应器，工厂化生产人、畜用药品、生物农药、疫苗等产品的研究，有着极为广泛的应用前景和巨大经济与社会效益，在这方面的研发上，与中国科学院上海生物化学研究所合作承担的"利用家蚕表达丙肝检测药盒C33"项目通过省科技厅成果验收。

与时俱进，发挥余热，为事业添砖加瓦

我退休离开工作岗位后，仍不断学习新知识，保持良好心态，将自己掌握的知识奉献给社会，应邀去江苏如东、江苏大丰蚕种场、浙江农业科学院蚕桑研究所、广西丝绸企业等处，手把手教他们人工饲料制作及养蚕技术，促进了人工饲料养蚕技术在我国的推广应用。

持之以恒不放弃还没有解决的技术难点，如现行试验用家蚕品种、一代杂交种、中系原蚕和日系原蚕对人工饲料摄食有极显著差异性，特别是中系原蚕品种稚蚕对饲料基本上是拒食的。要解决这个问题，一是进行育种，即适合人工饲料育新品种选育，但要花费大量时间与费用。二是能否有一种具有广泛适应性饲料，就像所有蚕都吃桑叶一样吃饲料，这是饲料配方研究者的终极目标。在上班的时候已经进行过几十次试验，虽然有一定效果，但疏毛率仍未能达到生产实用目标。在自己家里利用各种器具通过不断试验，发现对脱脂大豆粉进行某种特殊处理，可基本去除中系家蚕所拒食的物质，对原基本拒食人工饲料的中系原蚕，疏毛率可显著上升至95%以上，因此，这种配方的应用，可加速人工饲料育种技术在养蚕业上的广泛应用。

随着我国经济的快速发展，目前农村养蚕劳动力已老龄化，人工费也在飞速上涨，一种现代化的养蚕方式出现已是大家的共识，这就是全龄人工饲料工厂化智能化养蚕，利用国内制造业及智能化产业现有的最新技术，通过集成与创新，是完全可以实现的，这将是又一次蚕业生产技术革命，引领行业的高速发展。现在已经完成系统的整体设计，顺利完成中试，大规模生产的厂房也即将建造。

总结几十年科研生涯，归纳为：要热爱自己的工作，作为毕生的事业去做，科研永无止境，在一个研究领域里要不怕任何困难与曲折，耐住寂寞，一直坚持下去，直到取得成功。

　　周垂钦，1952年出生，男，汉族，中共党员，研究员。1973年毕业分配至山东省蚕业研究所工作，1986年和1998年两次由山东省政府公派日本国宇都宫大学和信州大学留学，获得博士学位。长期从事桑树病害防治、蚕病防治和新蚕药的研究开发工作。曾获得山东省科技进步奖二、三等奖各1项，山东省农业科学院科技进步奖一等奖3项，申请国家发明专利（首位发明人）3项，其中2项获得授权。在国内外学术刊物上及国际学术交流会上发表学术论文30余篇，参加编写出版科技著作8部。

科海学苑四十载
酸甜苦辣尽徘徊

1973年8月，作为第一届工农兵大学生，我迈进了山东省蚕业研究所的大门。经过40年的磨练，经历了继续教育、基层驻点、出国进修、科技攻关和开办科技企业等阶段，是党把我从一个学识浅薄的青年培养成为对社会有所贡献的高级科研工作者。

40年的继续学习和科研工作的历程

日语学习和日语教学。我们那个年代从小学到大学因为缺少外语教师而没有外语课，参加工作后才知道日本的蚕业生产技术和科技水平比我们先进得多，我们所里几个老专家都曾留学日本，研究所里的日文资料也很多，因而就暗暗地下定了自学日语的决心。我到烟台市新华书店花4角钱买了一本北京大学东语系编的《日语》，启蒙老师是我们所早年留学日本的曹吴柏技师。1974年冬季，曹老师利用每天上午中间休息的半个小时给我讲一课，从字母开始，共14课的基本语法，前后两周的时间就把这本小册子讲完了。

自那以后，我就断断续续地自学了3年时间。1978年随着十一届三中全会和全国科学大会的召开，农业科研迎来了春天，全国掀起了学习外语的热潮。我结合承担的桑树病害防治研究课题，查阅日文原版资料，边查阅字典，边请教日语专业毕业的同事，用蚂蚁啃骨头的方法逐段逐句地翻译，1978年我和同事共同翻译的一篇桑树缩叶型细菌病的防治方法投稿到《国外蚕业科技资料》杂志（油印本），竟然被刊登了，还寄来了稿费，从而更加激起了我的学习兴趣，后来那本杂志改名为《国外蚕业》，之后又多次刊登了我翻译的日文科技文献。

1979年冬，所里接到了农业部科技司要在吉林省农业科学院举办强化日语培训班的通知，在全国农业科研部门选拔考试入学，我积极报名参加了。1980年3月25日即奔赴了位于吉林省公主岭的吉林省农业科学院，开始了为期半年艰苦的学习生活。

教学用的教材是东京外国语大学附属日本语学校编写的《日本语》一、二、三册油印本。按照入学时考试成绩我是第40名，仅仅经过一个多月的学习我的考试成绩就到了前十名。一起学习日语的同学都脱离工作单位和家庭，每天从早上4点起床，跑步到3千米外的公主岭飞机场，再慢慢地边向回走边读书，饭后上课听老师讲解，晚上在各自床上看书或者戴着耳机反复听课文。老师让我们每篇课文大声朗读和听录音40遍以上，经过了近半年的学习，我学完了教材的第一、二册，掌握了基本语法和5 000～6 000个单词，达到了听说读写的中级水平，毕业考试得到了优等生的成绩。

1981年冬季，我和同事一起每天1个小时，用了3个月的时间举办了一期全所科技人员日语培训班。当时国家要求科技人员晋升职称必须要考外语，在全国掀起了外语学习热潮。1982年底，研究所举办了面向全省蚕业界科技人员的日语培训班。每期两个半月，用的是东北农学院编写的农业科技日语教材，由我主讲，从字母学起，经过70天培训，学员达到可以借助字典阅读简单的日语科技资料的水平，为山东省蚕业科技人员日语素质的提高做出了贡献。

边干边学的科研之路

基层单位驻点。1976年春季，国家号召教育科研单位开门办学，开门办所，要求研究所科技人员的2/3到农村一线，带着课题进入基层，发现问题和解决问题。3月我跟随3位老同志到了济宁地区兖州县新驿公社皇林大队驻点，指导农民栽桑养蚕。我分管皇林自然村的5个生产队，每个队每季养蚕10张左右，那一年最成功的是帮助13队成功地利用装根扦插法育成了2亩地大约有2万株的桑树苗，对农民致富起到了较大的作用。我们早上起床后就下到各个生产队的桑园和养蚕室进行技术指导，9点回到住处吃早饭，早饭后再出去转，直到下午3点多才能吃中午饭。

1977年，所里派我们3人到临朐县城关公社西郡大队驻点，有了在兖州驻点指导农民养蚕的经验，这一年的工作更加顺利，特别是下半年在杨经纶老伴生病请假较多的情况下，我已经可以全面担当全村的养蚕技术指导和协调工作了。通过这两年的农村养蚕技术指导工作，使我深入了解了农村大面积养蚕所存在的问题，为以后的科研工作积累了经验，找到了方向，奠定了基础。

刚毕业参加工作时，真是体会到在学校里学到的知识仅是入门而已，更重要的是在工作实践中边干边学才行，现在回想起来自己知识的大部分都是在参加工作后学到的。

朦胧阶段。农村驻点回所后，1978年主持桑树病害的防治研究。1979年又响应上级以世界先进水平为起点的号召，跟随谭主任从零起点开始进行桑树细胞工业化生产的研究，到中国科学院植物研究所、北京大学生物系等单位学习实验方法、查阅参考资料、收集试验药品，第一年就成功地培养出了桑叶的愈伤组织。年终总结时认为科研目标计划太超前，急功近利，受试验条件等方面制约难以达到预期效果而终止。

逐步成熟。1981年又跟随谭主任进行了蚕病防治的研究，用生物鉴定和电子显微镜观察的方法进行了消石灰对家蚕核型多角体病毒灭活机理的研究，并将研究论文发表于《山东农业科学》刊物上。1982—1983年又跟随谭主任进行了蚕室蚕具消毒剂敌孢霉石灰浆的研究，1983年后由我主持了蚕药开发研究课题，研究成功了蚕体消毒剂克僵散等药物。

重大成果的取得和技术职称晋升。1987年第一次出国进修回国后，加强了新蚕药的研究开发。近10年时间如鱼得水似的先后研究成功了可以通过口服途径治疗家蚕白僵病的新蚕药克僵一号、克氯素、克红素和双效宁、烟力宝等新型蚕药，分别获得了山东省科技进步奖二等奖和山东农业科学院科技进步奖一等奖，并且申请了国家发明专利。撰写的论文刊登于蚕业学术界的顶级刊物《蚕业科学》。1992年我晋升为副研究员。1995年43岁时，又被山东省人事厅批准破格晋升为研究员。

1988年研究所号召各个研究室在搞好课题研究的同时加大创收力度，我就带领课题组人员在实验室里制造自己研究的新蚕药销售给各个重点养蚕县，特别是1990年山东省僵蚕大暴发时期，使用了我们研发的新蚕药克僵一号、克氯素的养蚕户显著地减少了僵病造成的损失，提高了蚕茧产量，同时获得了丰厚的销售利润。我们研究室的年终奖金是其他室平均数的4倍，科技成果和论文也同时丰收。该项研究以科技成果有偿转让的形式转让给江苏盐城和浙江湖州的蚕药厂。

成立蚕药厂开办科技企业。 由于新研制的蚕药防病效果好，经济效果明显，1992年所里决定在蚕病研究室的基础上建立烟台蚕药试验厂，由我担任厂长兼研究室主任，做到了边研究边开发边生产销售的研发生产一条龙的模式。相继研究成功了克红素、烟力宝、保利消、氯消散等蚕用药物，获得了显著的经济效益和蚕病防治效果，为研究所创收的同时也大幅度地提升了内部职工的收入。

🖋 两次出国进修并且获得博士学位

初次出国进修。 1980年东北学习日语回所后，一心想着创造出国机会，直到1985年才到上海外语学院参加了全国的外语水平（VST）考试，6月接到省里的通知，我被录取为山东省自筹经费出国访问学者，1986年4月到日本宇都宫大学农学部岩下嘉光教授研究室进修学习。我出国后先过了语言关和试验技术关，掌握了基本的实验技术后，继续进行我5年前在国内已经开展的消石灰对家蚕多角体病毒灭活的研究，最初导师不相信消石灰对病毒有消毒作用，但是经过我用消石灰处理多角体病毒后，用生物鉴定法和扫描电子显微镜观察法证明有显著的灭活作用，引起了岩下教授的重视，随即帮助我用透射电镜观察了病毒粒子的失活过程，得到了重大发现。随即让我将研究成果在日本蚕丝学会关东支部学术交流会上进行了发表，第二年又在日本全国蚕丝学会年会上发表，并写成论文发表在会刊《日本蚕丝学杂志》上。

第二次出国。1997年10月，接到山东省农业科学院的通知，有第一次出国经历的科技人员可以免试以访问学者的身份二次出国。这次通过岩下教授联系到信州大学纤维学部的中垣亚雄教授的研究室学习。

我的导师中垣先生在病毒分子生物学和家蚕基因移植方面造诣颇深。我向他汇报了我的消石灰对家蚕多角体病毒消毒机理的研究课题，12年前在宇都宫大学的岩下教授那里的研究成果，希望继续在病毒分子生物学的水平上解析消石灰对家蚕多角体病毒蛋白质和核酸的降解过程，中垣教授同意了我的研究计划。首先跟研究室的日本学生学会了计算机使用方法，以及病毒分子生物学实验的SDS-PAGE电泳法和PCR的核酸扩增等基本方法。自己养蚕准备实验材料，运用这些基本实验方法，经过了大半年的努力，在分子生物学的水平上，清楚地解析了对经过消石灰处理后的多角体病毒NPV、CPV的蛋白质和DNA、RNA的失活过程。中垣先生看后感到很满意，表示进一步完善实验结果，就可以达到博士论文的水平。这样一来就改变了我本想放松一下的想法，只有进一步努力这一条路可以走，虽然取得日本博士学位对我回国后晋升技术职称不起作用，但也是对我专业水平和能力的肯定。用预定的一年时间不可能完成，我就将进修学习时间延长一年。

5月以后就进入了论文撰写阶段，我先后在日本蚕丝学会上交流发表了3篇论文，2篇论文发表于日本蚕丝学杂志。在起草论文的过程中遇到实验数据不扎实的地方还要做补充试验，查阅有关资料。

10月后就进入进一步修改论文、准备答辩阶段。11月30日将学位论文的初稿报给中垣教授。之后又修改了几次，到2000年1月28日正式提交了博士论文的申请表，中垣教授连续几天一字一句地帮我修改论文，不单是修改论文的论点和论据，还要修改论文中的日语表述是否符合日语规范。有一天他在办公室里陪我修改到凌晨3点，中间我去买了夜宵吃了后继续修改。正式向博士论文审查委员会提交了论文后，方才松了一口气。2月17日信州大学纤维学部应用生物学科正式举行了我的论文答辩会，学科论文审查委员会的全体教授参加了答辩和论文审查，论文审查委员当场签字通过，认为可以授予博士学位。

2000年3月17日是我一生中不可忘怀的日子，这一天是信州大学纤维学部毕业和学位授予典礼，我从学部长手中接过了我在2年前想也不敢想的日本信州大学授予的博士证书。

四十年科研工作的切身体会

一生坎坎坷坷，40年的工作历程，多少积累了一点科研工作的心得体会，提供给年轻人参考。

掌握好外语工具查阅国内外文献，了解国内外研究现状和动态。作为一名研究人员，掌握1～2门外语是必备的工具，特别是20世纪70—80年代，日本蚕丝业生产和科研发达，科技文献和专利要比我国多好多倍，而且质量上乘，值得参考。掌握了这些文献资料，就了解了本学科的研究现状和动态，为选择研究方向和研究课题明确了目标，就可以选定正确的研究方法和路线，了解科研课题的可行性和实用性，就不至于走弯路和死胡同，如我70

年代后期及时终止了刚开题一年的"桑树细胞工业化生产研究"课题。而某个课题组连续近10年用同一种方法研究口服药物治疗柞蚕病毒病的课题，最后无功而返。

选题方面尽量考虑跨学科和边沿学科的题目，扩展自己的知识面。作为一名合格的研究人员，只掌握本专业本学科的知识是远远不够的，必须要知识面广泛。不能只知道家蚕，更要扩展到农业昆虫和卫生昆虫，以及农学果蔬等领域，进而扩展到物理化学等领域。日本的大学里每个系里三年级以前所学的课程是一样的，到四年级做毕业论文时才选定某一个专业。我在所里搞了几十年的消毒药物，最后基本做到了看到药物的结构式就大概判断有无消毒作用。

再就是查阅文献资料的途径和方法，每一个人大脑的存储量都是有限的，但是查找有参考价值文献的方法和途径是有差异的。现在条件好了，有问题可以直接百度一下，20年前只有谷歌和雅虎，40年前我到北京的国家图书馆和中国科学院图书馆查资料时，只能靠那些一排排的卡片柜。另一个需要说的是，要想查到真实的研究文献还是1985年前的数据最实在。

逻辑思维加逆向思维。学会辩证法进行逻辑思维，是一个合格的科研工作者必备的基本素质之一。对任何一种自然现象和实验结果都要考虑一下看其是否符合逻辑，去辩证地分析问题。日本人中田藤三解决圆珠笔芯漏墨的发明，就是运用逆向思维的一个典型应用例证。

重视试验材料和方法。我看研究论文时，不是先看研究结果，而是重点看其所使用的实验材料是否符合实验要求和客观实际，看其实验方法是否正确，是否可以表达客观数据。

最大的一次乌龙大约是1970年人民日报报道了中国科学院童第周老专家和美籍专家牛满江合作研究，证明RNA可以遗传将单尾金鱼变为双尾金鱼，后来被多位世界著名专家提出了质疑，实践证明RNA提取方法不当，混进了DNA而得到了不正确的误导结果。

我在1989年时研究了一种消毒药物，在离体培养时发现对白僵病很有效，可是实际效果不是很好。后来查明就是使用的白僵菌分生孢子是在试管里培养基里产生的，其抗药性差，易出现误导结果。从此以后，就改用了使用接种病菌后染病的白僵蚕体上产生的新鲜孢子作为实验材料，提高了实验数据可信度。

少做或者不做没有科学依据的某些因素可以所谓数量级增产的研究题目。像20世纪60年代风云一时的九二零，70年代的三十烷醇，80年代的磁化水等，用在什么作物上都号称增产5%以上云云，都在短时间烟消云散了。我们有些研究机构也进行了类似的研究，在此就不举例了。所以我建议不做或少做这些虽然人云亦云但是经不起逻辑推理的项目。

做课题研究工作量的分配。我认为，要想使研究项目得以顺利进行，首先是科研协作和社会沟通占总工作量的40%，包括经费的争取，同学科和相关学科的沟通交流及其建立协作关系，新时代的应用研究尤其如此。尽管你的成果很优秀，但是如果得不到用户认可，短时间推广应用也是很困难的。

立题前和研究过程中的调研和文献查找占30%，当然现在是信息化时代，查找文献的方式现代化，使这一工作变得轻松，也不如出差到对方单位面谈更加有利于沟通和交流。有时候出差外地拜访了好多专家，大多时候所起到的作用不大，但是碰到某一个人一句话的启示就会给你非常大的帮助。

当然，最后还要在实验室内进行反复的实验研究，但是这方面的工作量仅仅占30%。

给新时代农业科研人员的寄语

选题时要以投入和产出的经济效益来衡量研究成果的先进性和实用性。要破除农业生产中旧的陈腐观念，如"高产稳产、精耕细作、颗粒归仓"等过时的提法，因为现在变成了劳力成本高涨，机械化程度高的时代了，尽管粗放式管理单位面积产量低，只要经济效益提高就可以，要朝着省力化和投入产出比例的提高迈进。

开拓蚕业科研的新出路、新方向。随着科技的进步和经济的发达，蚕业生产尽管步步下滑，作为蚕业科技工作者要找到新的出路和新的方向。首先考虑家蚕的群体性和个体的均一性是其他动物所不能比的，作为实验昆虫来说是唯一的可以具有成熟饲养技术的，作为实验动物是很有潜力的，可以用其进行有毒物质的污染残留及其耐受力实验等。

作为一个一生从事蚕业的人往往局限在如何养好蚕结好茧的片面上，不同专业的年轻人从局外看问题，更加可以看到问题，找出新的方向和创新点。

以家蚕为材料，还可以做好多应用，如利用白僵蚕、绿僵蚕提取有用物质，用于生物制药等。

具有荧光显性基因的蚕品种是30年前蚕业研究所老科学家研究的科技成果。好多以家蚕为材料做基因转移的人也将荧光基因作为标志物进行转基因材料的筛选。而最近复旦大学化学系的熊光明教授将荧光碳点和养蚕制丝结合起来，给家蚕添食荧光物质，使其吐出具有荧光碳点的生丝，这在纺织品的开发和生物制药领域将产生广阔前景。

希望蚕业研究所年轻的科技工作者开拓创新，勇于探索，做出更大的成绩回报社会。

　　禹山林，1956年1月生，男，汉族，山东莱州人，1982年山东莱阳农学院毕业，南京农业大学博士，研究员，曾任山东省花生研究所所长。长期从事花生遗传育种研究。曾主持国家"863"计划、农业部"948"、科技部转基因专项、国家发改委、山东省良种工程等30余项课题研究。在国内外首次主持克隆出了与脂肪酸组成、油脂形成相关的*FAD2B*、*PEPC1*、*PEPC2*等8个基因，并进行了功能验证。主持选育审（鉴）定推广了花育19号、花育20号、花育21号等9个花生新品种，累计推广12 000多万亩。发表论文30余篇。主编《中国花生品种及其系谱》《中国花生遗传育种学》两本花生专著。主持完成的《高产高油酸花生种质创制和新品种培育》，获得2013年度国家技术发明奖二等奖。

解决小花生里的大问题

"麻屋子、红帐子，里面住个白胖子。"小小一颗花生，在禹山林眼中却内有乾坤。

作为科研人，山东省花生研究所所长禹山林已经与花生结缘35年，"花生在植物界最保守，她开花，但没人能看到她的花粉；她也生子，但植物界只有她把孩子放在地下生长、发育、成熟。做人也应像花生一样，保守、低调些为好"。

禹山林如同花生一样默默奉献，他把青春都挥洒在了花生科研当中，他说："我一辈子从事花生遗传育种研究，但只做了两三件事"。

🖎 高产育种，育成了一批花生新品种

禹山林从事花生遗传育种研究35年了，共育成并审（认）定花生新品种34个，其中主持育成26个，参与育成8个。这些花生品种在不同的历史时期对我国花生产业的发展均作出了很大贡献。自20世纪90年代以来，育成的品种在我国北方产区常年种植1 300多万亩，占全国花生种植面积的20%左右，创造了巨大的社会经济效益。

"花生育种目标，视产区自然条件、种植习惯、产品用途

等需要，可确定为早熟育种、抗病育种、抗旱育种、优质育种、耐盐育种等，但高产是永恒的目标。"禹山林这样说。因此，他主持育成的花生新品种都具有高产的特性。花育21号于2013年培创出了实收1亩荚果产量652.25千克的高产典型；花育17号于1998年培创出了实收1亩荚果产量605.29千克的高产典型；花育33号于2014年培创出了实收1亩荚果产量651.6千克的高产典型……

"这些高产地块都是在正常生产条件下培创出来的，与品种高产潜力挖掘试验是不同的。高产潜力挖掘需要各种条件都要充分满足品种发挥高产潜能的要求，投入成本非常高，实际生产中农民并不采用。"正是这些高产品种的广泛应用，为我国花生单产和总产量11年连增做出了一定贡献，因而得到了社会的认可，获得了一些标志性成果奖励。

他主持完成的"专用花生新品种创制技术研究与应用"2007年获得国家科技进步奖二等奖；参与研究的"高产出口大花生新品种鲁花9号选育与推广"获国家科技进步奖二等奖、"辐射创造花生新品种种质及其利用的研究"和"早熟高产大花生新品种鲁花14号的选育与应用"获山东省科技进步奖一等奖、"优质出口专用大花生新品种8130选育与推广"和"花生品种资源搜集、整理、保存、研究与利用"获山东省科技进步奖二等奖。

优质育种，培育出了我国第一株高油酸花生

早在1981年，英国的肯阳公司与中粮山东粮油进出口公司终止了一份花生进口合同，理由是中国的花生油酸/亚油酸值

偏低，制品货架寿命短，容易氧化酸败变质。禹山林回忆道，"这个问题当时确实存在，我国小花生油酸/亚油酸值仅为1.0左右，其制品容易氧化酸败变质，货架寿命短；而美国的花生油酸/亚油酸值是1.5以上，其制品不易氧化酸败变质，货架寿命较长。"

从那时起，禹山林便开始埋头研究高油酸花生新品种培育，一干就是20多年。

"油料作物的高油酸品种培育是当前国际聚焦的研究方向，因为花生油酸含量高了，同时棕榈酸含量就低了，不仅榨出的油品质更好、食用更健康，而且抗酸败，更适宜于现代食品工业的需要。然而，1982年以前我国花生优质育种目标是培育高亚油酸新品种，认为亚油酸是双价不饱和脂肪酸，更有益于软化血管。但是双价不饱和的亚油酸容易氧化酸败，进而产生醛类、酮类、烃类等对健康有害的物质。所以美国在20世纪70年代以前就把培育高油酸花生新品种，确定为了花生优质育种的重要目标。"谈到高油酸花生育种，禹山林如数家珍。

"他是我国第一个育成高油酸花生的人，技术和方法上都有创新。"他的同事告诉记者。

受美国同行研究的启发，禹山林于20世纪90年代通过钴-60照射79266品系诱变育种，创造出了油酸含量高达80%以上、油酸/亚油酸值30.0以上的花生新品系SPI098，这是我国第一株具有自主知识产权的高油酸花生。他在研究确定了花生高油酸性状基因选择指标的同时，用SPI098做亲本育成了第一个具有完全自主知识产权的直立型高油酸花生新品种花育32号，之后高油酸花生新品种的培育步伐明显加快。

　　到2013年，禹山林课题组育成的3个高油酸花生新品种，油品优良，产量高。尤其是花育32号，油酸含量高达77.8%，约为传统花生的两倍，棕榈酸为6.1%，比一般花生降低了50%，油质可与橄榄油相媲美。3个品种累计种植5 800多万亩，创社会经济效益82.4亿元。禹山林团队从事的花生高油酸新品种培育研究亦得到了社会的认可。

　　他主持完成的"高产高油酸花生种质创制和新品种培育"项目，2013年获国家技术发明奖二等奖，"高油酸花生种质创制研究与应用"2011年获农业部中华农业科技奖一等奖，"花生育种新技术及其应用"2012年获山东省技术发明奖二等奖，"高产、高油酸/亚油酸比值花生新品种花育19号培育与应用"2011年获山东省科技进步奖二等奖。

降低种子成本，创造出了一种新的花生品种类型

　　进入21世纪，花生生产资料价格不断上涨，加之花生用种量大，所以花生种子成本很高。

　　目前我国花生品种共分五大类型，就株型和开花习性而言，普通型是株型匍匐或半蔓，交替开花；龙生型是株型匍匐或丛生，交替开花；多粒型是株型直立，连续开花；珍珠豆型是株型直立，连续开花；中间型是株型直立，连续开花。

　　"我国花生用种量大，成本高，这主要是由我国应用的品种类型所决定的。目前我国花生种植面积近7 000万亩，所用品种几乎全部是中间型和珍珠豆型，这两种类型株型直立，连续开

花，结实范围小、结果集中，生产中依靠群体获得高产量，所以种植密度大，一般大花生亩用种20 000粒，小花生24 000粒；因此用种量多，种子成本高。"禹山林对记者说。

美国花生生产用种几乎全部是大蔓匍株型、交替开花的品种，用种量很少，种子成本很低。但是中粮山东粮油进出口公司、山东莱西东生集团、山东省花生研究所等均在我国对美国的花生品种进行过试种，结果无一成功。"这主要是因为美国的花生品种生育期太长，不适于我国的耕作制度；结果分散，难以收获；我国的土壤蛋白质、腐殖质含量低，太瘠薄了，满足不了大蔓匍株型、交替开花品种生长发育的要求，所以产量低。"

禹山林说："如果创造出一种既是株型匍匐，又连续开花的新的花生品种类型，就可达到结果范围大、结果集中、易收获、耐瘠薄、产量高的目的。这就是我们培育这种新类型的最初思路。"于是，禹山林团队在摸索研究相关性状遗传规律和分子标记、性状聚合等基础研究的前提下，经过刻苦攻关，终于创造了一个新花生类型："我让她匍匐起来了，但结果枝的每个节都开花。"

测试结果显示，该花生品种株型匍匐，但连续开花，单株结实能力强，2015年已通过安徽省鉴定，定名为花育917。因为该品种株型像拼盘，所以农民称之为"盘型株型"。

2014年和2015年连续两年产量比较试验，花育917每亩种植6 000~7 000株，比每亩种植20 000株的花育33号增产17.7%~21.2%，并且属于高油酸品种。每亩用种量仅为目前直立型品种的1/4~1/3，每亩种子成本降低了近200元。"新的品种类型，预示着新的种植模式。目前的种植模式很快将成为历史。这或许就是颠覆性技术。"禹山林兴奋地说。

　　"少立耕耘志，天赐花生缘；播下珍珠豆，品味苦亦甜；岁伴风雨舞，顺迎春秋寒；情注花生果，期盼籽满田；高产千顷绿，花育谢众援；根植乡间土，寸心报人间——这是一位友人送给我的一首打油诗，感觉是对我从事花生遗传育种工作35年较好的诠释。"禹山林这样说。

（记者：唐凤、仇梦斐，通讯员：张斌）

原载《中国科学报》（2016-07-19第6版）

　　周广芳，1960年4月生，男，汉族，山东微山人，中共党员，研究员。1984年7月毕业于山东农业大学园艺系分配到山东省果树研究所工作。长期从事干果育种和栽培技术研究。先后主持完成国家、省级重点研究课题20余项。获山东省科技进步奖一等奖2项，二等奖4项，三等奖1项。山东省农牧渔业丰收三等奖1项。神农中华农业科技奖二等奖1项。主持完成的"枣系列新品种选育及育种技术创新"获2012年山东省科技进步奖一等奖。选育并组织审定枣树新品种27个，其中国审品种12个，在全国20余个省、区、市推广应用，经济效益和社会效益显著。获国家专利8项，发表论文60余篇，主编著作7部，参编著作4部。2009年被中国园艺学会干果分会评为中国干果产业突出贡献人物。

勇于创新、甘于奉献，勇攀果树科技高峰

　　我于1984年7月毕业于山东农业大学果树专业，分配到山东省果树研究所（以下简称果树所）工作。在36年的果树科研生涯中，取得了一些成绩、获得了一些奖励，为果树科研和果树产业发展做出了一些贡献。但这些成绩和贡献的取得，得益于党的领导，单位的支持，团队同志的共同奋斗，而自己只是尽了应该尽的责任。

✎ 选定研究方向，持之以恒干到底

　　我出生在山东省微山湖畔，当时由于农村发展的局限，使少年时期的我就有了学习农业科技知识的理想，要为生我养我的农村贡献力量，让村里的父老乡亲富起来。我是这样想的，也是这样做的1980年，我以优异的成绩考入山东农学院。大学期间，我特别珍惜这来之不易的学习机会，刻苦学习，废寝忘食。经过不懈地努力，以优异的成绩完成学业，大学毕业被分配到山东省果树研究所工作。

　　进入果树所之后，我便开展果树育种、栽培技术研究，兢兢业业，30多年如一日。刚进入果树所，由于对科研工作非常陌

生，无从谈起自己的研究方向，主要听从领导安排工作。先后参加了草莓的水培研究、苹果常规育种课题。根据所里当时科研工作的需要，1986年正式成立了果树组织培养和多倍体育种课题组，急需年轻人员，由此我被调到生物技术课题组，开展果树的组织培养、胚乳培养和苹果多倍体育种等研究工作，并取得了重大研究进展，在苹果多倍体诱变技术和鉴定方法等方面有了重大突破，国内外首次诱变出一大批苹果四倍体和三倍体新种质，这些多倍体种质通过生根移栽和试管幼苗嫁接技术栽入大田进一步观察选育研究。"苹果染色体组工程育种"成果获1994年度山东省科技进步奖二等奖。由于我长期在实验室接触培养基和化学药品等，鼻子经常流鼻血，对身体健康造成了一定的影响。经过认真考虑和慎重选择，1994年底，所领导把我调到枣课题组，从此开始了枣育种和栽培技术研究工作，直至退休没有再改变研究方向。

枣树育种栽培方向确定后，如何尽早进入角色尽快开展相关研究，我从2个方面着手：一是向老专家请教学习。郭裕新研究员是果树所枣树研究的前辈，先向郭老师请教学习。他带我到全省各枣主产区考察调研，走遍了全省枣区，让我全面了解山东省及全国枣产业的生产现状、存在主要问题及今后发展趋势，这对我一生的科研工作具有决定性意义。通过全面了解生产、科研情况，我进一步明确了果树所枣树研究工作的方向和研究重点。二是向书本系统学习，打牢研究工作的理论基础。首先加强了枣资源的收集、保存、评价和创新利用研究工作，重点开展枣树新品种选育和优质丰产高效栽培技术研究。先后主持完成"十一五"国家科技支撑计划干果课题、"十二五"国家科技支撑计划山东省枣课题、国家农业综合开发、国家林业标准制定、修订项目、山东省农业良种工程重大干果课题、山东省科技发展计划、山东省财政支持重点农业科技成果推广项目、山东省农业科技成果转化等重点研究课题项目20余项。获山东省科技奖励8项，其中一等奖2项，二等奖4项，三等奖1项。主持完成的"枣系列新品种选育及育种技术创新"和"名特优枣良种选育及示范"项目，分别获2012年山东省科技进步奖一等奖和2003年山东省科技进步奖二等奖。主持选育出具有自主知识产权、不同用途和不同成熟期各具特色的枣系列新品种27个，全部通过山东省品种审定，其中12个品种通过国家审定，选育的枣新品种已在山东、河北、云南、湖南、江西、新疆、四川、安徽等20余个省、区、市推广应用，新品种对枣树品种更新换代，优化品种结构，提高产量、质量，增加农民收入，提高经济效益具有重要意义。在国内外学术期刊发表论文60余篇。主编和参编科技著作8部。

实干是科研事业获得成功的基石

实干是科研人员立身立业的基石。"大道至简，实干为要。"人在世上炼，最怕的就是眼高手低。"科研成果是干出来的。"回顾自己30多年来所取得的成绩，靠的就是求真务实、真抓实干。我认为一个优秀的农业科研工作者必须掌握两种技能。第一是实验技能，能走进实验室，可以利用先进的仪器设备，熟练掌握1～2项科学实验技术操作，这是做好科研工作的基本技能要求。只有熟练掌握实验操作技能，才能把科研做深做细，写出高水平的研究论文。我在生物技术课题组时，从最基础工作做起，每天亲自配制培养基、材料消毒、接种、转接扩繁等工作，熟练地掌握了组织培养技术和胚培技术。同时还熟练地掌握了植物染色体制片技术和植物组织石蜡切片技术，为苹果诱变多倍体鉴定工作提供了可靠的技术支持。第二是生产实践技能。这是指导生产、服务果民的基本要求。作为农业科研人员，田间地头是科学研究的主战场，靠想象干不出成果，我们的科研成果必须写在大地上，长在土壤里。必须下田下地是从事农业应用科学研究的前提条件。我在枣课题组期间，大部分年份每年至少有一半的时间在枣园或生产基地度过，系统开展枣种质调查评价、实生后代结果单株的评价鉴定，了解枣品种特性、结果特点和果实品质，开展新品种选育及优质丰产栽培技术研究，了解新品种，掌握新技术、新模式、新产品，更好地为枣产区提供技术指导服务，深得枣农的欢迎。

工作不要抱怨，也不要幻想，需要有一颗平常心态。只有脚踏实地的干，用自己的双手，用自己的汗水去换来属于自己的生活，或许实干付出了会得不到满意的结果，但是至少自己不会后悔，我努力过。在这个过程中我们会体会到诸多的不容易，也会让我们更加珍惜自己所拥有的一切。"汗水"才是取得成功最根本的。生活中我们常能看到，一些人埋头苦干深挖一眼泉，最终收获了实至名归的成功；一些人左顾右盼寻找捷径，反而兜兜转转、屡尝败绩……这些都说明了一个无比浅显的道埋，离开了实干是难以获得成功的。离开实干，再漂亮的口号也是空中楼阁。说到底，新时代的科研人员要把实干当作立身立业的基石，将实干进行到底。

创新是科研工作的灵魂

习近平总书记说"创新是引领发展的第一动力"。创新是科研的灵魂，要始终站在科技最前沿。科研的本质是创新，科学研究要勇于探索，勇于创新，这个是关键。搞科研，应该尊重权威但不能迷信权威，应该多读书但不能迷信书本。要学习前人先贤、尊重权威，同时也要坚持真理、独立思考、善于质疑、勇于创新。只有这样才能行稳致远、有所突破、有所建树。我是一个喜欢思考、勤于动脑、善于提问的人。只有自己提出各种问题，再深入实践、潜心研究。山东作为全国重要的枣主产区，品种资源丰富，栽培历史悠久，形成了"乐陵金丝小枣""宁阳圆铃大枣"等驰名中外的传统历史名产，但生产中传统主栽品种均存在一些缺点，在一定程度上制约了山东省枣产业的发展。郭裕新研究员于20世纪60—70年代在资源调查的基础上率先在全国开展了枣新品种选育研究工作，选出一批优良品种，但都没有品种审定。我到枣课题组后，首先对这些品种的主要性状、果实特点等进行系统调查、测定分析，于1998年开始组织品种审定，连续3年时间共审定9个枣树新品种，同时在国内率先开展枣自然杂交育种工作，直至2009年又陆续选出制干、鲜食、干鲜兼用、观赏或加工专用等系列品种。截至目前，共选育审定枣品种27个，其中12个品种通过国家审定，在全国居领先地位。这些品种在重要经济性状方面显著改进，对山东乃至全国枣品种的更新换代和枣产业可持续发展具有重要作用。在枣优质高效栽培技术研究方面，在全国率先开展了枣树的现代栽培模式研究，采用宽行密株、高光效轻简化树形、水肥一体化技术和病虫害综合绿色防控技术，建立了枣现代高效栽培技术体系，对于改变传统栽培方式，增加枣农收入，提高枣产业经济效益起到了巨大作用，引领山东乃至全国枣产业的发展。通过坚持不懈、锲而不舍地实践，逐步探索出枣自然杂交育种和现代高效栽培一整套技术，攻破了一道道难关，在枣树科研事业方面取得了一定的成就。心怀国之大者，作为一名科研人员，要淡泊名利，耐得住寂寞，要有执着精神和造福人民的梦想追求，才能踏踏实实地为老百姓做些事情。

甘于奉献，团结协作是科研美德

"要做一名成功的科研工作者，就要耐得住寂寞，甘于奉献，一生都要保持勤奋、严谨的作风。"科研工作者要勇于奉献，甘于奉献，乐于奉献，在奉献中体现人生价值，甘当"孺子牛"，以"不破楼兰终不还"的决心攻坚克难，勇闯科技创新"无人区"，不辞艰辛、不计名利，把青春交付于科研事业。

集智攻关、团结协作是大科学时代的必然趋势。科研人员要强化跨界融合思维，倡导团队精神，建立协同攻关机制。坚持全球视野，加强国际合作，秉持互利共赢理念，为推动农业科技进步贡献智慧。

在科研协作上，常因合作不愉快而导致合作研究失败，或因利益关系处理不好而导致矛盾，甚至造成同事间的水火不相容，你中无我，我中无你，在发表论文、成果排名、专利申报、利益分配等方面斤斤计较，寸步不让，有的为此造成不团结，形成内耗，影响了科研事业的发展。处理好科研合作问题，增强团结协作的意识，正确估计自己在合作研究中所起的作用，正确看待别人在开展合作中所做的工作。在合作研究中，要树立正确的世界观、人生观和价值观，正确对待个人利益的得失，同事间要发挥大公无私和勇于奉献的精神；在大方向上，要识大体顾大局、精诚团结、形成合力、互相尊重、相互关心、互相支持，明确个人在整体研究中的发明和创造及贡献的大小。处理好项目总牵头人与项目参加者之间的主次及贡献大小的关系，客观评价和肯定课题协作组中每个成员的工作量和所取得的成绩，以及个人的研究工作在整体中所占的比例。要实事求是地看待每个人所做出的贡献，要有互相谦让、互相帮助、舍小局、顾大局、讲团结、讲奉献的精神。我在主持枣课题组工作期间，高度重视团队成员的团结协作。枣课题组每位成员都有明确的任务分工，每个人都有明确的研究方向和工作侧重点，这样既能充分发挥个人工作的主动性、积极性以及个人的研究特长，同时还强调课题组成员之间的配合协作，使得我们课题组成员团结和谐。在做好课题组枣品种选育和栽培技术研究的同时，加强与所内不同学科和不同专业方向科技人员的合作。利用我主持山东省农业良种工程干果重大课题的机遇，所内联合孙清荣博士和余贤美博士等同事，专门设置子课题和经费，开展枣的组培、分子育种技术和植保技术研究。通过多年的合作研究，联合申报省科技成果，2012年获得山东省科技进步奖一等奖，这也是科技合作的成果。

做好"传帮带"，培养年轻人是老专家的责任

人才兴单位兴，单位的发展靠人才，科研事业的发展更离

不开人才。我十分注重人才引进与培养工作。对青年科研人员，主动发挥老专家的"传帮带"作用，我经常说"我们这代人经历过年轻时的磨难，知道年轻人需要什么，尽可能地创造机会，培养他们，让他们尽快地成长起来"。经常鼓励青年专家要提高学历，丰富知识，为此先后推荐课题组2位年轻同志在职攻读博士。他们通过自己的努力，已成为果树所枣树研究方向的年轻骨干力量。作为一名科研干部，也积极培养全所青年科研人员，指导青年人员认清科研发展方向、厘清发展思路、选准研究方向，明确发展目标，传承优良学术传统，早出成果。带出了一支团结、协作、具有奉献精神、创新能力强的科研创新团队。为了培养年轻科研人员快速成长，利用我在科研办公室工作的机会，重点帮助年轻科研人员尽早确定研究方向。在2005年前后山东省农业科学院自行设置一批青年基金、博士基金等科研项目。通过组织全所年轻人员申报项目，了解年轻人的科研想法，帮助部分年轻同志确定自己的研究方向，指导年轻同志撰写项目申请书和PPT制作，强化训练立项汇报、科研项目实施、工作进展及结题验收材料总结及汇报。通过项目申报、实施管理，全面加强对年轻人员的科研能力训练，取得了良好的效果，目前这些年轻同志已成为果树所的科研骨干力量。

合作交流是做好科研工作的重要条件

随着当代科学技术的不断发展和进步，学科间的交叉、渗透与综合也显得越来越重要，特别是在科学研究中，学科间的科研大协作，已成为完成重大研究项目的重要组织形式。通过自己主持完成的"十一五"国家科技支撑计划干果课题、山东省农业良种工程重大干果课题等重大项目，深深体会到只有加强不同单位、不同学科和不同专业间的合作，才能完成有重大影响的大项目，出大成果。在科学研究中，不论是基础研究、应用基础研究，还是应用或开发研究，都涉及学科间的交叉、渗透与综合。一个重大研究项目常常横跨多个学科来研究其独特规律。要从事一项跨学科的研究或交叉学科的研究，只凭单一学科领域的知识是无能为力的，它必须在纵向和横向上进行多学科的科研大协作，否则就不可能产生重大突破，也不可能高质量、高水平地完成科学研究的任务。

主持完成的"十一五"国家科技支撑计划"干果类主要果树新品种选育研究"课题，全国主要参加单位有山东省果树研究所、河北农业大学、北京市农林科学院林果研究所、河北省农林科学院昌黎果树研究所、山西省农业科学院果树研究所、云南省林业科学院等单位。经过承担单位的共同努力，顺利完成了课题任务。通过主持国家课题项目，加强了各单位之间的合作交流，扩大了果树所在全国的影响力，也为后期进一步科研合作打下了良好的基础。

大力开展和重点支持跨单位、跨学科的科研大协作，充分利用各自的人才、设备、技术、知识和信息的优势，通过积极开展科研协作达到互通有无、取长补短，节省人力、物力、财力，缩短研究周期、提高科研效率、多出成果、多出人才、发挥优势、形成特色的目的。在科研协作中，要引导广大科技人员树立正确的指导思想，发扬大公无私和勇于奉献的精神，摒弃同行是冤家的旧观念，减少内耗，要识大体顾大局、精诚团结、形成合力，互相尊重、互相支持。科研合作要贯彻自愿互利和服从需要的原则。在科研合作的形式上，一是加强多学科之间的协作，发挥多学科的优势，积极开展跨学科、跨专业协作研究，在不同学科和单位之间共同形成协作攻关组，共同开展某一科研项目的科学研究工作。支持单位内的科研协作。二是加强跨单位、跨部门相关学科专业的协作，在不同单位的相关学科专业之间，组成科研协作组，开展协作研究，发挥不同单位相同专业人员的知识和技术特长，尽量减少和防止同一学科内部和相关学科研究工作的重复，提高研究工作的层次与水平，形成在某些研究领域的优势和特色。对跨单位、跨部门的重大协作项目，协作单位在人、财、物上要给予大力支持。

科研协作组每年定期召开协作组工作会议，汇报科研工作进展，及时商讨和解决协作中存在的各种问题，并定期开展学术交流活动，及时交流科技信息，把最新的信息和研究工作的进展及时传递给协作组人员，以便把握最新科技动态，及时修订和调整研究内容及研究计划，以保持协作科研项目的先进性和领先水平。单位与个人要认真履行各自的职责，积极开展科研协作，顺利完成科研合作任务。通过开展良好的跨单位，跨学科的科研大协作，调动起广大科技人员的积极性和创造性，在团结协作中，集中大家的才能和智慧，使科学研究工作跨上一个新的台阶。

在加强国内研究合作与交流学习的基础上，自己将目光放远，先后到美国、加拿大、澳大利亚、俄罗斯、波兰、西班牙、意大利、韩国等国家进行了果树考察学习交流，开阔了视野，不但自己走出去，还鼓励年轻人走出去，加强与国外果树技术合作，多学习国外的先进技术，开展学术交流，提升研究水平。

服务"三农"是一切科研工作的出发点和落脚点

一生耕耘，只为农民笑逐颜开。作为一名优秀的果树科技工作者，农民增收、农业增效一直是我工作的出发点和立足点。我以承担的科研项目为载体，从枣农的实际利益出发，科研联系生产，试验与开发并举，积极推广新品种、新技术，以建立高标准生产示范园为样板，以科技培训为辅助，为振兴农村经济服务。

乐陵市是全国著名的金丝小枣之乡，乐陵金丝小枣闻名全国，是我国传统的金丝小枣产区，也是乐陵市的支柱产业。由于普通金丝小枣品种存在着果小、成熟期遇降雨裂果严重、优质果率低、传统栽培树体高大不易管理、需要年年环剥才能结果的不足，而且干枣价格一直较低，经济效益低，严重制约了金丝小枣产业的发展。乐陵市与果树所签订了长期科技合作服务协议，于2017年在乐陵市建立科研试验示范基地。建立枣资源圃保存资源400余份，栽植实生苗15 000余株，定植金丝小枣、圆铃枣、长红枣、冬枣等各类优系40多个，开展品种区域比较试验。栽植鲜食、制干等新品种10余个进行示范，开展枣现代栽培模式研究。展示新品种、新模式、新技术，做给枣农看，带着枣农干，把枣树最新成果及时在枣产区转化，深得当地政府和枣农的赞扬。乐陵这种科技合作模式，既解决了果树所科研用地不足的矛盾，又能和地方政府长期合作，研究出的新成果能在枣主产区及时地推广转化，更好地为枣农服务，同时扩大了果树所的知名度和影响力。

沾化是我国鲜食冬枣的发源地，沾化冬枣以其极优的品质著称于世，是沾化农民的主要收入来源，也是沾化区的主导支柱产业。由于栽植密度大，部分枣农过度施用化肥、一味追求高产、使用植物激素次数过多等原因，一度造成沾化冬枣品质下降，价格下滑，效益降低，影响了枣农的收入。为解决产业难题，首先在沾化区建立现代冬枣高效栽培示范园，推广新模式，引导枣农向省工省力栽培方向发展。提出改接推广优质的沾冬2号新品种、扩大冬枣设施栽培面积、增施有机肥、减少化肥使用、控制产量，重点是提高冬枣的品质。通过推广应用这些技术措施，对枣农增收起到了积极的促进作用。

2012年至今先后在沾化、乐陵、无棣、茌平、宁阳、河口区、费县、临朐等县市区建立标准化示范园，采用现代栽培模式，集成现代节水灌溉、水肥一体化技术、病虫害生态综合防控技术，示范推广绿色高效栽培技术体系，为山东省乃至全国枣产业发展提供样板。还长期担任乐陵市、山亭区、茌平县、庆云县等地的果树技术顾问，坚持在果树生产第一线，把科技送到千家万户。

一项项科研成果浸透着自己不懈努力的汗水，饱含着对枣农的一腔热情，我经常说："我是农村出来的，我知道农民的辛苦，我要尽自己的一份力，让他们尽快富起来！"我用实际行动交出了让群众信服的答卷。

🖋 爱党爱国爱人民是科研人员的政治标准

我生在红旗下，沐浴着党的雨露，度过幸福的童年，乘着改革开放的春风，走进知识的海洋，党把我从一个无知的农村孩童，培养成为一名科研人员。加入中国共产党成为我的人生目标，我默默地为之努力，积极工作，向党靠近。只有信仰，能使生命充满意义，唯有奋斗，才使生活更加充实。2008年我终于光荣地加入了中国共产党，此时此刻，我心中无比激动，无比自豪。这一生我将和党同荣辱、共命运。真正的党员，要铮铮铁骨，耿耿正气；要先天下忧、后天下乐。从这一刻起，我就像一滴水融入了长江、大河，去奔向浩瀚的大海。在共产党的大集体中奋斗，心灵获得充实，生命变得更有价值。我在果树所工作，为党的农业科研事业添砖加瓦，做到在重大政治考验面前有政治定力，对自己的本职工作极端负责，吃苦在前、享受在后，在急难险重任务面前勇挑重担，经得起金钱等的考验。在这个优秀分子辈出的海洋里，我不敢有丝毫的懈怠，是为追求进步才来。裹足不前就意味着落后，落后就意味着被淘汰，唯有生命不息，追求不止。

我成长在这伟大的祖国。祖国生我养我，给我知识，培育我成长，祖国就是母亲。爱国主义是中华民族民族精神的核心，只有坚持爱国和爱党、爱人民、爱社会主义才是有着浓厚的家国情怀，有强烈的社会责任感的优秀知识分子。

在坚持以科研为本的基础上，加强自己的思想政治修养，加强党的基本理论学习。严格贯彻执行中央八项规定。认真执行中央、省委和院党委关于领导干部廉洁自律的有关规定，贯彻党风廉政建设和反腐败斗争的各项要求，在思想上、政治上、行动上同党中央保持高度一致。始终严格要求自己，以国家利益为重，以人民利益为重，恪尽职守，加强思想道德修养，廉洁自律，以身作则，率先垂范，自觉抵制社会上的不良浮躁风气，艰苦朴素，勤俭节约，不挥霍浪费，办事坚持原则，认真公道，团结同志，时刻顾全大局，组织纪律观念强。

一张张荣誉证书，一个个荣誉称号是对我成绩的肯定，但是九月挂满枝头的红枣和枣农丰收的喜悦才是给我最好的奖励，也是我最想要的！我将整个青春和一腔热血都献给了农业科研工作，最想带给枣农的也是一份实实在在的收获！我努力了，也做到了，但我仍在坚持，要做得更好，要把科研成果推向全国，争取一片更广阔的天空！

　　高春新，女，汉族，山东临朐人，中共党员，研究员。1976年12月从烟台师专（现鲁东大学）毕业后分配到山东省农业科学院工作。从事省级综合性农业科技期刊《山东农业科学》编辑出版工作27年。先后担任该刊编辑、编辑部副主任、编辑部主任兼主编、情报所副所长兼主编。在主持编辑部工作期间，获得全国科技期刊二等奖，2次被评为中国期刊奖百种重点期刊、2次被评为全国优秀农业科技期刊，华东地区最佳期刊，4次被评为山东省优秀级科技期刊和山东省十佳期刊。个人在编辑工作中获中国科技期刊编辑学会金牛奖、银牛奖及山东省新闻出版系统十佳人才、省科技期刊先进工作者，山东省有突出贡献的中青年专家。

致敬——我曾经的事业

自从踏进山东省农业科学院至今，我曾在政工处、情报所、院工会等单位工作，直到退休后担任院老科协秘书长，在长达46年的时间里，所走过的路上遇到过挫折，产生过迷茫，经历过奋斗，取得过成绩，获得过认可和荣誉，一路上风景不断，感慨良多，但让我时刻魂牵梦绕的还是在情报所《山东农业科学》编辑部工作的那27年难以忘怀的岁月——

用心用情择一业，今生今世魂所依

人的一生有一份可称作事业的工作是幸运的，而有一份自己喜欢的事业则是幸福的。我有幸得到了这样一份事业，而这份事业的取得，有赖于天时地利人和。

1976年12月，我从烟台师专中文系毕业，被分配到山东省农业科学院，又被安排在政工处群团科做团的工作，后来担任院团委副书记。牢记毕业分配时，对系主任所做的"一切听从党安排，决不给母校丢脸"的承诺，怀着一颗红心满腔热血投入工

注：本文经《山东农业科学》编辑部原主任张鸣毅研究员、现主任赵文祥研究员、原副主任（现任中国科学院《mLife》执行主编）张颖编审审阅并指点，深致谢意！

作。但经过一段时间后却总感到自己像在什么地方飘着，找不到脚踏实地的感觉，真是又郁闷又焦虑。

直到1978年，党的十一届三中全会的春风吹来，党的工作重心向经济建设转移，政工处贯彻全会精神让专业技术人员归队，处领导把我和另外两位同事分别安排到3个专业所。我被安排到情报资料室（后改为农业科技情报研究所，现为农业信息与经济研究所）。因为曾在那里与刘毅志老师一起编辑过《马恩列斯毛论科学技术》，那里的领导和职工对我有所了解，所以热情地欢迎我，并把我安排到业务性很强的《山东农业科学》编辑部。得到这个消息我非常高兴，感觉自己遇上了改变现状的"天时"。就在迫不及待准备奔向新的岗位时，院办公室黄臻显主任和杨福元副主任找我谈话，希望我到院办公室秘书科工作，并说去了以后可以分给房子，这让我十分感动，以至于不好意思拒绝两位领导的好意。稍作迟疑之时，情报资料室的领导传过话来："告诉高春新，我们也有房子"。这更让我感动不已。我一个毕业不久的学生尚无任何贡献，三位领导如此盛情让我受之有愧。事情到了这一步，就看我自己的决定了。我需要静下心来，认真思考，做出适合自己的选择。

当时正是5月天，我来回走在老院部办公楼前那片广阔的麦田里，思绪就像起伏的麦浪难以平复。回想自己在农村亲身体验过的农民的艰辛和微薄的收入，曾立志上大学一定要学农业科学，用科技减轻农民的劳作之苦，增加农民的收入。看到邻居大叔身患重病痛不欲生，又想学医，为病人解除痛苦。所以1974年被推荐上大学填报志愿时，第一是农学院，第二是医学院，心想这两个去哪里都行。但当我打开录取通知书一看，烟台师专中文系。中国人学中文？需要到大学去学吗？我想放弃，但所有的知情者都反对。在极为艰难的抉择面前，我去找读高中时的班主任赵维儒老师。1971年高中毕业时，就是赵老师支持我放弃了临朐一中给我的全班唯一的公办教师名额，让我"不要急于就业，一定要上大学。先回乡务农，好好锻炼，争取推荐上学。推荐不了就准备高考，中国的大学招生一定会回到考试的轨道上来"。我听从了赵老师的指引，回村接受锻炼。三年过后被推荐了，却要放弃，我想别人不理解，赵老师一定会支持我。不料他却说："去吧，推荐去哪里不是你所能左右的，恢复高考也不知道哪年的事。中国的语言文字博大精深，学无止境。你先去学，将来有机会再深造，或者再学个别的专业，你用所学的中文为这个专业服务"。赵老师是优秀的数学教师，却懂诗词善书法，他对中文的分析我是相信的，于是又一次接受了老师的指引。如今遇到了赵老师所说的机会，这是我多年的梦寐以求。再回想在行政工作岗位上那种找不到感觉的感觉，已证明自己不适合做行政工作。于是我婉言谢绝了黄主任和杨主任的好心相邀，义无反顾，开始了长达27年的事业之旅，才有了让我一生陶醉其中的职业生涯。

✒ 衣带渐宽终不悔，为伊消得人憔悴

《山东农业科学》是山东省唯一的综合性农业科技期刊，1963年创刊，公开发行。当时由山东农学会、山东省农业科学院、山东农学院三家主办，山东农业科学院承办。1967年改为内部资料。1979年恢复正式发行。我报到时，编辑部的老师们正在赵传集副所长的指挥下紧锣密鼓地筹备复刊。编辑部加我共有4人，其他3人都是情报资料方面的资深专家。经过一年的紧张筹

备，1979年6月恢复正式出版。我的具体工作是"通联"，就是负责与作者、读者、编委、审稿专家、印刷厂、邮局等方面的联络。除了通联，我还负责来稿登记、画版样、贴图表、送稿取稿寄稿、清样校对、分发刊物等，这其实就是编务。除此之外，我自愿承包了每天的拖地和打水。这些活儿中给我印象最深的是画版样、贴图和改版。画版样就是把每篇文章的每一段文字每一个图表都划到布满圆圈的版样纸上，一个圈儿代表一个字，要准确无误才能既把版面填满，又正好装下文章，印刷厂的师傅们才能按版样排版。贴图就是作者把文章中的图画在半透明的硫酸纸上，用铅笔写上文字和数字，我从过期的杂志上剪下相应的文字和数字，一个一个往上贴。文字和数字多数都是六号、小六号，贴起来需要特别的耐心和细心。有时候晚上把活儿带回家里，等孩子睡了开始贴，一直贴到快天亮。第三个印象深的活儿是陪着印刷厂的师傅们改版。铅字印刷，字是一个一个摆上去的。作者们写的和编辑们改的稿子都是手写体，遇上龙飞凤舞的，工人师傅不易辨认，就需要我陪他们改，一改就是一整天。承担印刷的济南新华印刷厂在经十路与历山路交界处，来回路途很费时，中午只能到大街上买个烧饼对付。编辑部实行三审四校，有几校就要有几改。也不是我一个人去改，到最后一次改版时，责任编辑会亲自到厂里盯着。

这期间发生了两件事不可不提。一件是在我离开政工处不久，院机关的年轻人几乎全部提了一级。有些同志替我惋惜，说你当时如果到院办，现在也会如何如何。对此，我并不以为意。因为原来没有这方面的目标，所以也就没有感到失落。第二件事是：到我快结婚的时候，情报所（资料室已成为情报所）给我腾出了一间办公室作新房，那是一间13.5平方米带走廊的平房。家和办公室在一条走廊里，让我沾了不少"光"。在坐月子期间，所里的女同事、女领导时不时到我家看看，给我指导，送我物件。寒冬腊月给新生儿洗澡这个难题，就是图书馆贾丽主任提议并亲手帮我完成的。上班后，有几次在印刷厂改稿没能及时回来，两个多月的孩子饿得直哭。在同一条走廊的办公室上班，正处在哺乳期的潘金香听到后，直接到我家中把孩子喂饱了。

　　只有努力工作是不行的，对我来说一个迫在眉睫的重要任务是学习专业知识。恰巧当时情报所招进一批外语学院的毕业生，领导要求大家抓紧学习农业科学知识，尽快适应本职工作。我便与日语专业毕业的王成舟同志到山东大学生物系进修，学习生物系的基础课程。我如饥似渴，风雨无阻，在编辑部老师们的支持下，从未耽误一节课。于文东所长规定，只要在正规院校坚持学习且考试成绩达到70分都给报销学费。我的各门成绩都高出此标准20分左右，于所长在职工会上表扬了我，使我很受鼓舞。

　　山东大学生物系学习即将结束时，恰遇中央农业广播学校招生，我毫不犹豫地报了名。有好心人问道：你怎么老是倒着走？院办不去来所里，大专毕业读中专，傻不傻？说实话，当时没觉得傻，只为有学习机会而庆幸，只要对工作有用先学了再说。最终因8门课成绩优异被评为优秀学员。毕业典礼上，院领导颁发了沉甸甸的奖品——一本厚厚的《汉语成语词典》。除学习生物基础理论和农学专业知识外，还学习英语和数理统计。总之，那些年在完成正常工作任务的前提下，学学学考考考，每天黎明开始深夜结束。嘴里嚼着饭，眼睛盯着书；一手抱孩子，一手拿着书的状态是当时的常态化生活。农广校毕业后，听到了研究生招生的信息，我又申请在职读研，当时分管编辑部的所领导说了句"多大年纪了，还上学？"把我挡了回来。直到现在依然颇感遗憾，如果从那时开始读，到毕业还不满40岁。也曾动过辞职读研的念头，又怕拿了学位丢了岗位，成了学业丢了事业，所以经过权衡，又一次选择了这个岗位，选择了这份事业。

拼命地学习让我不再是一个完全的外行，最终获得了编辑部内老师们的认可，安排我在继续做好通联和编务工作的同时负责蔬菜、果树稿件的初审。果树、蔬菜不是主要作物，但是种类繁多，专业性强，而且，山东是果品与蔬菜生产大省，在全省农业中的地位举足轻重，在全国也有重要影响。我初做编辑，小心翼翼，对每一篇稿件都认认真真地看，诚惶诚恐地改。改过的稿件，经老师们复审后，再认真地研读学习，看哪里改得对，哪里改得不对，哪里应改未改。在向编辑部的老师们学做编辑的同时，努力向蔬菜、果树专家们学习，蔬菜所的何启伟、孙慧生、张焕家、宋元林、郑甲盛，果树所的陆秋农等专家都是我学习蔬菜、果树专业的好老师。除通过审阅稿件的过程向他们学习以外，他们还带我参加省内外的专业交流会、课题论证会，让我有机会了解蔬菜、果树育种、栽培以及病虫害防治研究的现状和尚未解决的难题。这种学习虽然没有考试，但我改过的每一篇稿件都是向编辑老师和作者交出的一份答卷。

有一件事对我熟悉业务产生过重要的帮助作用。1988年我参加了时任副所长毛春智主持的省科委调研课题"山东省"八五"期间农业科技发展预测"。为了与本职工作密切结合，在分配课题任务时，我选择了对蔬菜、果树两大类作物科技发展的调研预测任务。通过查阅大量文献资料，发放调查问卷，走访有关专家，多次召开座谈会听取意见建议，请知名专家审阅调研报告，终于圆满完成课题任务。我的两份调研报告得到何启伟、陆秋农等专家的充分肯定和较高评价。课题研究成果被直接吸收到山东省"八五"计划之中，并获得山东省科技进步奖三等奖。这次调研预测，是我的一次难得的学习过程，使我对蔬菜、果树作物中的主要种类的研究历史、现状和发展趋势了然于心，在审稿选稿过程中，基本上拿过一篇稿件就能掂得出它的分量。

就这样心无旁骛、无怨无求地边学边干，边干边学，却又在无声无息、不知不觉中成长、进步、收获。1980年晋升助理研究员，1985年加入中国共产党，1988年担任编辑部副主任。从1978年进入编辑部做辅助性工作，到1988年成为编辑部的工作骨干，整整十年。这十年间，《山东农业科学》曾获山东省科技情报成果二等奖、中国科技期刊评比三等奖。赵传集、张鸣毅等老一辈编辑老师用力争上游的奋斗精神和精益求精的工作态度把该刊带入了国家级和省级优秀期刊的行列。他们的言传身教是值得编辑部永远传承的宝贵财富！张鸣毅老师戴着花镜伏案工作和在高高的书架下查找答案解决疑点的身影像一幅幅油画永远刻印在我的脑海，"一丝不苟"四个字用在他身上，真的是恰如其分。这十年，我在老师们的带领下，用扎扎实实的学习和任劳任怨的工作，奠定了牢固的职业基础，在科技期刊行业中站稳了脚跟。1992年底破格（因学历不够）申报副研究员，以潘大陆先生为组长的高评委综合组7位德高望重的老专家对我的专业知识和工作能力进行认真的考核答辩，给予一致好评。高评委总评时，在专业组的介绍推荐下，获得25位评委全票通过。这次职称晋升成为我职业生涯中个人成长史上的一个标志性节点。

🖋 大潮袭来稳把舵，也曾上下而求索

历史的车轮转到了1992年春天。这是一个不同寻常的春天——邓小平同志发表了对中国经济和社会发展影响深远的南方谈话，随即社会主义市场经济的大潮风起云涌，席卷全国，各行各业都进入了市场经济的大变革中，科技期刊行业也不可能躲在编辑部里坐观云展云舒。在时代大潮的推动下，我和编辑部的同志们一起，围绕"确保期刊质量，跟上时代步伐"这一主题，坚持在实践中思考，在思考中实践，且行且思，且思且行，努力探索市场经济条件下的办刊之路。最终不仅达到了既定目标，而且实现了新的提高与发展。

🔬 在实践中思考——对遇到的问题进行一一求解

关于市场经济条件下如何当好科技期刊编辑的思考。社会主义市场经济的春风吹拂中国大地之初，期刊业内产生了两种思潮：一种是科技期刊不是商品，不能进入市场。第二种是科技期刊也是商品，也应该参与市场竞争并从中获取利润。持第一种观点的人在行动上的表现是按部就班，保持现状，继续依靠国家事业经费办刊。持第二种观点的则主张注重经济效益，利用期刊赚钱，作者来稿文责自负，编辑不必精雕细刻。走第一条路省心省力，但当时各个单位都在要求创收，都有创收指标。有的单位已停拨办刊经费，逼迫期刊走向市场。如果走第二条路，把科技期刊当成赚钱的工具，期刊质量如何保证？于是，市场经济条件下如何办好科技期刊？科技期刊编辑如何在新形势下肩负起自己的社会责任？这个重大课题摆在了我们面前。我认为科技期刊肩负

着宣传科学发现、发明，传播科技创新成果的责任，所以它不是一般意义上的商品。但是科技期刊又在社会上流通，并可以产生社会与经济效益，所以又具有商品的属性。因此我将其定义为特殊商品。对于这种特殊商品，国家有需求，国家应当拨付办刊经费，也可以将其视为赎买政策（后来作者用课题经费支付版面费也属此种性质）。科技期刊是特殊商品，但办刊人员不是商人，绝不可唯利是图，必须把社会责任摆在首位，要首先对科学负责，对读者负责。在沸沸扬扬的市场经济环境中，需要继续发扬本行业的优良传统，保持强烈的社会责任心，保持严谨的科学态度和精益求精的工作精神。期刊界有一句公认的名言叫作"甘为他人作嫁衣"，我认为这种精神应当继续提倡，但这个观念应当与时俱进，有所提升，新时代的编辑不但要为他人作嫁衣，而且要开"名牌店"，做"品牌衣"，当"名裁缝"，要做出精品创出品牌。同时要在产品质量过硬的基础上通过合法经营、善于经营，增加收入，减轻财政负担，改善编辑待遇，稳定编辑队伍，吸引高层次人才。我将这些观点结合办刊实践撰写了《新时代科技期刊编辑的继承与超越》一文，在1992年山东省科技期刊编辑年会上宣读。在宣读论文的过程中全场多次爆发热烈掌声。中午聚餐，一些素不相识的同行主动给我敬酒，与我交流，表达了他们对我的观点的认同。该文后来发表在《山东省科技期刊编辑论文选集》，由山东科技出版社正式出版。

关于中级科技期刊定向与定位的思考。思想观念的更新不等于实际问题的解决。随着市场经济改革的不断深入，中级科技期刊的发展之路并不顺畅。所谓中级科技期刊指的是内容深度介于学报和科普期刊之间的科技类期刊，主要刊登科研单位科技人员的应用技术研究论文，其中绝大部分是科技人员的试验报告。就农业科技期刊而言，每个省（区、市）的农科院都有一份冠以本省（区、市）名称的综合性农业科学或农业科技期刊，各专业研究所出版的专业期刊也属此类。

　　这类期刊之所以遇到发展瓶颈，主要是因为此类期刊既非学报又非科普"高不成低不就"。学报理论"高深"，主办单位重视学术交流，不追求经济效益，给予全额拨款，没有创收压力。科普期刊发行量大，广告量多，收入丰厚。与这两类期刊相比，科技期刊"上不着天，下不着地"，难以生存，所以有些中级科技期刊决定向上或向下靠拢。中级农业科技期刊何去何从？对于这个问题我的观点是：农业科技战线的科研人员主要从事应用技术研究，他们需要发表研究成果进行互相交流。而广大农技推广人员在工作过程中，也需要了解科技成果的研究过程和结论依据，以知其然并知其所以然。这些信息不可能通过学报和科普期刊获得。因此中级农业科技期刊是科技期刊系列中一个不可或缺的层次。这就是社会需求，社会需求就是定向与定位的依据。

　　办刊方向集中体现在办刊宗旨之中。随着社会需求的发展，我们将《山东农业科学》的办刊宗旨完善为"报道农业科技成果，传播农业科学技术，促进农业学术交流，推动农业科技进步"，突出了我们的社会责任和使命担当。在这一宗旨指导下，坚持"普及与提高相结合，以提高为主"的办刊方针，明确提出"提高是紧密联系科研、生产实际的提高，普及是源于科学研究基础上的普及"的选稿标准。这一方针和标准体现在期刊内容中，就是以刊登应用科学研究报告为主，部分技术指导类文章必须是作者在科学研究基础上提炼总结的第一手资料，从而将《山东农业科学》定位在学报与科普期刊之间,根植于交流应用科学研究成果的园地。

根据几年的思考与实践,我于1998年撰写了《中级农业科技期刊定向与定位的思考》,发表在中国农业科学院出版的《农业图书情报学刊》1999年第二期。这些办刊思想贯彻到办刊实践中,得到了广大读者的准确理解与热情赞许。山西省一名读者在来信中写道:"《山东农业科学》是一本较好的杂志,既不像学报那样高深,也不像科普杂志那样浅显,读之有提高,用之可操作。"这正是我们想要的结果。

关于科技期刊广告经营原则与策略的思考。科技期刊广告经营起源于各行各业追求经济效益的20世纪90年代。当时各个研究所的各个研究室都有创收任务,经济效益成为工作考核的一项重要指标。山东省农业科学院对《山东农业科学》从未间断拨款,但是编辑部也有创收任务。期刊要创收无非三条路:一是靠发行量获得发行费,二是向作者收取版面费,三是进行广告经营收取广告费。中级科技期刊的定位决定了其有限的发行量,靠发行获得较大收入几乎是不可能。收版面费在当时还处于"犹抱琵琶半遮面"的试探阶段,收入寥寥无几。剩下的就是广告经营了。科技期刊进行广告经营,搞得好可与期刊质量相得益彰,搞不好则影响期刊质量。1998年在去北京参加中国期刊编辑学会年会的途中,越想越觉得在这方面有许多话要说,于是找出纸笔,利用在火车上的3个多小时写成了《农业科技期刊广告经营的原则与策略》(发表在《中国科技期刊研究》1999年第10期)。文章强调:讲究科学实事求是是科技期刊的生命,广告内容必须符合办刊宗旨。农业科技期刊广告经营的原则是保证广告内容的科学性、真实性、时效性、艺术性相统一。在这一原则指导下，科技期刊应对广告内容进行严格选择，不可以见钱眼开，来者不拒。产品介绍要用数据说实话，不用市场叫卖声。同时提出了广告经营的策略，即充分利用稿件信息和作者队伍；充分利用期刊品牌和期刊内容；充分利用专业会议和专业营销人员等。《山东农业科学》坚持以上原则与策略，刊登的广告全部是已经研究成功准备或正在进行推广的农业科技成果。许多是结合论文刊登，相当于论文的彩图，加强了科技成果的宣传效果。山东省农业科学院育成的高产、抗病一代玉米杂交种鲁单50在本刊刊登广告后，其株型、穗型、粒型及田间表现在画面上一目了然，期刊发行后作者收到许多读者来信，对该品种的推广发挥了正向作用。当时的小麦新品种莱州953亩产稳定在600～650千克。广告刊出后，山西省一位农业局局长来信说"看了贵刊介绍的莱州953后，引来一试果然不错，准备明年在全县推广。"时代在发展，办刊思路在变化，《山东农业科学》早已不登广告，但在当时的背景下，我们开展广告经营业务坚持了应当坚持的原则，保证了期刊质量，达到了宣传效果。

关于科技期刊编辑抵制不良学风的思考。与社会上存在的假冒伪劣商品令消费者深恶痛绝一样，学术界存在的不良风气或曰浮躁或曰腐败，早令许多正直的、有社会责任感的人们焦急和忧虑。某些事件被曝光以后，众多学界名流和普通作者纷纷发表谈话和文章，对科技界各种表现形式的不良学风进行谴责和声讨，并为解决这一问题积极献计献策，足见解决这一问题是科技界的人心所向。科技论文是科学研究过程和结果的报告，其是否科学真实都反映在科技论文之中，再通过科技期刊发表出来。因此科技期刊可以被称为抵制不良学风的前沿阵地。我们在工作中遇到的这种情况虽然是极少数，但如不加以控制，不仅对期刊质量和编辑部声誉造成极坏影响，而且会在科技领域中混淆是非，让人们难辨真伪，最终影响大众对科技报道的公信度，影响科技成果转化的效率。为做到"守土有责"，我根据现实状况在编辑部内规定了几条底线，个别稿件自然被挡在了底线之外，不满的声音也时有耳闻，说"高春新把持着《山东农业科学》……"对此我闻之淡然，处之泰然。我"把持"的是期刊的质量，从未利用期刊谋取私利，这使我至今回想起来都引以为傲。学术交流的园地应当是一方净土，不应当用无价值的庸文浪费读者时间，更不允许用伪科学忽悠读者上当。结合几年的工作实践，我撰写了《科技期刊编辑在遏制不良学风中的责任与作为》一文，呼吁科技期刊编辑同行积极参与这场反浮（反腐）行动，在遏制不良学风中有所作为。文章是2002年中国期刊学会召开理事会时，带到会上进行交流的，但在小组交流中发现与大家的兴趣点格格不入。多数人都承认我提出的问题非常重要，但紧接着便大讲特讲期刊社或出版社应当如何如何挣钱，这使我感到空前的孤独与困惑。好在当时《编辑学报》主编陈浩元先生有此共识，从众多的会议论文中选中了我的这篇稿件，用最快的速度把它登在了《编辑学报》2002年第6期。

　　人非草木孰能无情，我也并非铁石心肠之人，我对期刊常怀敬畏之心，对作者常怀感激之情。在与科技人员的相处中了解了他们工作的艰辛和希望发表文章的心情。因此我要求编辑尊重每一位作者和每一篇稿件。对符合要求的稿件，当作者在课题审定、报奖、或职称晋升需要论文时，我会尽量及时安排，助他们一臂之力。有的文章不合要求，我会耐心地与作者交流，询问他近几年还进行了哪些研究，取得了什么结果，从中发现可供挖掘的创新点和具有推广价值的闪光点，建议其写成专稿给予刊登。确实需要退稿的，我也会耐心解释，说明理由，尽量让其心服口服，并欢迎以后来稿，绝不冷漠拒绝，伤人自尊，损人自信。这种不违背原则的人性化处理使我至今倍受作者信任，也收获了一大批作者朋友。

关于科技论文语言表达方式的思考。忠实于科学实验本身，实事求是地报道科研过程和试验结果，论点鲜明，论据充分，条理清楚，语言简洁，用词准确，这都是科技论文写作的基本要求，不必赘述。但在实际写作中还有一些细节问题影响论文质量，却又很容易被忽视。我在工作实践中长期关注这些问题，及时予以纠正，并分类梳理，写成了《科技论文中图表的科学设计与合理运用》《科技论文中模糊词语的语言环境与正确运用》《提高科技论文的文化品位》等文章，先后在《编辑学报》等杂志发表，其中提出的问题和观点以及解决方法在当时尚属独到见解。

在思考中实践——对期刊质量实行全面控制

1994年的一天，所领导找我谈话，说经所领导班子研究决定，由我担任编辑部主任。我听后摇着头一连说了三个"不行"，明确表示"干不了"。的确，在走进编辑部的16年间，能当一个合格的编辑已经心满意足。后来担任副主任，虽然经常"知无不言言无不尽"地发表意见，但因为有主任在，自己说完便觉一身轻松。至于主任退了谁来接班，真的是想都不曾想过。特别是当时本刊多年没有主编，主任同时还承担主编的职责，这副担子着实让我望而生畏。但所领导说，这是所领导班子的集体决定，你要服从决定，承担起这个责任。话已至此，我无言以对，没有感谢，更没有承诺，转身回到办公室呆呆地坐了半天。

在赛场上，所有接过接力棒的人都会目不斜视勇往直前。我不在赛场而在职场，但我也接过了接力棒，我也没有时间左顾右盼，只能目视前方努力前行，一是要对得起手中的"棒"，二是要对得起让我"接棒"的人。有道是"既然选择了远方，便只顾风雨兼程"，我心里只想着期刊传到我这里，其质量只能提高不能下降，发行数量只能增加不能减少。为达到这两个目标采取了以下措施。

超前报道创新性研究成果，确保内容的创新性、先进性。跟踪国家和省的重大科研项目，及时报道阶段性研究进展是当时的首要工作思路。国家和省的重大科研立项都经过专业机构进行查新查重，并经过领域内顶级专家反复论证，其科学性、创新性、先进性能基本保证。一项农业科技成果从立项到成功往往需要几年甚至十几年时间，若等到最终结果再做报道显然为时太久。及时了解这些项目并予以充分关注，发现取得可靠的阶段性成果及时予以报道，不仅提高了期刊内容的前瞻性和先进性，并对这些项目后来获得国家和省级大奖具有一定的催生作用。例如对当时的优质小麦品种选育、"两薯"脱毒技术研究、蔬菜设施栽培技术、抗病高产杂交玉米品种选育、优质果树蔬菜品种选育、畜禽高效繁殖和饲养技术研究等，均在其获奖前2~7年连续多次进行了报道。

针对农业生产的热点难点问题组织专题报道，充分发挥期刊的指导作用。直接面向农业生产，围绕热点难点问题组织专题报道是当时的重要工作思路。先后利用开办专栏、专题研讨、专题征文、增编专集等形式，组织了吨粮田生产技术、优质麦生产技术、抗虫棉病虫害综合防治技术、无公害农产品生产技术、畜禽重大传染性疾病防治技术等热点难点问题的专题报道，对山东省及周边省份的农业增效、农民增收提供了有效的技术支持，增强了本刊的指导性，并为这些成果取得巨大社会经济效益发挥了助力作用。

以战略眼光关注农业及农业科技发展趋势，增强期刊导向作用。采取部分资深农业科研、管理者建议，设立"农业发展论坛"栏目，预约科研、管理专家撰写宏观研究论文，对农业发展中的粮食安全、农业结构调整、农业"入世"对策、农业科技园区建设、农业生态保护、农产品无公害生产、农民教育等重大问题的国内外现状、存在的问题、经验教训、趋势预测、发展建议等发表见解，对科技人员选题立项、管理人员制定规划、生产经营者把握市场走势都发挥了很好的导向作用。

增加主办、协办单位，加强办刊力量。《山东农业科学》主办单位原来只有山东农学会、山东省农业科学院、山东农业大学三家，从2000年开始，经编辑委员会批准，联合莱阳农学院（今青岛农业大学）共同办刊，《山东农业科学》的主办单位成为四家。之后，又迈出了与地市农科院、所联合办刊的步伐。首先邀请的是青岛市农业科学研究院和潍坊市农业科学院。这一举措得到受邀单位的热烈欢迎，莱农的王金宝、李宝笃副院长，青岛院的刘炳禄院长、潍坊院的院领导都亲自接待并与我们商讨合作办刊事宜。之后，又陆续邀请了其他地市农科所（院）。这些单位的加入不仅在办刊资金上给予支持，而且在协助组稿方面也发挥了重要作用。

与此同时，期刊的信息量也在不断增加。页码由52页增加到64页，刊期由季刊缩短为双月刊。

提供实物信息服务，提高期刊影响力。1991年，我们联系育种单位，向读者赠送少量新育成的优良品种进行试种。读者通过试种提前了解新品种的特征特性，为日后引种做好准备。育种者及时得到信息反馈，了解新品种的适应范围，并提前进行宣传，为新品种推广争取了时间。我们则通过这项工作在一定程度上扩大了期刊影响，稳定并扩大了读者队伍。索种试种者包括全国近30个省（区、市）的科研单位育种人员、农技站推广人员、种子经营企业、农业局管理干部、农业院校师生、部队后勤官兵以及农民群众。商河县大白菜育种中心的鲁光18，抗病高产，但推广3年收效甚微。1993年通过我们的赠种服务，全国各地推广经营单位纷纷订购，使他们走出了困境。淄博市一位读者认为"这一方式是对育种单位育出的品种有无推广价值的最好鉴定，真正实现了科技成果以最快速度转化为生产力的要求"。这项工作不间断地进行了多年，得到的意外收获是先后被评为山东省科技情报成果二等奖、一等奖。

严把文字质量关，保持文稿加工质量一流水平。担任主任以后，我便从选题、加工、定稿、印刷等各个环节对刊物实施全面质量控制。在文字加工方面，坚持高标准严要求，把国家新闻出版署要求的万分之二的差错率提高到万分之一（根据2020年新闻出版署印发的《报纸期刊质量管理规定》）。在内容把握方面，争取一切机会，尽可能参加各学科专业会议，了解其科研前沿水平。对编辑审改过的稿件逐篇进行终审。终审不是走马观花，必须逐字逐句"看进去"，否则不可能发现问题，消灭漏改的错误。事实证明，最后的审读十分必要。那时候，我的手提包中天天装着几篇稿子，开会前、出差中，一有空就见缝插针。现在翻出当时的审稿记录，感到那些付出非常值得。

1997年我在不知不觉中成为院科技情报所副所长。我明白这完全是得益于全所多数职工连续多年的认可，是大家用"优秀"的考核投票把我推上了这个台阶，我对全所同事都心存感激。之后的一段时间我继续兼任编辑部主任。1999年辞去编辑部主任职务，服从当时所领导决定，兼任该刊主编（从接任主任一直没有主编），继续负责期刊的终审和定稿，直至2004年离开编辑部到院机关工作。

自1994年担任编辑部主任到2004年，整整十年。这十年间在编辑部全体人员的共同努力下，《山东农业科学》在历次评比中连续被评为山东省优秀级期刊（最高级别）；在中共中央宣传部、国家科学技术委员会、国家新闻出版署三部门联合举办的全国期刊评比中获得二等奖，全国各省、区、市农科院主办的农业科学（或农业科技）杂志只有《山东农业科学》和《湖北农业科学》获此奖项，在山东所有期刊中，仅有技术类的《山东农业科学》和科普类的《农业知识》获此奖项。据说此奖项是国家三部委组织数十位评委针对20多项指标打分得出的最终结果；连续2次获得国家期刊奖百种重点期刊称号；1次入围国家期刊方阵重点期刊（国家期刊奖的名称曾多次改变，但《山东农业科学》的获奖等级始终未变）；被有关部门确定为中国科技统计源期刊和中文核心科技期刊。1次被华东地区六省一市新闻出版局评为最佳期刊；多次被中国农学会评为全国优秀农业科技期刊；1次被山东新闻出版局评为十佳期刊。从全国期刊评比情况来看，《山东农业科学》一直处于全国同类期刊的领先水平。一些兄弟省市的同行曾反映：他们在对自己的期刊质量进行评估时，常拿《山东农业科学》作对比。在此期间，我顺利破格晋升研究员，先后获得山东省新闻出版系统十佳人才（当时山东省新闻出版主管部门颁发的行业个人最高奖），全国科技期刊编辑银牛奖、金牛奖（当时全国编辑行业学会个人最高奖），山东省农业科学院学科带头人、山东省有突出贡献的中青年专家称号。

金杯银杯不如广大读者的口碑，本刊登载的内容和编辑质量得到了读者的广泛认可。为保证期刊质量，我们基本每年一次随期刊发放征求意见函，广大读者在回信中对本刊给予了高度评价。山东农业大学的教授评价："报道的新理论新成果，反映和代表着我省农业科技进步之趋势和水平"。吉林省蔬菜花卉科学研究所一读者写道："本刊与全国其他农业期刊相比，不愧为全国的优秀期刊，刊载内容新鲜丰富，非常有阅读价值，既有理论价值又有应用价值，多数内容出于第一手材料，不是人云亦云。我几乎每期必读。"河南沈丘一读者说："文章质量一流，内容真实具体，无套话，无虚假，不是东拼西凑兑版面，有很强的实用性和指导性……"。诸如此类的评语不胜枚举，这些评价对我们既是褒奖又是鞭策，给我们的工作注入了无穷动力。

百年修得同船渡，乘风破浪携手行

光阴似箭时光荏苒，回想那段不计时间、不知疲倦、一心一意干工作，心里无比踏实的幸福时光，不觉已过去20多年。那段日子竭尽全力付出不图任何回报，却收获了一个个成果，一项项荣誉，一篇篇好评。所有这些让我对很多人充满感恩、感激之情，我想借此机会略作表达。

《山东农业科学》就像行进在大海中的一条船，它的前进需要有人导航，有人掌舵，有人摇橹，有人划桨，有人加油（或充电），有人搭乘……所有人都值得感谢。

首先要感谢当时院里、所里的历任领导，他们都把这份期刊作为院、所的重要工作，在资金人才方面给予优先支持。每届编委会主任都由院长亲自担任，始终由一名副院长分管期刊工作。在我负责该刊工作期间，编委会主任魏本建院长和分管期刊工作的刘海军副院长等领导，对办刊工作时刻给予关心、关注，每遇大事及时把关定向。在我们取得成绩以后，又及时给予鼓励。

特别值得感谢的是那个时代那些管理部门的期刊管理者，尤其是国家管理部门的人员，我们与他们素不相识，从无一面之交，他们凭着对刊物的评价标准就把国家奖的荣誉一次次颁发给我们，却听不到我们说一声"谢谢"，20多年后的今天，我要借这篇文章郑重其事地向他们道谢！

我要感谢故去的于老，是他的接纳给了我后来的一片蓝天、一方沃土、一生的幸福回忆！我同样感谢当时院办的两位主任，他们的认可使迷茫中的我得到了慰藉，感到了温暖，找到了自信！尊敬的三位长辈，如果真有在天之灵，请让我在此深深三拜！

我要感谢我们的编委会委员，他们用扎实的基础理论，丰富的实践经验，宝贵的业余时间为我们审阅稿件，指导我们辨别对错，评价高低，为保证期刊质量发挥了重要作用。他们严谨的科学精神、认真的工作态度给我们树立了榜样。

我要感谢当时所有的作者，他们把浸透汗水和心血的手稿交给我们，又虚心地听我们指指点点，任我们勾勾画画，没有他们的支持，我们无米何以做饭？没有他们的信任，我们无布何以做衣？

我要感谢当时所有的读者，他们订阅我们的期刊，有的坚持十几年、二三十年连续订阅，让我们的付出体现了价值，让我们的劳动成果落地开花！他们在百忙中的回信，或中肯建议，或慷慨赞誉，都给我们注入了营养，增添了能量！

我要感谢我的家人，他们无条件地支持，让我随时根据需要加班加点。年迈的父母总是报喜不报忧，这让我在万分感恩的同时也饱尝着终生的愧疚。

我要感谢所有在编辑部工作过的同志，他们都为该刊的发展付出过劳动，做出过贡献，但因篇幅所限，本文着重感谢在我主持编辑部工作期间，与我一起工作过的同事们。赵文祥一直承担粮食作物稿件的审改，任务繁重却从无怨言。当我写了文章向他征求意见时，他那真诚的赞许给了我向外投稿的信心。曾记得张颖工作到大年二十九才带着一岁多的孩子回到老家，在老家又打电话让我看看某篇文章外文摘要中的一个单词改了没有。刘涛在完成审稿工作的同时总是自己找活儿干。曾记得他在炎热夏天的晚上主动整理办公室的公共书架时那汗流浃背的形象，忘不了他自觉钻研北大方正激光照排软件，为本刊利用现代化排版技术做出了贡献。还有王效睦、张丽荣、陈庆禹、尚明华、王剑非、刘延忠、王建革、孙彦等。还有虽不在编辑部却始终不厌其烦、耐心细致为编辑部录稿改稿的房毅和王利民，以及随叫随到为编辑部拍摄照片的张笃玲。大家在一起工作的时间或长或短，但每一个年轻而忙碌的身影，至今都是经常浮现在我眼前的靓丽风景。那时候我们是那么的和谐、默契、有序、高效，每个人都那么尽心尽力自觉奉献，致使我们从未因个人利益和相互关系而劳心费时。有个电视剧叫《编辑部的故事》据说不错，我没看过，但我相信，再好看的故事也比不上我们编辑部里踏踏实实、无比温馨、令人难忘、催人奋进的真人真事。于是，我要说我的同事们、同志们、战友们，感谢你们与我并肩奋斗！感谢你们对我倾力相帮！有了我们的共同努力，才有了我们杂志的光荣历史！是我们共同努力，才擦亮了山东省农业科学院乃至山东省的这个窗口和这张名片。如今，上述同志有的已被认定为"全国新闻出版行业领军人才"；有的已成长为山东省农业科学院重要岗位的主要领导；有的正带领编辑部的后来人行高致远；更多的则是所在单位的绝对骨干。我由衷地向他们祝贺，为他们骄傲！我相信，无论大家走到哪里，都不会忘记在《山东农业科学》编辑部的这段经历。我们曾在这里倾情付出，在这里接受历练，在这里经历成长，在这里得到收获，这里是我们共同的事业！

　　事业是什么？事业是工作的平台，是人生的舞台，是行动的着力点，是灵魂的栖息地。要问我在这27年中的工作体会，我只有一句话：人若敬业，业必敬人；人若不负事业，事业定不负人。前几天在微信里看到一篇寓言，题目是《如果你视工作为乐趣，人生就是天堂》，我们的事业给了我们无穷的乐趣，让我们享受了天堂般的时光。因此在本文结束的时候，我真诚地邀请与我共同奋斗过的同事们、同志们、战友们，让我们一起向我们的事业致敬！

　　毛兴文，1945年9月出生，男，汉族，山东临沂人，中共党员，研究员。1965年9月参加工作，山东农学院农学专业毕业。主要从事花生栽培生理、宏观农业研究和科技管理。获得省部级科技进步奖6项，参编出版花生等专著3部，主编或参编出版农业科普著作40种，发表科技论文或综述80篇，科普文章100余篇。离岗、退休后，先后为山东科学技术出版社、山东省科技馆、金正大国际集团、院老科协等服务，其工作包括编辑出版、技术咨询服务活动，卓有成效。

老有所为老有所乐的回顾与体会

老有所为，积极作为

我在2000年离岗，2005年退休，其后，笔耕不止，伏案而作；服务于"三农"，受雇于农业企业。根据中央和省委关于发挥离退休专业技术人员作用的有关精神，在院老干部处和院老科协的具体指导下，做了力所能及地为农业、农村、农民服务的一些事，并取得了一定的社会效益和经济效益，为社会主义新农村建设、农民脱贫、乡村振兴做出了贡献。同时，个人的业务水平也有了长足的进步，个人的生活质量也有了不小的提升。

参与或主持完成四项研究课题。分别是省科委下达的"山东省粮食总产再上两个台阶的对策研究"、莱芜市下达的"莱芜市农业中长期科技发展战略研究"（主持农业专题）和"临沭县现代农业发展规划"（2013—2020年）、院下达的"山东农业发展趋势及农业科技应对策略研究"。均主要执笔完成综合或专题研究报告，前三项研究都通过了鉴定，给予较高的评价。其中第一项课题结束时给省委和省政府写了《山东省粮食再上两个台阶的对策建议》，受到省委、省政府有关领导的重视并作了重要批示，要求省直有关部门借鉴与落实，该研究获得山东省科技进步奖三等奖。

编辑出版农学专著。"山东农学专著"丛书得到省委、省政府的有力支持，下拨专项资金。时任省委书记赵志浩批示：好事要办好。时任省委副书记陈建国担任丛书编委会主任。该丛书共有《山东蔬菜》《山东果树》《山东家畜》《山东水产》等10部。丛书设编辑部，刘振岩同志为主任，我是主要成员之一。全面介入丛书的编辑、编写、改稿、统稿以及繁杂的事务性工作。每部作品从酝酿、提纲、编写、改稿、审稿、统稿到交付出版社付梓后的定稿、封面设计、校对，都全身心地投入，每部作品都在100万字左右，仅读一遍、校对一次都要耗费大量精力和时间。可见，搞好这一丛书，没有艰苦的付出、无私奉献和夜以继日的工作精神是难以完成的。我还是丛书之一《山东花生》的副主编和作者，格外费心费力。

经过8年的努力，丛书分别由山东科学技术出版社、上海科学技术出版社和中国农业出版社出版发行。丛书总字数1 130余万字，可谓卷帙浩繁。该丛书的出版产生了很好的社会效应，具有较高的学术价值和使用价值，受到学术界的赞誉和好评。赵志浩同志翻阅了丛书后说：古有《齐民要术》，今有农学专著。在该丛书出版发行新闻发布会上，时任山东省副省长蔡秋芳给该丛书作了高度的评价，并表彰了为此而做出突出贡献的人员，我获得了奖励证书，很是欣慰。此外，我参编的《花生遗传育种学》《山东小麦遗传改良》专著先后出版。

编写科技书刊，撰写科技论文。我离岗的第二天就应省科协之邀，任《科技致富向导》杂志社的编辑、记者，后又应金正大国际集团之邀，任技术顾问，并在其农化服务中心工作。在金正大参与组织编写和统稿完成《作物营养与施肥技术》丛书，共3卷，37种，250余万字。其中我主编了《花生》《水稻》，由山东科学技术出版社出版，深受农民朋友、读者的青睐，出版后很快告罄，应市场之求，连续两次再版。这套丛书也得到出版社的认可，将其中28个分册修改后由山东科学技术出版社编入《社会主义新农村建设文库》和《农村书屋工程》丛书出版，《农村书屋工程》丛书由政府免费直接发至每个村图书馆。随后我参编的由时任山东省委副书记王修智总主编的大型科普丛书《自然科学向导》中的《种庄稼的学问》、主编的《粮棉油农作物新品种》（两次再版）、《花生高产优质高效栽培》《缓释肥实用技术》等8种书，参与编辑和编写的《农业科技热点专家访谈录》《农学初步》《田园作物》等书出版发行。其中《缓释肥实用技术》等3种图书分别获得华东地区和山东优秀科技图书奖。

在《科技致富向导》杂志任职期间，除每期完成个人3万字的组稿和编辑外，还对全刊文字进行统稿，完成42期，计500余万字。应山东科学技术出版社之邀，担任编外编辑，参与策划《跟王乐义学种大棚菜》等3套大型丛书，参与编辑农业图书近20种，总字数近250万字。此外，撰写科技论文和综述5篇，分别发表于《山东经济战略研究》《春秋》等杂志。

科技咨询服务。离岗退休后服务于金正大集团17年，主要承担技术咨询、技术培训、接待来访、处理来信，接听全国农民朋友和肥料销售者有关作物施肥、良种选用、病虫防治、栽培技术的咨询电话，宣传和推介缓释肥品种及应用技术等。接待来访人员200余人次，到基层现场授课10余次，受众2 000余人次，接听和解答咨询电话5 000余人次。配合山东电视台农科频道完成《花生中后期管理》《缓释肥施用技术》等4期专题节目，处理解答有关农业技术问题的信函400多件。应《农村大众报》之邀，写了一些作物栽培技术科普小短文和专访。应邀参加农业科技项目、科技成果鉴定10余次。山东绿色食品办公室受农业部委托，聘请专家对山东省建设的"农业部绿色食品原料基地"进行验收鉴定，我受邀先后对金乡、肥城、荣成、滕州、蓬莱等9个县（市）的绿色无公害食品原料基地进行验收、鉴定，多数由我担任鉴定组组长，并撰写鉴定报告，为推动山东省绿色食品无公害原料基地的建设和生产发挥了积极作用。在院老科协期间，也曾深入田间地头、农业企业进行过多次技术服务，为农民脱贫和乡村振兴做了有益的工作。

老有所乐，乐在其中

退休老人能老有所乐是保持心身健康、延年益寿的重要保障。文武之道，一张一弛，所以老年人除发挥余热老有所为外，亦应老有所乐，自娱自乐，放松心情，对于提高生活质量至关重要。我退休后，积极培养兴趣，寻求乐趣，学会了"玩"，使自己保持着良好的心态，在多种疾病缠身的情况下，与病共"舞"，与病共存，依然身心健康。

习字练画。我自幼喜欢写字和涂鸦，因学习和工作需要没能坚持。退休后常逛文化市场，观看书画家现场书写作画，有了心动与兴趣，就买了笔墨、颜料，临帖、临摹字画，有了点感觉，时间长了，自然有了长进，并坚持了下来。自己认为可以的作品就装裱，挂起来自我欣赏，以此为乐。由于经常出没文化市场，结识了一些书画家和书画爱好者，向其学习、切磋，水平大有提高。多次参加院、社区、历城、省图书馆、省老干部活动中心、省老科协等举办的书画展，有的获奖、有的被收藏、有的被收入画册出版。有了点成就感，心境大好。我加入了省老年书画协会、老干部之家书画协会，被王羲之书画研究院聘为研究员，这是对我书画水平的认可。我习字练画出于娱乐，修身养性，因基本功不扎实，悟性差，书画成不了气候，只是一种爱好和玩玩而已。我自己刻了一枚闲章——"写着玩"，在一些作品上盖上此章，突显了这个"玩"字。

学拉二胡。退休后多年，院里二胡队为退离休人员演出，看了演出后手就发痒，起了学拉二胡之心。咨询二胡队的同志，说我年龄大了能否学习，他们说：学二胡没有年龄大小，学会拉几首简单曲子比较容易，但拉好难度不小。我说，就学几首曲子即可，不求拉好，只图乐呵。于是买了把二胡，从头开始跟着他们学起来。二胡看似就两根弦，学起来应该不难，但拉过之后，觉得拉好真的不简单，开始拉时发出刺耳的噪声，格外难听。后来学了几首极简单的曲子，能够成调，并逐渐熟悉，就有瘾了，更加积极地学着拉。可毕竟没拜老师，没进老年大学训练，指法不对，把位不准，节奏不在点上，拉出的曲子依然不好听。曾有过放弃，因为喜欢及家人的鼓励还是坚持下来，现在能够拉一些稍微复杂的曲子，并能随队参加社区、院里组织的演出活动。乐感、识谱能力、技艺有了明显的提高。拉二胡培养了我的兴趣，二胡成为我娱乐休闲的工具。2022年老年大学办起二胡班，我踊跃报名，并争取成为一个好学生，提升演奏水平，继续拉下去。

赏玩石头。赏石其乐无穷，玩石风景无边。俗称：园中无石不雅，家中无石不安。得石者福，玩石者乐，藏石者寿。自古以来，我国的文人雅士，对奇石情有独钟，米芾称"石痴"并拜石，苏东坡藏有"东坡肉石"，张养浩藏石颇多，其中一块太湖石现置于趵突泉东门内，成为镇园之宝。

我喜欢玩奇石的目的是娱乐和长点石文化知识。退休后，我经常参观全国、省、市奇石展，到公园等处欣赏奇石。通过赏石，同石友交流学习，知晓了灵璧、太湖、英石、昆石四大园林观赏石，寿山、昌化、青田、巴林四大印章石，以及千奇百怪、妙趣横生的著名地方奇石品种，增加了对奇石的理解和认知，愈加喜爱和欣赏。

我玩石却很少购石，更喜欢到各地捡石，捡石成为最大的乐趣之一，有时做梦都在捡石。最多的是到济南南山的山上、河沟寻石。捡到过许多美轮美奂的泰山奇石，有象形石、文字石等，其中一块有栩栩如生熊猫和竹子图案的小石头是我的最爱之一。我收藏的一块长岛球石，上有三位人物，乍看恰似桃园三结义的三兄弟，细看是一幅国宝熊猫写意画，人物与熊猫皆活灵活现。捡到的一些光滑规则的鹅卵石，画上水彩画，别有一番景致。有时托人代为捡拾，家中存有几块南极和北极的小石头，即是科考人员考察时为我带回的，虽不是名石，但其有纪念意义，我称其为纪念石。一些我自己喜爱的奇石配以底座，置于博物架上欣赏，揣摩，乐此不疲，其乐无穷。我玩石不是为了收藏和升值，而是寓玩石于娱乐之中，享受乐趣。

读书敲键盘。我乐于读书，书橱、书桌、床头随处都有书籍，便于翻阅，曾经为山东农业干部管理学院捐书400多种。我读书很杂，古籍、现代、小说、诗歌、散文、宗教经典、哲学等都读，多数是囫囵吞枣的读，只求多不求精，读啥书也没有做到含咀英华。尽管如此，读书也学到很多的东西，增长了不少知识。

敲键盘写点东西，作品有长有短，长点的有回忆录（20余万字，存在电脑，有时翻阅一下），短的有诗歌。我写的诗歌多是顺口溜或现代诗。因为我没有真正弄明白诗词的格律、平仄、对仗等清规戒律，偶尔填首词、写首七律都很费力气，写出来也没有韵味，很不如意。也爱写点散文，甚至尝试过写小说，也以失败告终。家人建议我写的东西要投稿发表。其实，家人是鼓励我写作，满足我的写作之乐，并非一定要发表。我有自知之明，投稿只能是"以狸致鼠，以冰致绳"，定是泥牛入海——无消息。

🖋️ 几点体会

离岗退休后应做些服务于"三农"的事。2000年山东省农业科学院干部制度改革，决定将55岁尚未到退休年龄的处级干部一律离岗，我当时正好55年，于是被离岗。虽离岗休养生息是好事，但这种工作上的急刹车，受到惯性的影响比较大，欲罢不能，觉得有点失落。离岗后自己觉得：刚过知天命之年迈向耳顺之年，五六十岁为安身立命的阶段，也就是不受环境左右的时期，即五十知道了天道物理的基本规律，六十所闻皆通。这个年龄，体能尚可，工作经验丰富，家庭和睦幸福，应该是继续干事的时候。虽然职务退了，但不能远离社会，不能远离自己热爱的农村、农业和农民，不能整天闲居在家，无所事事。应该为自己寻找新的关注"三农"的角色，寻找服务社会的平台，干些对国家、对自己有益的事。我开始思考干些什么、怎样干等实际问题，为个人设计一个回报社会的思路和计划。

说来很巧，在我离岗的第二天，省科协邀请我到《科技致富向导》杂志社担任编辑、记者，我知道该刊是中国科协和省科协共同主办，是全国科教兴农计划的唯一导刊，全国优秀期刊。不但是为"三农"服务的刊物，而且十分符合我的实际，就像量身裁衣一样的适合我，当时就答应了去该刊服务。由于我有编写和编辑书刊的经验，所以在编辑部工作得心应手，轻车熟路。杂志社很信任我，担子越来越重，工作量随之增大，由开始分管几个栏目，到对全刊通审，为该刊定时发行和质量提高做出了努力。接着，我应金正大集团之邀担任科技顾问，同时在其农化服务中心任职。在进入院老科协后，积极参与活动，做的几乎都是服务于"三农"的事。

选择适合自己的平台。平台的选择很重要，若平台选择不当，不能发挥个人的优势和特长，突出个人特点；或者工作有压力，精神紧张，这样不是工作做不好，就是心情不愉快。我选择平台时，确立了三个条件。

一是发挥特长。我有一定的农学专业的基本知识，对农作物良种选择、栽培技术等有优势，可以做些技术服务的事情；经过多年编辑和编写农业书刊，掌握了编辑出版工作的技能和要求，特别是熟悉农业书刊的编辑。觉得在这两方面发挥优势，一定能发挥余热，搞好服务。

二是不能离开农字。做好为"三农"服务的事，符合自己的实际和爱好。我离岗后，有家文化公司聘用我当编辑，薪水不薄，也符合我的条件。但我得知其杂志没有正式的出版手续，是通过跑关系花钱买书号出书，专为一些晋升职称等人出版书籍或论文，搞不合理收费赚钱。尽管我胜任这项工作，但不合规矩的事不干，我婉言谢绝。

三是量力而行。离岗退休后，应以休闲为主，兼顾工作，应寓工作于休息之中，任务不能过重，不能有精神压力，干起来应当轻松愉快，变工作为享受。我在杂志社服务时，因离家较远，每天上班乘公交车路上需要较多的时间，我提出不坐班，带稿子在家干活，尽量不外出采访。鉴于个人情况，杂志社满足我的要求。我做到有劳有逸，既圆满完成工作任务，又免去每日往返的耗时与劳顿。在金正大集团亦一样，我的工作没有任何监督和考核，工作时间和任务由个人说了算，全凭自己良心干活。我不是那种对工作不负责的人，更不会在工作上偷懒，而是一定要把工作做好的人。平时工作上的事情多，就多做些，工作时间就长些，反之则少些。保持良好的工作状态，积极努力，绝不劳累过度，又出色地完成本职工作，受到表扬。承担老科协和社会其他工作亦是如此，力所能及，不做工作狂，但只要有任务就尽心尽力去做。

坚持学习。我们常说活到老学到老，但我并没有深刻的体会，甚至认为搞技术服务，不是搞科研，只要掌握了农业基本理论知识就可以对付，学习不学习的无所谓。经过退休后的实践，较为深刻地理解了这句话的内涵。要做好科技服务，仅有原有的那点本事还真不行。必须不断地学习，不断地更新知识，不断地增长才干。否则，科技服务就难以干好，甚至出现技术上的失误或笑话。到杂志社不久，我编辑的一组稿件，被送交大众报社一位资深编辑审阅，我自认为编辑过的稿件不会出什么问题，但看过审阅稿后，有些发愣，竟然有多处错误，这对我触动很大，终生难忘，也深知自己水平有限。这一事实告诉我，学无止境。为此，我买了《现代汉语字典》《辞海》《咬文嚼字》和编辑一类的专业书籍，不断学习，大有提高。在今后的编辑中，凡遇到模棱两可的字词都要查阅字典确认，基本做到不出错误或少出错误。离岗时，我对电脑的认知基本为零，更不会使用，因工作的需要，只能学习，很快掌握了打字编辑等基本功能；智能手机亦如此，开始不会，觉得没有什么必要，随着智能手机的发展和广泛应用，自己不得不学，同样也较快掌握了其最基本和常用功能。

培养情趣，提高生活质量。我退休时除了喜欢读书外，没有什么更多的爱好。尽管小时候喜欢写字、涂鸦，长大了因各种原因中断。退休了自己支配的时间多了，就想起培养情趣，多玩一玩，放松自我，玩得高雅一点。于是，就观摩书画，习字练画，并有了较大的提高，尚有朋友、同学索要我的字画；见到别人拉二胡，就跟随学起来，虽滥竽充数，也以此为乐，亦有长进；赏石玩石，是参加各种奇石展而培养出的兴趣，热爱上了奇石，并觉得玩石受益匪浅，乐趣无穷。我尽管语文知识浅薄，没有系统地学习有关诗词的基本知识，看到许多老同志写诗填词，写得好，也被感染了，也十分费力地写几首律诗、填几首词，尽管经不起推敲、不合规矩，还是坚持写，意在培养情趣，权当自娱自乐。我培养的情趣和爱好，丰富了娱乐活动，陶冶了情操，做到了老有所乐，提高了生活质量，每天保持着心境愉悦，身心健康。

人虽老矣，心态不能老，在力所能及的前提下，做到老有所为，老有所乐。相信希望依然升起于每个早晨，晚霞依然染红万里长空。闲暇时，看看云卷云舒，听听蝉叫蛙鸣，舒缓地释放自我，潇洒地面对人生，享受改革开放为老年人带来的福利，颐养天年，其乐无穷。

致　谢

　　历经沧桑初心不改，栉风沐雨走向辉煌。建院以来，在省委、省政府的领导支持下，在历届院党委、院行政的领导下，经过几代农科人的辛勤耕耘，山东省农业科学院已发展成为国内规模较大、力量较强、学科较为齐全、贡献和效益较为突出、在国内外具有广泛影响的省级农业科学院，成为山东省农业科技创新的龙头和支撑黄淮海区域农业发展的一支重要力量，综合实力位居全国省级农业科学院前列。为了实现科学报国、科技兴农、科教兴鲁的梦想，一代代农科院人不懈追求、勇于探索，谱写了一曲曲奉献拼搏、矢志创新、勇攀高峰的赞歌。

　　习近平总书记在科学家座谈会上指出："科学成就离不开精神支撑，科学家精神是科技工作者在长期科学实践中积累的宝贵精神财富。"山东省农业科学院"十四五"发展规划明确提出"打造一流农科院、走在全国最前列"的总目标，落实"五大发展战略"，推动"五大强院行动"，需要在全院进一步营造尊重知识、崇尚创新、尊重人才、热爱农业、献身科学的浓厚氛围。

　　为大力弘扬老一辈科学家的高贵品质、实践经验和科学精神，激发全院科研工作者的创造活力和创新热情，山东省农业科学院在离退休专家中组织开展了"我与强院共奋进——老专家谈学术成长史"系列活动。院老科技工作者协会和各单位党组织认真组织，老专家积极参与，他们或拿起纸笔，或手持鼠标，一段段真实的往事，一个个生动的故事跃然纸上、荧屏，承载了一代又一代农科院人"顶天立地、科技为民"的深厚情怀，诠释了创新、实干、自强、奉献的优良传统和时代精神。在此，向每一位作者致以诚挚的敬意和感谢！

本书将"老专家谈学术成长史"活动的资料和有关媒体宣传报道山东省农业科学院专家的资料以《辉煌岁月》为名进行结集出版，就是为了让我们铭记历史，不忘初心，传承和弘扬"创新、实干、自强、奉献"的新时代农科精神，团结山东省农业科学院离退休老专家继续为实现山东省农业科学院"五个走在最前列"发展目标，再立新功，再创辉煌。这些弥足珍贵的精神财富，必将激励我们一代又一代农科院人在矢志创新、勇攀高峰道路上走向新的辉煌。

我们将以《辉煌岁月》的出版发行为契机，持续深入挖掘老专家的科研学术成长史，不断丰富活动的内容和载体，讲好农科院故事，做好农科精神的传承，为强院建设"五个走在最前列"注入强大精神动力。

本书在约稿、审稿和编撰过程中，得到了院领导、院老科协、院属各单位负责同志和老专家的大力支持。院老科协李维生会长、高春新副会长参与了本书编撰的策划、约稿，对编撰工作提出了宝贵意见；李维生、殷毓芬、张秀清、冯建国、李汝忠、何启伟、张焕家、孙小镭、王立铭、张秀美、武英、王泮清、刘竹三、刘继元、张亚平、周垂钦、周广芳、高春新、毛兴文19位老专家认真撰写个人的学术成长经历；崔太昌、蔬菜所马铃薯育种与栽培创新团队、张利等在组稿和稿件撰写方面给予老专家无私帮助；院计财处处长、研究员刘涛，院信息经济所高级编辑赵文祥、陈庆禹等，友情为文稿进行统稿，在此一并致谢。本书成稿时间较短，不当之处，敬请批评指正。

编　者

2022年12月